基本化学实验实训

JIBEN HUAXUE SHIYAN SHIXUN

主　编　张文华　卞小琴

江苏大学出版社
JIANGSU UNIVERSITY PRESS
镇　江

图书在版编目(CIP)数据

基本化学实验实训/张文华,卞小琴主编. —镇江:江苏大学出版社,2018.9 (2024.1 重印)
ISBN 978-7-5684-0937-7

Ⅰ.①基… Ⅱ.①张… ②卞… Ⅲ.①化学实验—高等职业教育—教材 Ⅳ.①06-3

中国版本图书馆 CIP 数据核字(2018)第 222407 号

基本化学实验实训

主　　编/张文华　卞小琴
责任编辑/王　晶　吴昌兴
出版发行/江苏大学出版社
地　　址/江苏省镇江市京口区学府路 301 号(邮编:212013)
电　　话/0511-84446464(传真)
网　　址/http://press.ujs.edu.cn
排　　版/镇江文苑制版印刷有限责任公司
印　　刷/广东虎彩云印刷有限公司
开　　本/718 mm×1 000 mm　1/16
印　　张/15.5
字　　数/238 千字
版　　次/2018 年 9 月第 1 版
印　　次/2024 年 1 月第 4 次印刷
书　　号/ISBN 978-7-5684-0937-7
定　　价/44.00 元

前言

根据高职高专精细化工生产、药品生产技术、药品质量与安全等相关专业人才培养目标对基本化学技术课程提出的具体要求，按照基本化学技术课程标准的要求，并配合现广泛使用的规划教材，编写这本《基本化学实验实训》教材。

本书包括两部分，第一部分是怎样做好基础化学实验；第二部分是实验内容。实验内容又分为无机化学实验技术、分析化学实验技术、综合训练和拓展训练项目。无机化学实验技术和分析化学实验技术部分又分为化学基本操作技术训练，基本理论方面的实验项目，物质性质部分的实验，以及综合、设计的实验。基本操作的实验安排较多，是本书的重点。基本理论方面的实验是为了配合课堂教学而选入的。拓展训练部分主要包含了一定数量的测定物理常数的实验。

为了体现高职教学的要求和特点，提高学生的实验技能，本书编写具有以下特点：

一、加强基本操作训练，需要熟练掌握的基本操作都设计成具体实验。这样既有理论叙述又有实际训练，做到学练结合。为了较全面地培养学生的基本技能，对误差处理和有效数字的使用、作图、实验报告的书写等方面都做了介绍，而且都有一定的安排和要求。

二、加强基础实验，注重基本操作、化合物性质、化合物制备、物理常数测定的实验训练。在内容取材上既要考虑学科发展，又要打好坚实的基础，而重点是放在打好基础上，特别是注意与中学及中职教学的衔接和提高。

三、注重培养学生的思维能力，加强启发性。编写每个实验时，注意引导学生积极思考。实验后附有思考题，便于实验后引导学生进行小结。

四、实验内容较广泛。本书实训内容包括基本操作、理论验证、元素性质、制备实验、滴定分析、综合实训、常数测定等。在编写中还考虑到由易到难、循序渐进的教学原则。

使用本书作为教材时应根据教学的实际情况，具体安排实验教学。譬如可按照理论教学顺序，调整具体实验顺序，不受实验编排序号的限制。有关具体实验内容的选定更应视不同专业实际情况来确定，但要注意基本化学技术实验课程标准的要求。

在本书编写过程中，得到泰州职业技术学院药学院特别是实验室的许多支持和帮助，泰州学院黄华副教授在百忙中对全书进行了审阅，并提出了许多宝贵意见，在此一并表示感谢！

由于编者水平有限，难免有疏漏和不当之处，恳切希望各位老师在使用后提出宝贵意见和建议。

编　者

2017 年 6 月

目录

第1章　化学实验基础知识 …………………… 001

1.1　化学实验的目的 …………………… 001

1.2　化学实验守则 …………………… 001

1.3　化学实验安全常识 …………………… 003

1.3.1　化学实验室安全注意事项 …………………… 003

1.3.2　化学实验室事故的预防及处理 …………………… 005

1.3.3　化学实验室一般伤害事故的处理 …………………… 009

1.4　化学实验的学习方法 …………………… 010

1.4.1　实验前的预习 …………………… 010

1.4.2　实验记录 …………………… 011

1.4.3　实验报告 …………………… 013

1.4.4　实验数据的处理 …………………… 014

1.5　化学实验室废弃物的处理 …………………… 016

第2章　化学实验的基本仪器及试剂使用 …………………… 019

2.1　化学实验室常用玻璃仪器 …………………… 019

2.1.1　普通玻璃仪器 …………………… 019

2.1.2　标准磨口仪器 …………………… 024

2.2　常用器皿和用具 …………………… 027

2.3 常用化学试剂及其取用 …… 029
2.3.1 化学试剂的标准与规格 …… 029
2.3.2 化学试剂的选用 …… 033
2.3.3 化学试剂的保管 …… 034
2.3.4 化学试剂的取用 …… 037
2.4 化学实验用水 …… 039
2.4.1 化学实验用水的制备方法 …… 039
2.4.2 化学实验用水的级别及主要指标 …… 040
2.5 化学实验室常用玻璃器皿的洗涤与干燥 …… 041
2.5.1 玻璃仪器的洗涤 …… 041
2.5.2 玻璃仪器的干燥 …… 044
2.6 玻璃加工及玻璃仪器装配技术 …… 045
2.6.1 玻璃加工的基本操作技术 …… 045
2.6.2 塞子的加工 …… 048
2.6.3 玻璃仪器装配技术 …… 050
技能训练 2-1 固体和液体试剂的取用 …… 052
技能训练 2-2 玻璃仪器的洗涤与干燥 …… 053

第 3 章 无机化学实验技术 …… 055

3.1 加热、干燥和冷却技术 …… 055
3.1.1 常用的热源 …… 055
3.1.2 加热方法 …… 057
3.1.3 物质的干燥 …… 060
3.1.4 物质的冷却方法 …… 063
3.2 溶解与搅拌技术 …… 064
3.2.1 溶解 …… 064
3.2.2 搅拌 …… 065
3.3 固液分离技术 …… 066

3.3.1 倾注法 …… 066
3.3.2 离心分离法 …… 067
3.3.3 常压过滤法 …… 067
3.3.4 减压过滤法 …… 068
3.4 结晶和重结晶技术 …… 069
3.4.1 溶液的蒸发方法 …… 069
3.4.2 结晶 …… 070
3.4.3 重结晶 …… 071
3.4.4 升华 …… 073
3.5 无机物质的制备 …… 074
3.5.1 离子反应制备无机化合物 …… 075
3.5.2 分子间化合物的制备 …… 076
3.5.3 非水溶剂制备化合物 …… 078
3.5.4 由矿石制备无机化合物 …… 078
3.5.5 无机物制备的其他方法 …… 079
技能训练 3-1 粗食盐的提纯 …… 080
技能训练 3-2 柠檬酸的提纯 …… 082
技能训练 3-3 苯甲酸的重结晶 …… 082
技能训练 3-4 硫酸铜的提纯 …… 084
技能训练 3-5 硝酸钾的制备和提纯 …… 086
技能训练 3-6 硫酸铝钾的制备 …… 087
技能训练 3-7 硫酸亚铁铵的制备 …… 089
技能训练 3-8 化学反应速率 …… 090
技能训练 3-9 氧化还原反应 …… 094
技能训练 3-10 电解质溶液 …… 099
技能训练 3-11 高锰酸钾的还原产物及原电池设计 …… 103
技能训练 3-12 配位化合物的形成和性质 …… 104
技能训练 3-13 碱金属、碱土金属及其重要化合物的性质 …… 108

技能训练 3-14　卤素及氧族重要化合物的性质 …………………… 110

第 4 章　定量分析化学实验技术 …………………………… 114

4.1　质量的称量技术 …………………………………… 114

4.1.1　电子天平及其分类 ……………………………… 114

4.1.2　电子天平的维护与保养 ………………………… 116

4.1.3　电子天平的正确使用 …………………………… 116

4.2　体积的测量技术 …………………………………… 117

4.2.1　滴定管 ………………………………………… 118

4.2.2　容量瓶的使用方法 ……………………………… 119

4.2.3　移液管的使用方法 ……………………………… 120

4.2.4　刻度吸管的使用方法 …………………………… 121

4.2.5　容量仪器使用的注意事项 ……………………… 121

4.3　定量分析概述 ……………………………………… 122

4.3.1　定量分析的意义及过程 ………………………… 122

4.3.2　定量分析的方法 ………………………………… 124

4.3.3　定量分析结果的表示 …………………………… 125

4.3.4　定量分析中的误差 ……………………………… 126

4.3.5　有效数字及运算规则 …………………………… 132

4.4　滴定分析法 ………………………………………… 135

4.4.1　滴定分析的基本原理 …………………………… 135

4.4.2　标准溶液及其配制 ……………………………… 136

4.4.3　指示剂的选择 …………………………………… 139

4.4.4　滴定分析中的计算 ……………………………… 140

4.4.5　四类滴定分析法简介 …………………………… 143

技能训练 4-1　电子天平的使用及维护 ……………………… 143

技能训练 4-2　滴定分析仪器基本操作 ……………………… 148

技能训练 4-3　NaOH 标准溶液的标定 ……………………… 155

技能训练 4-4　食醋中总酸度的测定 …… 158
技能训练 4-5　工业烧碱中氢氧化钠和碳酸钠含量的测定 …… 161
技能训练 4-6　硫代硫酸钠标准溶液的标定 …… 163
技能训练 4-7　自来水的硬度测定 …… 165
技能训练 4-8　硝酸银标准溶液的制备和水中氯化物的测定 …… 168
技能训练 4-9　碘标准溶液的配制和标定 …… 170

第 5 章　综合训练 …… 172

实训 5-1　氢氧化钠质量检测 …… 172
氢氧化钠定性检验 …… 173
氢氧化钠定量检验 …… 173
实训 5-2　食盐质量检测 …… 185
感官检查 …… 186
理化检验 …… 187
实训 5-3　水泥熟料中 SiO_2、Fe_2O_3、Al_2O_3、CaO 和 MgO 含量的测定 …… 195

第 6 章　拓展训练 …… 201

6.1　温度的测量及控制技术 …… 201
6.1.1　温度计及其使用 …… 201
6.1.2　温度的控制 …… 203
6.2　压力的测量技术 …… 204
6.2.1　压力测量的意义 …… 204
6.2.2　压力的表示方法 …… 204
6.2.3　常用压力计 …… 205
6.3　物质物理常数的测定 …… 207
6.3.1　密度的测定 …… 207
6.3.2　熔点的测定 …… 212

6.3.3 沸点的测定 …… 214
6.3.4 凝固点的测定 …… 215
6.3.5 黏度的测定 …… 216
6.3.6 饱和蒸气压的测定 …… 217
技能训练 6-1 恒温槽的安装和使用 …… 217
技能训练 6-2 密度测定练习 …… 220
技能训练 6-3 熔点测定练习 …… 223
技能训练 6-4 沸点测定练习 …… 224
技能训练 6-5 凝固点的测定及物质摩尔质量的测定 …… 225
技能训练 6-6 毛细管黏度计法测定黏度 …… 228
技能训练 6-7 液体饱和蒸气压的测定 …… 232

第1章 CHAPTER 1

化学实验基础知识

1.1 化学实验的目的

化学是一门实验科学。要很好地领会和掌握化学的基本理论和基础知识,就必须亲自进行一些实验。因此,实验在化学教学中占有十分重要的地位。

通过实验,可以获得大量物质变化的第一手的感性知识,进一步熟悉各种化合物的重要性质和反应,掌握重要化合物的一般分离和制备方法,加深对课堂上讲授的基本原理和基础知识的理解和掌握。

通过实验,学生亲自动手,实际训练各种操作,可以培养学生掌握化学实验的基本操作方法和技能技巧。

通过实验,也可以培养学生独立工作和独立思考的能力。如独立准备和进行实验的能力;细致地观察和记录现象,归纳、综合、正确处理数据的能力;分析实验和用语言表达实验结果的能力,以及一定的组织实验、研究实验的能力。

通过实验,还可以培养学生实事求是的科学态度,准确、细致、整洁等良好的科学习惯及科学的思维方法,从而逐步使学生掌握科学研究的方法。

基础化学实验的任务是通过整个实验教学,逐步地达到上述各项目的,培养学生初步的科研能力,为其进一步学习后续化学课程和实验打下基础。

1.2 化学实验守则

为了保证正常的实验环境和秩序,防止意外事故的发生,使实验安全、顺利地进行，必须严格遵守实验规则。

（1）实验前认真预习，弄清实验目的、要求和原理；仪器结构、使用方法和注意事项；药品或试剂的等级、化学性质、物理性质（熔点、沸点、折射率、密度以及毒性与安全等）；实验装置；实验步骤。要做到心中有数，避免边做实验边翻书的"照方抓药"式实验。

（2）写好预习报告，若发现学生没有预习，可责令其重新预习后再做实验。

（3）实验前，首先检查药品、仪器是否齐全，做好一切准备工作后方能开始实验。

（4）遵守纪律，不迟到早退。实验中不要大声喧哗，不得擅自离开实验岗位，不乱拿乱放，不将公物带出实验室，借用公物应自觉归还，损坏东西要如实登记，出了问题必须及时报告。

（5）实验时严格遵守操作规程，保证实验安全、顺利地进行。如有事故发生，应沉着冷静、及时处理，并如实报告指导老师。

（6）实验中严格按照规范操作，仔细观察实验现象，认真思考，及时如实地把实验现象和数据记录在实验报告本上，不得随意记录。

（7）应自始至终注意实验室的整洁，做到桌面、地面、水槽和仪器四净。

（8）火柴头、废纸片、碎玻璃等应投入废物箱中，以保持实验室的整洁。应将实验过程中的废酸、废碱小心倒入废液缸内。切勿往水槽中乱抛杂物，以免淤塞和腐蚀水槽及水管。

（9）节约水、电、煤气、药品等，爱护实验室的仪器设备。损坏仪器应及时报告、登记、补领及赔偿。使用精密仪器时，应严格遵守操作规程，不得任意拆装和搬动。如发现仪器有故障，应立即停止使用，并及时报告指导老师以排除故障。用毕后应登记，请指导老师检查、签名。

（10）爱护试剂，取用药品试剂后，要及时盖好瓶盖，并放回原处。不得将瓶盖、滴管盖错、乱放，以免污染试剂。所有配制好的试剂都应贴上标签，注明名称、浓度及配制日期。

（11）实验完毕后，应及时清洗仪器，将仪器、药品放回原处，并摆放整齐，保持桌面清洁。请指导老师检查仪器、桌面，交实验报告本，然后离开实验室。学生轮流值日，负责打扫、整理实验室，检查水、煤气开关是否关紧，电源是否切断。关闭窗户。经教师检查合格后，值日生方可离开实验室。

（12）每次实验后，必须尽快地根据原始记录认真分析问题、处理数据，根据不同实验的要求写出不同格式的实验报告，并及时交给指导老师。

1.3 化学实验安全常识

1.3.1 化学实验室安全注意事项

在化学实验中，经常使用易破碎的玻璃仪器，易燃、易爆、具有腐蚀性或毒性（甚至是剧毒）的化学药品，电器设备及煤气等，若不严格按照一定的规则使用，容易造成触电、火灾、爆炸及其他伤害性事故。因此，必须严格遵守实验室安全规则。

（1）实验开始前，应按照要求认真地进行实验预习，安排好实验，仔细检查仪器是否完整无损，装置是否正确稳妥。了解实验环境，熟悉实验室中水、电、天然气的开关，消防器材、急救药箱等的位置和使用方法，一旦遇到意外事故，即刻采取相应措施。

（2）熟悉药品和仪器的性能及仪器装配要点。弄清实验室内水、电、煤气的管线开关和各种钢瓶的标记，切忌弄错，绝对禁止违章操作。

（3）实验进行时，要仔细观察，认真思考，如实记录实验情况，经常注意仪器有无漏气、碎裂，观察反应进行是否正常。

（4）实验进行中，各种药品不得散失或丢失，严禁任意混合各种化学药品，以免发生意外事故。反应中所产生的有害气体必须按规定进行处理，以免污染环境。

（5）倾注试剂，开启易挥发的试剂（如乙醚、丙酮、浓盐酸、硝酸、氨水等）及加热液体时，不要俯视容器口，以防液体溅出或气体冲出伤人。加热试管中的液体时，切不可将管口对着自己或他人。不可用鼻孔直接对着瓶口或试管口闻气体的气味，而应用手将少量气体轻轻扇向鼻孔进行嗅闻。

（6）使用浓酸、浓碱、溴、铬酸洗液等具有强腐蚀性的试剂时，切勿溅在皮肤和衣服上。如溅到身上应立即用水冲洗，溅到实验台或地面时，要先用抹布或拖把擦净，再用水冲洗干净。注意保护眼睛，必要时应戴上防护眼镜。

(7) 使用 HNO_3、HCl、$HClO_4$、H_2SO_4 等浓酸，以及能产生刺激性气味或有毒的气体（如 HCN、H_2S、SO_2、Cl_2、Br_2、NO_2、CO、NH_3 等）时，均应在通风橱内进行。

(8) 使用乙醚、乙醇、丙酮、苯等易燃有机试剂时，要远离火源，用后盖紧瓶塞，置阴凉处保存。加热易燃试剂时，必须使用水浴、油浴、砂浴或电热套等，绝不能使用明火！回流、蒸馏液体或加热温度有可能达到被加热物质的沸点时，必须加入沸石或碎瓷片，以防液体爆沸而冲出伤人或引起火灾。防止易燃有机物的蒸气外逸，切勿将易燃有机溶剂倒入废液缸中，更不能用开口容器（如烧杯等）盛放有机溶剂。存放钾、钠和白磷等在空气中易燃的物质时应隔绝空气。钾、钠要保存在煤油中，白磷要保存在水中，取用时应使用镊子。

(9) 一切有毒药品（如氰化物、砷化物、汞盐、铅盐、钡盐、六价铬盐等），使用时应格外小心！严防进入口内或接触伤口，剩余的药品或废液切不可倒入下水道或废液桶中，要倒入回收瓶中，并及时加以处理。处理有毒药品时，应戴护目镜和橡皮手套。

(10) 某些容易爆炸的试剂如浓高氯酸、有机过氧化物、芳香族化合物、多硝基化合物、硝酸酯、干燥的重氮盐等要防止受热和敲击。实验中，必须严格遵守操作规程，以防爆炸。

(11) 用电应遵守安全用电规程。

(12) 凡进行可能发生危险的实验，应采取必要的防护措施，如使用防护眼镜、面罩、手套等。

(13) 高压钢瓶、电器设备、精密仪器等，在使用前必须熟悉使用方法和注意事项，严格按要求使用。

(14) 使用天然气时，应特别注意正确使用，严防泄漏！燃气阀门应经常检查，保持完好。天然气灯和橡皮管在使用前也要仔细检查。发现漏气，立即熄灭室内所有火源，打开门窗。使用天然气灯加热时，火源应远离其他物品，操作人员不得离开，以防熄水漏气。用毕，应关闭燃气管道上的小阀门，离开实验室时还应再检查一遍，以确保安全。

（15）实验室严禁饮食、吸烟或存放餐具，不可用实验器皿盛放食物，也不可用茶杯、食具盛放药品，一切化学药品禁止入口。实验室中的药品或器材不得随便带出实验室。实验完毕要洗手。离开实验室时，要关好水、电、天然气、门窗等。

1.3.2　化学实验室事故的预防及处理

1.3.2.1　火灾的预防

（1）不能用烧杯或敞口容器盛装易燃物。

（2）加热时，应根据实验要求及易燃物的特点选择加热源，注意远离明火。

（3）严禁用明火加热有机溶剂，当用明火加热易燃有机溶剂时，必须要有蒸气冷凝装置或合适的尾气排放装置。尽量防止或减少易燃物的气体外逸。

（4）倾倒时要灭掉火源，且注意室内通风，及时排出室内有机物蒸气。

（5）易燃及易挥发物不得倒入废液缸内。量多的要专门回收处理；量少的可倒入水槽用水冲走（与水有猛烈反应者除外，金属钠残渣要用乙醇等销毁）。

（6）燃着的或阴燃的火柴梗不得乱丢，应放在表面皿中，实验结束后一并投入废物缸。

（7）实验室不得存放大量易燃物。

（8）防止煤气管、阀漏气。

（9）严禁金属钠与水接触，废钠通常用乙醇销毁。

（10）不得在烘箱内存放、干燥、烘焙有机物。

（11）使用氧气钢瓶时，不得让氧气大量溢入室内。在含氧量约25%的大气中，物质燃烧所需的温度要比在空气中低得多，且燃烧剧烈，不易扑灭。

1.3.2.2　火灾的扑救

当实验室不慎起火时，一定不要惊慌失措，而应根据不同的着火情况，采取不同的灭火措施。由于物质燃烧需要空气和一定的温度，所以灭火的原则是降温或将燃烧的物质与空气隔绝。

(1) 常用消防器材

化学实验室一般不用水灭火！这是因为水能和一些药品（如钠）发生剧烈反应，用水灭火时会引起更大的火灾甚至爆炸，并且大多数有机溶剂不溶于水且比水轻，用水灭火时有机溶剂会浮在水上面，反而扩大火场。下面介绍化学实验室必备的几种灭火器材。

① 沙箱　将干燥沙子贮于容器中备用，灭火时，将沙子撒在着火处。干沙对扑灭金属起火特别安全有效。经常保持沙箱干燥，切勿将火柴梗、玻璃管、纸屑等杂物丢入其中。

② 灭火毯　通常用大块石棉布作为灭火毯，灭火时包盖住火焰即可。近年来已确证石棉有致癌性，故应改用玻璃纤维布。沙子和灭火毯经常用来扑灭局部小火，必须妥善安放在固定位置，不得随意挪作他用，使用后必须放回原处。

③ 二氧化碳灭火器　二氧化碳灭火器是化学实验室最常使用、最安全的灭火器，其钢瓶内贮有 CO_2 气体。使用时，一手提灭火器，一手握在喷 CO_2 的喇叭筒的把手上，打开开关，即有 CO_2 喷出。应注意，喇叭筒上的温度会随着喷出的 CO_2 气压的骤降而骤降，故手不能握在喇叭筒上，否则手会严重冻伤。其优点是无毒性，使用后不留痕迹，特别适用于有机物及电器设备起火的情况，但不能用于扑灭金属着火。

④ 泡沫灭火器　泡沫灭火器内部装有含发泡剂的碳酸氢钠和硫酸铝溶液，使用时将筒身颠倒，两种溶液即反应生成硫酸氢钠、氢氧化铝和大量二氧化碳，灭火器内压力突然增大，大量二氧化碳泡沫喷出。灭火时泡沫将燃烧物质包住，燃烧物与空气隔绝而灭火。因泡沫能导电，不能用于扑灭电器和金属钠的着火。且灭火后的污染严重，火场的清理工作较麻烦，故一般非大火时不用它。

过去常用的四氯化碳灭火器，因其毒性大，灭火时还会产生毒性更大的光气，目前已被淘汰。

(2) 化学实验室常用的灭火措施

一旦发生着火事故，不必惊慌失措。首先应熄灭火源，切断总电源，搬开易燃物，并视火势大小，采取不同的扑灭方法。

① 对在容器中（如烧杯、烧瓶、热水漏斗等）发生的局部小火，可用石棉

网、表面皿或木块等盖灭。不能用口吹，更不能用水浇。

② 有机溶剂在桌面或地面上蔓延燃烧时，不得用水冲，可撒上细沙或用灭火毯扑灭。千万不要扑打，扑打时产生的风反而使火势更旺。

③ 火势较大时要用灭火器灭火，应根据现场情况及起火原因正确选用灭火器。不管选用哪一种灭火器，都是从火的周围开始向中心扑灭。

④ 对活泼金属 Na、K、Mg、Al 等引起的火灾，应用干燥的细沙、干燥的碳酸钠或碳酸氢钠粉末覆盖灭火，严禁用水、酸碱式灭火器、泡沫式灭火器和二氧化碳灭火器，否则会导致猛烈的爆炸。

⑤ 有机溶剂着火，切勿用水灭火，而应用“1121”灭火器、干粉等灭火。

⑥ 在加热时着火，应立即停止加热。关闭天然气总阀，切断电源，把一切易燃易爆物移至远处。

⑦ 电器设备着火，先切断电源，再用四氯化碳灭火器灭火，也可用干粉灭火器或“1211”灭火器灭火。

⑧ 若衣服着火，切勿慌张奔跑，以免风助火势。若衣服是化纤织物，最好立即脱除。一般小火可用湿抹布或灭火毯等包裹使火熄灭。若火势较大，可就近用水龙头浇灭。必要时可就地卧倒打滚，一方面防止火焰烧向头部，另外在地上压住着火处，使其熄火。

⑨ 在反应过程中，若因冲料、渗漏、油浴着火等引起反应体系着火时，情况比较危险，处理不当会加重火势。扑救时必须谨防冷水溅在着火处的玻璃仪器上，必须谨防灭火器材击破玻璃仪器，造成严重的泄漏而扩大火势。有效的扑灭方法是用几层灭火毯包住着火部位，隔绝空气使其熄灭，必要时在灭火毯上撒些细沙。若仍不奏效，必须使用灭火器，由火场的周围逐渐向中心处扑灭。

⑩ 对火灾受伤人员，伤势较重者，应立即送往医院。火情很大时，应立即报告火警。

1.3.2.3　爆炸预防

实验时仪器堵塞或装配不当；减压蒸馏使用不耐压的仪器；违章使用易爆物；反应过于猛烈、难以控制都可能引起爆炸。防止爆炸事故应注意以下几点。

① 常压操作时，切勿在封闭系统内进行加热或反应，在反应进行时，必

须经常检查仪器装置的各部分有无堵塞现象。

② 减压蒸馏时，不得使用机械强度不大的仪器（如锥形瓶、平底烧瓶、薄壁试管等）。必要时，戴上防护面罩或防护眼镜。

③ 使用易燃易爆（如氢气、乙炔和过氧化物）或遇水易燃烧爆炸的物质（如钠、钾等）时，应特别小心，严格按操作规程办事。

④ 反应过于猛烈时，要根据不同情况采取冷冻和控制加料速度等措施。

⑤ 必要时可设置防爆屏。

⑥ 对于易爆的固体，如重金属乙炔化物、苦味酸金属盐、三硝基甲苯等不能重压或撞击，以免引起爆炸。对于危险残渣，必须小心销毁。例如重金属乙炔化物可用浓盐酸或浓硝酸使它分解，重氮化合物可加水煮沸使它分解等等。

⑦ 开启贮有挥发性液体的瓶塞时，必须先充分冷却后再开启，开启瓶口必须指向无人处，以免液体喷溅而造成伤害。如遇瓶塞不易开启时，必须注意瓶内贮物的性质，切不可贸然用火加热或乱敲瓶塞等。

1.3.2.4 中毒预防

化学药品大多都有不同程度的毒性，产生中毒的主要原因是皮肤或呼吸道接触有毒药品。在实验中要防止中毒发生，切实注意以下几点。

① 药品不要粘在皮肤上，尤其是极毒的药品。实验完毕应立即洗手。称量任何药品都要使用工具，不得用手接触。

② 使用和处理有毒或腐蚀性物质时，应在通风橱中进行，并戴上防护用品，尽可能避免有机物蒸气在实验室内扩散。

③ 对沾染过有毒物质的仪器和用具，实验完毕应立即采取适当方法处理破坏或消除其毒性。

④ 在使用有毒药品时应认真操作，妥善保管。实验中所用的剧毒物质应有专人负责收发，并向使用毒物者提出必须遵守的操作规程，实验后的有毒残渣必须做妥善有效的处理，不能随意丢弃。

1.3.2.5 触电预防

使用电器时，应防止人体与电器导电部分直接接触，不能用湿的手或湿的物体接触电源插头。为防止触电，装置和设备的金属外壳等都应连接地线。实验台应保持干燥，以免电器漏电。实验结束应立即切断电源，将电源插头拔下。

1.3.3　化学实验室一般伤害事故的处理

实验过程中如不慎发生了意外事故，应及时采取救护措施，受伤严重者应立即送医院医治。

（1）割伤

玻璃割伤后要仔细观察伤口有没有玻璃碎粒，若伤势不重则涂上红药水，用绷带扎住或敷上创可贴药膏；若伤口很深、流血不止，可在伤口上下10 cm处用纱布扎紧，减慢流血或按压主血管止血，急送医院医治。

（2）烫伤

切勿用水冲洗，更不要把烫起的水泡挑破。轻伤可在烫伤处用$KMnO_4$溶液擦洗或涂上黄色的苦味酸溶液、烫伤膏或万花油。严重者应立即送医院治疗。

（3）化学灼伤

① 浓酸灼伤　立即用大量水冲洗，再用质量分数为3%～5%的碳酸钠溶液（或饱和碳酸氢钠溶液）洗，最后用水洗，轻拭干后涂氧化锌软膏（或硼酸软膏）等烫伤药膏。

② 浓碱灼伤　立即用大量水冲洗，再用质量分数为2%的醋酸液洗，最后用水洗，轻拭干后涂上氧化锌软膏（或硼酸软膏）等烫伤药膏。

③ 溴灼伤　立即用大量水冲洗，再用乙醇（或10%的$Na_2S_2O_3$溶液）轻擦至无溴液存在为止，再用水冲洗干净，然后涂上甘油或鱼肝油软膏。

④ 钠灼伤　可见的小块用镊子移去，其余与浓碱灼伤处理相同。

⑤ 白磷灼伤　先用1% $AgNO_3$溶液、1% $CuSO_4$溶液或浓$KMnO_4$溶液洗涤伤口，然后用浸过$CuSO_4$溶液的绷带包扎。

（4）中毒

溅入口中尚未吞下者应立即吐出，用大量水冲洗口腔。如已吞下，应根据毒物性质给以解毒剂，并立即送医院。

① 腐蚀性毒物　对于强酸，先饮大量水，然后服用氢氧化铝膏或鸡蛋

白；对于强碱，也应先饮大量水，然后服用醋或酸果汁。不论酸或碱中毒皆可给以牛奶灌注，不要吃呕吐剂。

② 刺激性毒物及神经性毒物　先给牛奶或鸡蛋白使之冲淡并缓和，再用一大匙硫酸镁(约 30 g)溶于一杯水中喝下，并用手指伸入咽喉部，以促使呕吐，然后立即送医院治疗。

③ 吸入气体中毒者　将中毒者移至室外，解开衣领及纽扣，呼吸新鲜空气。吸入了 Br_2、Cl_2、HCl 等气体时，可吸入少量乙醇和乙醚的混合蒸气以解毒，同时用碳酸氢钠溶液漱口。

(5) 异物入眼

如试剂溅入眼内，应立即用洗眼杯或洗眼龙头冲洗并及时送医院治疗。如碎玻璃飞入眼内，则用镊子移去碎玻璃，或在盆中用水洗，切勿用手揉，并及时送医院治疗。

(6) 触电

立即切断电源。必要时进行人工呼吸。

备用急救箱：为了能够对出现的紧急事故进行简单的治疗，建议设立急救药箱。急救药箱一般包含红药水、紫药水、碘酒、双氧水、3%～5%饱和碳酸氢钠溶液、2%醋酸溶液、70%乙醇、玉树油、红花油、烫伤油膏、鞣酸油膏、甘油、凡士林、磺胺药粉、消毒棉花、纱布、胶布、护创膏布、剪刀、镊子、橡皮管等。

1.4 化学实验的学习方法

1.4.1 实验前的预习

实验预习是实验成功的关键之一。预习时查阅相关资料，做好预习笔记。对于实验原理、操作步骤、安全事项等基本内容切实了解，做到心明眼亮，这样才能获得较好的实验结果。

预习的具体内容：了解实验目的和要求，实验原理，实验内容与操作步骤；所使用的仪器，药品试剂用量和性能；实验中的注意事项及安全操作规程。合理安排实验进度，并填写预习笔记。

预习笔记的具体要求如下：

① 将实验目的和要求、反应式、有关参考文献、试剂和产物的物理常数，以及主要试剂的用量和规格、试剂的纯化等摘录于实验记录本中。

② 将实验内容改写成简单明了的实验步骤(不是照抄实验内容)，画出反应装置简图，对实验关键之处和安全问题加以标注。

③ 计算理论产量，明确各步骤的目的和要求。

④ 在预习的基础上，写好预习笔记，方能进行实验。

若发现学生预习不够充分，教师可让学生停止实验，要求其在掌握了实验内容之后再进行实验。

常用工具书：

① 化工辞典　化工辞典是一本综合性化工工具书，它收集了有关化学和化工名词 10 500 余条。列出了无机和有机化合物的分子式、结构式、基本物理化学性质及有关数据，并对其制法和用途做了简要说明。1992 年由化学工业出版社出版。

② 理化手册　美国化学橡胶公司出版的一本化学与物理手册。内容分为六个方面：数学用表、元素和无机化合物、有机化合物、普通化学、普通物理常数、其他。

③ 试剂手册　中国医药公司上海化学试剂采购站编，上海科学技术出版社 1982 年出版。本手册介绍了 4 000 多种无机和有机化合物，侧重于从化学试剂的角度来阐述化合物的性质(包括物理常数)、用途和贮运等方面的知识。

④ 英汉精细化学品辞典　全书搜集的精细化学品包括 20 世纪 90 年代初已商品化的有机、无机、生物、矿产和天然化合物等，18 400 余种。每个产品列有英文名称、化学文摘登录号、中文名称、别名、结构式、分子式、相对分子质量、理化性质、功能与用途、制造方法、参考文献等内容。

1.4.2　实验记录

化学实验中的各种测量数据及有关现象应及时、准确、详细、如实地记录在专门的实验原始记录本上，切忌带有主观因素，更不能随意抄袭、拼凑或伪造数据。

(1) 实验记录的原则

真实：记录应反映实验中的真实情况，不是抄书，也不是抄袭他人的数据或内容，而是根据自己的实验事实如实地、科学地记叙，绝不做任何不符实际的虚伪的记录。

详细：要求对实验中的任何数据、现象等作详细记录，自己认为无用的内容都要不厌其烦地记下来。宁可在整理总结实验报告时舍去某些数据和内容，也不要因为缺少数据而浪费大量时间重做实验。记录应清楚和明白。

及时：实验时要边做边记，不要在实验结束后补“回忆录”。回忆容易造成漏记和误记，影响实验结果的准确性和可靠程度。

(2) 实验记录的要求

实验记录是化学实验工作原始情况的记载，其基本要求如下。

① 用钢笔或圆珠笔填写，对文字记录应简单、明了、清晰、工整，对数据记录，要尽量采用一定的表格形式。

② 实验中涉及的各种特殊仪器的型号、实验条件、标准溶液浓度等应及时记录。

③ 记录实验数据时，只能保留最后一位可疑数字。例如，常用滴定管的最小刻度是 0.1 mL，而读数时要读到 0.01 mL。如某一滴定管中溶液的体积读数为 23.35 mL，其中前三位数字是准确读取的，而最后一位 5 是估读的，有人可能估计为 4 或 6，即有正负一个单位的误差，该溶液的实际体积是在(23.35±0.01)mL 范围内的某一数值。此时体积测量的绝对误差为 ±0.01 mL。相对误差为：

$$\frac{\pm 0.01}{23.35}\times 100\% = \pm 0.04\%$$

我们称最后一位数字为可疑数字、有误差的数字或不确定的数字。

由于测量仪器不同，测量误差可能不同。常用的几个重要物理量测量的绝对误差一般为：质量，±0.000 1 g(万分之一的分析天平)；溶液的体积，±0.01 mL(滴定管、吸量管)；pH，±0.01；电位，±0.000 1 V；吸光度，±0.001 单位等。因此，用万分之一的分析天平称量时，要求记录至

0.000 1 g；滴定管、吸量管、容量瓶等的读数，应记录至 0.01 mL；用分光光度计测量溶液的吸光度时，应记录至 0.001 读数；其余依此类推。由此可见，实验记录上的每一个数据，都是测量结果，不仅表示了数量的大小，还能正确地反映测量的精确程度。所以，必须根据具体实验情况及测量仪器的精度正确读取和记录测量数据。

④ 原始数据不准随意涂改，不能缺项。在实验中，如发现数据测错、记错或算错需要改动时，可将该数据用一横线划去，并在其上方写上正确数字。

1.4.3　实验报告

实验完毕，应对实验现象认真分析和总结，对原始数据进行处理，对实验结果进行讨论，把直接的感性认识提高到理性认识阶段，对所学知识举一反三，学到更多的知识。

这些工作都需通过书写实验报告来训练和完成。实验报告是实验的记录和总结，因此实验报告的格式应规范，内容应准确，字迹应端正、整齐、清洁。

由于实验类型的不同，对实验报告的要求、格式等也有所不同。但实验报告的内容大同小异，一般都包括三部分，即预习部分、记录部分和数据整理部分。

(1) 预习部分(实验前完成)

预习部分通常包括下列内容。

① 实验题目。

② 实验日期。

③ 实验目的。

④ 仪器和药品。所用仪器型号，重要的仪器装置图等。药品规格及溶液浓度等。

⑤ 实验原理。简要地用文字和化学反应式说明，特殊仪器的实验装置应画出装置图。

⑥ 简明扼要地写出实验步骤。

（2）实验记录

实验记录又称原始记录，要根据实验类型自行设计记录项目或记录表格，在实验中及时记录。这部分内容一般包括实验现象、检测数据。有的实验数据直接由仪器自动记录或画成图像。

（3）数据整理及结论（实验后完成）

这部分包括结果计算、实验结论、问题讨论及现象分析等。

① 结果计算与结论　对于制备与合成类实验，要求有理论产量计算、实际产量及产率计算。对于分析化学实验，要求写出计算公式和计算过程，计算实验误差并报告结果。对于化学物理参数的测定，要有必要的计算公式和计算过程，并用列表法或图解法表达出来。

② 问题讨论　对实验中遇到的问题、异常现象进行讨论，分析原因，提出解决办法，对实验结果进行误差计算和分析，对实验提出改进意见。

③ 实验总结　对所做实验进行总结并给出结论。

总之实验报告应有个人特色，反映实验者的体会、思维的创造性。实验报告一般应包括以下内容：① 实验目的；② 实验原理（包括主反应和副反应）；③ 主要试剂及产物的物理常数；④ 主要试剂规格及用量；⑤ 仪器装置图；⑥ 实验步骤和现象记录；⑦ 产品外观、质量及产率计算；⑧ 讨论；⑨ 回答思考题。

1.4.4　实验数据的处理

取得实验数据后，应进行整理、归纳，并以简明的方法表达实验结果，其方法有列表法、作图法和数学方程表示法三种，可根据具体情况选择使用。最常用的是列表法和作图法。

（1）列表法

将实验数据中的自变量和因变量数值按一定形式和顺序一一对应列成表格，这种表达方式称为列表法。列表法简单易行、直观，形式紧凑，便于参考比较，在同一表格内，可以同时表示几个变量间的变化情况。实验的原始数据一般采用列表法记录。

列表时应注意以下几点：

① 一个完整的数据表，应包括表的序号、名称、项目、说明及数据来源。

② 原始数据表格，应记录包括重复测量结果的每个数据，在表内或表外适当位置应注明如室温、大气压、温度、日期与时间、仪器与方法等条件。直接测量的数值可与处理的结果并列在一张表上，必要时在表的下方注明数据的处理方法或计算公式。

③ 将表分为若干行，每一变量占一行，每行中的数据应尽量化为最简单的形式，一般为纯数，根据**物理量＝数值×单位**的关系，将量纲、公共乘方因子放在第一栏名称下，以量的符号除以单位来表示，如 V/mL，P/kPa，T/K 等。

④ 表中所列数值的有效数字要记至第一位可疑数字；每一行所记录的数字排列要整齐，同一纵行数字的小数点要对齐，以便互相比较。数值为零时记作“0”，数值空缺时应记一横线“－”。如用指数表示，可将指数放在行名旁，但此时指数上的正负应异号。如测得的 Ka 为 1.75×10^{-5}，则行名可写为 Ka$\times10^{5}$。

⑤ 自变量通常取整数或其他方便的值，其间距最好均匀，并按递增或递减的顺序排列。

（2）作图法

将实验数据按自变量与因变量的对应关系绘制成图形，这种表达方式称为作图法。作图法可以形象、直观地表示出各个数据连续变化的规律性，以及极大、极小、转折点等特征，并能从图上求得内插值、外推值、切线的斜率及周期性变化等，便于进行分析和研究，是整理实验数据的重要方法。

为了得到与实验数据偏差最小而又光滑的曲线图形，作图时必须遵照以下规则。

① 图纸的选择　通常用直角坐标纸，有时也用半对数坐标纸或对数坐标纸，在表达三组分体系相图时，则选用三角坐标纸。

② 坐标轴及分度　习惯上以横坐标表示自变量，纵坐标表示因变量，每个坐标轴应注明名称和单位，纵坐标左面自下而上及横坐标下面自左向右每隔一定距离标出该处数值。要选择合理的比例尺，使各点数值的精度与实验测量的精度相当。坐标分度应以 1，2，4，5 等最为方便，不宜采用 3，6，7，9 或小数等。通常可不必拘泥于以坐标原点作为分度的零点。曲线若

系直线或近乎直线，则应使图形位于坐标纸的中央位置或对角线附近。

③ 作图点的标绘　把数据标点在坐标纸上时，可用点圆、方块、三角或其他符号标注于图中，各符号中心点及面积大小要与所测数据及其误差相适应，不能过大或过小。若需在一张图上表示几组不同的测量值时，则各组数据应分别选用不同形式的符号，以示区别，并在图上注明符号的意义。数据点上不要标注数据，实验报告上应有完整的数据表。

④ 绘制曲线　如果实验点成直线关系，用铅笔和直尺依各点的趋向，在点群之间画直线，注意应使直线两侧的点数近乎相等，即使各点与曲线距离的平方和为最小。对于曲线，一般在其平缓变化部分，测量点可取得少些，但在关键点，如滴定终点、极大、极小及转折等变化较大的区间，应适当增加测量点的密度，以保证曲线所表示的规律是可靠的。

描绘曲线时，一般不必通过图上所有的点及两端的点，但力求使各点均匀地分布在曲线两侧邻近位置。对于个别远离曲线的点，应检查测量和计算中是否有误，最好重新测量，如原测量确属无误，就应引起重视，并在该区间内重复进行更仔细的测量并适当增加该点两侧测量点的密度。

作图时先用硬铅笔(2H)沿各点的变化趋势轻轻描绘，再以曲线板逐段拟合手描线的曲率，绘出光滑的曲线。

目前，随着计算机的普及，各种软件均有作图功能，应尽量使用。利用微机作图时也要遵循上述原则。

1.5　化学实验室废弃物的处理

化学实验中会产生各种有毒的废气、废液和废渣，其中有些是剧毒物质和致癌物质，如果直接排放，就会污染环境，造成公害，而且“三废”中的贵重和有用的成分未回收也造成经济上的损失。虽然实验过程中产生的废液、废气、废渣少且复杂，但是须经过必要的处理才能排放。此外，在学习期间就应进行“三废”处理及减免污染的教育，树立环境保护观念，实验室中的“三废”处理是一项非常重要的工作。实验室“三废”的处理应做到以下几点。

(1) 废气的处理

若实验有少量有毒气体产生时，可以在通风橱中进行。通过排风设备把有毒废气排到室外，利用室外的大量空气来稀释有毒废气。

若实验有较大量有毒气体产生时，应该安装气体吸收装置来吸收这些气体，然后进行处理。例如 HF、SO_2、H_2S、NO_2、Cl_2 等酸性气体，可以用 NaOH 水溶液吸收后排放；碱性气体如 NH_3 等用酸溶液吸收后排放；CO 可点燃转化为 CO_2 后排放。

对于个别毒性很大或排放量大的废气，可参考工业废气处理方法，用吸附、吸收、氧化、分解等方法进行处理。

(2) 废液的处理

化学实验室的废液在排入下水道之前，应经过中和及净化处理。

① 废酸和废碱溶液　经中和处理，使 pH 为 6～8，并用大量水稀释后方可排放。

② 含镉废液　加入消石灰等碱性试剂，使所含的金属离子形成氢氧化物沉淀除去。

③ 含六价铬化合物的废液　在铬酸废液中，加入 $FeSO_4$、Na_2SO_3，使其变成三价铬后，再加入 NaOH(或 Na_2CO_3)等碱性试剂，调节溶液 pH 为 6～8，使三价铬形成 $Cr(OH)_3$ 沉淀除去。

④ 含氰化物的废液　加入 NaOH 使废液呈碱性(pH＞10)后，再加入 NaClO，使氰化物分解成 CO_2 和 N_2 而除去；也可在含氰化物的废液中加入 $FeSO_4$ 溶液，使其变成 $Fe(CN)_2$ 沉淀除去。

⑤ 汞及汞的化合物废液　若不小心将汞散落在实验室内，必须立即用吸管、毛笔或硝酸汞酸性溶液浸过的薄铜片将所有的汞滴拣起，收集于适当的瓶中，用水覆盖起来。散落过汞的地面应撒上硫磺粉，覆盖一段时间，使生成硫化汞后，再设法扫净，也可喷上 20% 的 $FeCl_3$ 溶液，让其自行干燥后再清扫干净。处理少量含汞废液时，可在含汞废液中加入 Na_2S，使其生成难溶的 HgS 沉淀，再加入 $FeSO_4$ 作为共沉淀剂，清液可以排放，残渣可用焙烧法回收汞，或再制成汞盐。

⑥ 含铅盐及重金属的废液　可在废液中加入 Na_2S 或 NaOH，使铅盐及重金属离子生成难溶性的硫化物或氢氧化物而除去。

⑦ 含砷及其化合物的废液　在废液中加入 $FeSO_4$，然后用 NaOH 调节溶液 pH 至 9，砷化合物和 $Fe(OH)_3$ 与难溶性的 Na_3AsO_3 或 Na_3AsO_4 产生共沉淀，经过滤除去。另外，还可在废液中加入 H_2S 或 Na_2S，使其生成 As_2S_3 沉淀而除去。

⑧ 高浓度的酚　可用己酸丁酯萃取，重蒸馏回收。低浓度的含酚废液可加入 NaClO 或漂白粉使酚氧化为 CO_2 和 H_2O。

(3) 废渣的处理

有毒的废渣应深埋在指定的地点，如有毒的废渣能溶解于地下水，会混入饮水中，所以不能未经处理就深埋。有回收价值的废渣应该回收利用。

第2章 化学实验的基本仪器及试剂使用

CHAPTER 2

2.1 化学实验室常用玻璃仪器

2.1.1 普通玻璃仪器

化学实验常用的仪器，大部分为玻璃制品和一些瓷质类仪器。玻璃仪器种类很多，按用途大体可分为容器类、量器类和其他仪器类。

容器类包括试剂瓶、烧杯、烧瓶等。根据它们能否可加热又可分为可加热的仪器和不宜加热的仪器。

量器类有量筒、移液管、滴定管、容量瓶等。量器类一律不能受热。

其他仪器包括具有特殊用途的玻璃仪器，如冷凝管、分液漏斗、干燥器、分馏柱、砂芯漏斗、标准磨口玻璃仪器等。

常用玻璃仪器的名称、规格、用途及使用注意事项见表 2-1。

表 2-1　实验室常用玻璃仪器名称、规格、用途及使用注意事项

名称	示意图	规格	主要用途	使用注意事项
烧杯		容量(mL)：10，15，25，50，100，250，500，1 000	配制溶液、溶解样品等	加热时应置于石棉网上，使其受热均匀，一般不可烧干
锥形瓶		容量(mL)：50，100，250，500，1 000	加热处理试样和容量分析滴定	除有与上相同的要求外，磨口锥形瓶加热时要打开塞，瓶塞与瓶配套使用

续表

名称	示意图	规格	主要用途	使用注意事项
碘量瓶		容量(mL)：50，100，250，500，1 000	碘量法或其他生成挥发性物质的定量分析	除有与上相同的要求外，磨口锥形瓶加热时要打开塞，瓶塞与瓶配套使用
圆(平)底烧瓶	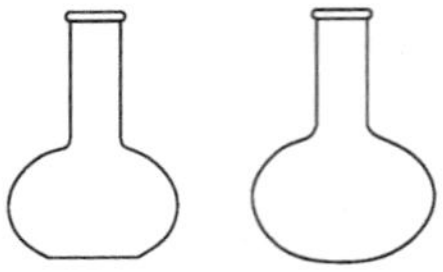 平底 圆底	容量（mL）：250,500,1 000	加热及蒸馏液体，也可作少量气体发生反应器	一般避免用火直接加热，隔石棉网或在各种加热浴中加热
圆底蒸馏烧瓶	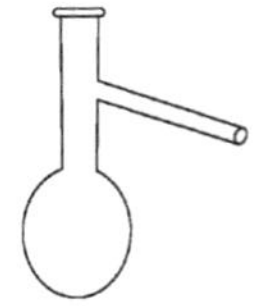	容量(mL)：30，60，125，350，500,1 000	蒸馏液体，也可作少量气体发生反应器	一般避免用火直接加热，隔石棉网或在各种加热浴中加热
凯氏烧瓶		容量(mL)：50，100,300,500	消解有机物质	置石棉网上加热，瓶口方向勿对向自己及他人
量筒、量杯	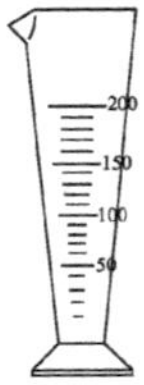	容量（mL）：5，10,25,50,100，250,500,1 000，2 000	粗略地量取一定体积的液体	不能加热，不能在其中配制溶液，不能在烘箱中烘烤，操作时要沿壁加入或倒出溶液
容量瓶(量瓶)	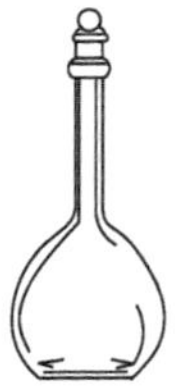	容量(mL)：10，25,50,100,250，500,1 000	配制准确体积的标准溶液或被测溶液	非标准的磨口塞要保持原配；漏水的不能用；不能在烘箱内烘烤，不能用火直接加热，可水浴加热

续表

名称	示意图	规格	主要用途	使用注意事项
滴定管	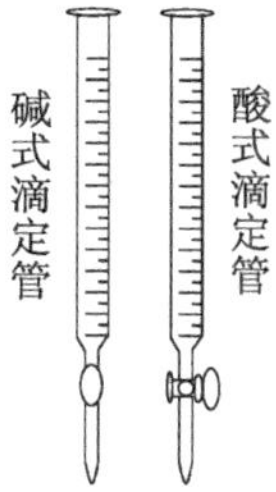	容量（mL）：25，50，100 无色、棕色	容量分析滴定操作	活塞要原配；漏水的不能使用；不能加热；不能长期存放碱液；碱式管不能放与橡皮作用的滴定液
自动滴定管	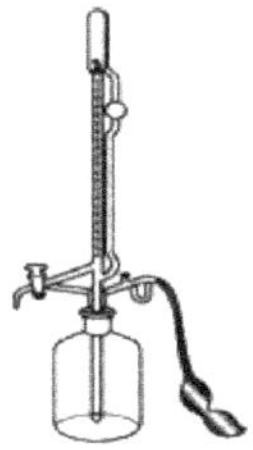	滴定管容量：25 mL 储液瓶容量：1 000 mL，量出式	自动滴定；可用于滴定液需隔绝空气的操作	除有与一般的滴定管相同的要求外，注意成套保管。另外，要配打气用双连球
移液管		容量（mL）：1，2，5，10，15，20，25，50，100	准确地移取一定量的液体	不能加热；上端和尖端不可磕破
吸量管	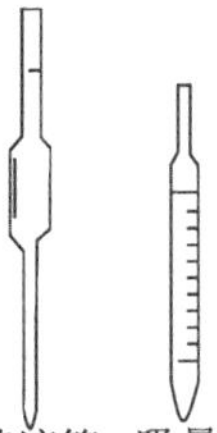 移液管　吸量管	容量（mL）：0.1，0.2，0.5，1，2，5，10	准确地移取各种不同量的液体	不能加热；上端和尖端不可磕破

续表

名称	示意图	规格	主要用途	使用注意事项
称量瓶	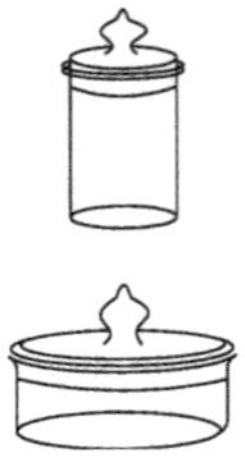	高形（mL）：10,20 矮形（mL）：15,30	高形用于称量基准物、样品；矮形用作测定水分或在烘箱中烘干基准物	不可盖紧磨口塞烘烤，磨口塞要原配
试剂瓶（细口）广口瓶		容量（mL）：30，60，125，250，500,1 000,2 000等 无色，棕色	细口瓶用于存放液体试剂；广口瓶用于装固体试剂；棕色瓶用于存放见光易分解的试剂	不能加热；不能在瓶内配制在操作过程放出大量热量的溶液；磨口塞要保持原配；放碱液的瓶子应使用橡皮塞，以免日久打不开
滴瓶	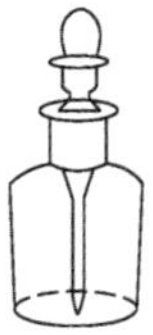	容量（mL）：30，60，125，250，500,1 000，2 000等 无色，棕色	装需滴加的试剂	不能加热；不能在瓶内配制在操作过程放出大量热量的溶液；磨口塞要保持原配；放碱液的瓶子应使用橡皮塞，以免日久打不开
漏斗	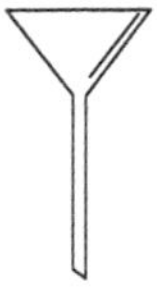	长颈 口径（mm）：50，60,75 管长（mm）：150 短颈 口径（mm）：50,60 管长（mm）：90,120	长颈漏斗用于定量分析，过滤沉淀；短颈漏斗用作一般过滤	不可直接加热

续表

名称	示意图	规格	主要用途	使用注意事项
分液漏斗	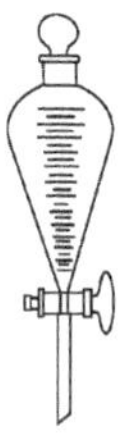	容量(mL)：50，100，250，500，1 000	分离两种互不相溶的液体；用于萃取分离和富集(多用梨形)；在制备反应中加液体(多用球形及滴液漏斗)	磨口旋塞必须原配，漏水的漏斗不能使用
试管(普通试管、离心试管)	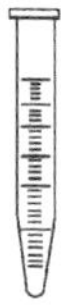	容量(mL)：试管 10，20；离心管 5，10，15	定性分析检验离子；离心试管可在离心机中借离心作用分离溶液和沉淀	硬质玻璃制的试管可直接在火焰上加热，但不能骤冷；离心管只能水浴加热
比色管	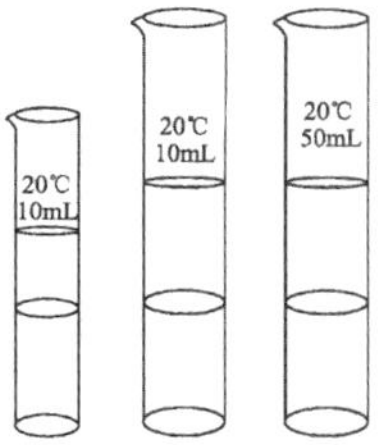	容量(mL)：10，25，50，100	比色分析	不可直接用火加热；非标准磨口塞必须原配；注意保持管壁透明，不可用去污粉刷洗
冷凝管	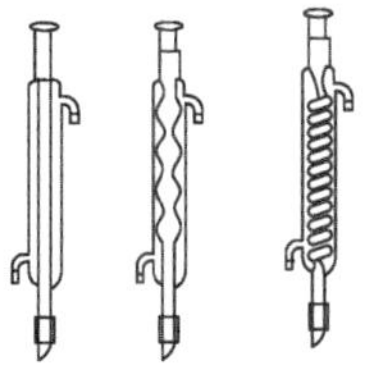	全长(mm)：320，370，490	用于冷却蒸馏出的液体，蛇形管适用于冷凝低沸点液体蒸气，空气冷凝管用于冷凝沸点 150 ℃以上的液体	不可骤冷骤热；注意从下口进冷却水，上口出水
表面皿		直径(mm)：45，60，75，90，100，120	盖烧杯及漏斗等	不可直接用火加热，直径要略大于所盖容器

续表

名称	示意图	规格	主要用途	使用注意事项
研钵		直径(mm)：45，60，75，90，100，120	研磨固体试剂及试样等用；不能研磨与玻璃作用的物质	不能撞击；不能烘烤
干燥器		直径(mm)：150，180，210 无色、棕色	保持烘干或灼烧过的物质的干燥；也可干燥少量制备的产品	底部放变色硅胶或其他干燥剂，盖磨口处涂适量凡士林；不可将过热的物体放入，放入热的物体后要及时开盖以免盖子跳起或冷却后打不开盖子

上述仪器中，烧杯、烧瓶、试管等使用时可以加热。厚玻璃器皿、量筒等不耐热。锥形瓶不耐压，不能作减压用。广口容器如烧杯等不能储放易挥发的有机溶剂。带活塞的玻璃器皿用过洗净后，在活塞与磨口间应垫上纸片，以防粘住。如已粘住的磨口可在外壁吹热风或用水煮，使外部玻璃膨胀后趁热轻轻敲打塞子使其松开。注意温度计不可作搅拌棒用，也不能测量超过其刻度范围的高温溶液，用后要缓慢冷至室温，再用自来水冲洗，不可立即用自来水冲洗，以免炸裂，洗净的温度计干燥后，妥善保存在套管内，以防碰碎。

2.1.2　标准磨口仪器

标准磨口玻璃仪器是具有标准内磨口和外磨口的玻璃仪器。标准磨口是根据国际通用技术标准制造的，使用时根据实验的需要选择合适的容量和口径。相同编号的磨口仪器，它们的口径是统一的，连接是紧密的，使用时可以互换，用少量的仪器可以组装多种不同的实验装置，通常应用在有机化学实验中。目前常用的是锥形标准磨口，其锥度为 1∶10[$(D-d)/L$]，即锥体大端直径与锥体小端直径之差与磨面锥体的轴向长度比例为1∶10。

通常以整数数字表示标准磨口的系列编号，这个数字是锥体大端直径（以 mm 为单位）最接近的整数。常用标准磨口系列见表 2-2。

表 2-2　常用标准磨口系列

编号	10	12	14	19	24	29	34
口径/mm（大端）	10.0	12.5	14.5	18.8	24.0	29.2	34.5

有时也用 D/H 两个数字表示标准磨口的规格，如 14/23，即大端直径为 14.5 mm，锥体长度为 23 mm。

（1）磨口容器（图 2-1）

图 2-1　磨口容器

常量合成通常使用 250 mL 和 500 mL 的容器，常用 Φ19 或 Φ24 磨口；半微量合成常使用 10 mL、25 mL 和 50 mL 容器，可用 Φ10、Φ14 也可用 Φ19。

（2）磨口塞和磨口接头（图 2-2）

图 2-2　磨口塞和磨口接头

磨口空心塞是平头的，用以盖封反应瓶，可以立着，以防使用后取下时试液污染台面。内、外磨口号码不同的两件仪器连接时应使用磨口接头。磨口接头（标准接头）分 A 和 B 两型，由小号码的内磨口变成大号码的外磨口称为 A 型，如从 Φ19 到 Φ24，用 19×24 表示；反之称为 B 型，如从 Φ19 到 Φ14，用 19×14 表示。

(3) 冷凝器(图 2-3)

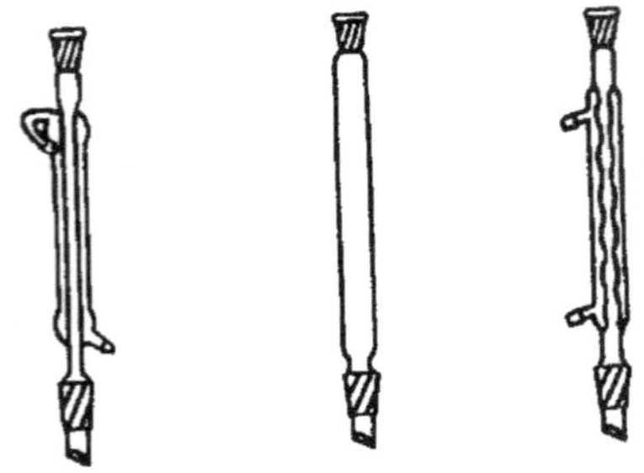

图 2-3　磨口冷凝器

常量合成实验往往采用 200 mm 长的冷凝管，磨口为 19×2；半微量合成实验使用 125 mm 长的冷凝管，磨口为 14×2。

(4) 蒸馏头(图 2-4)

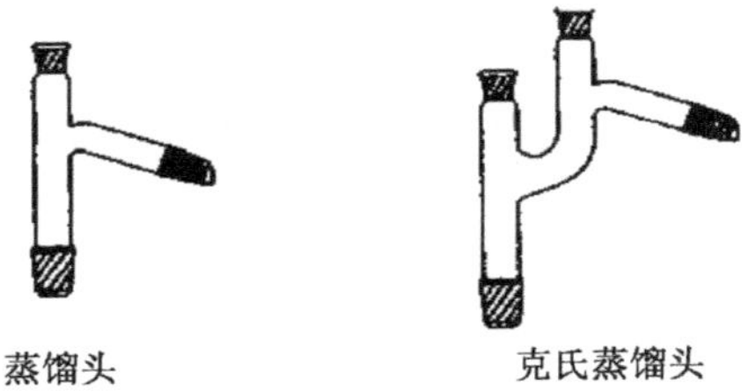

图 2-4　蒸馏头

(5) 接受管(图 2-5)

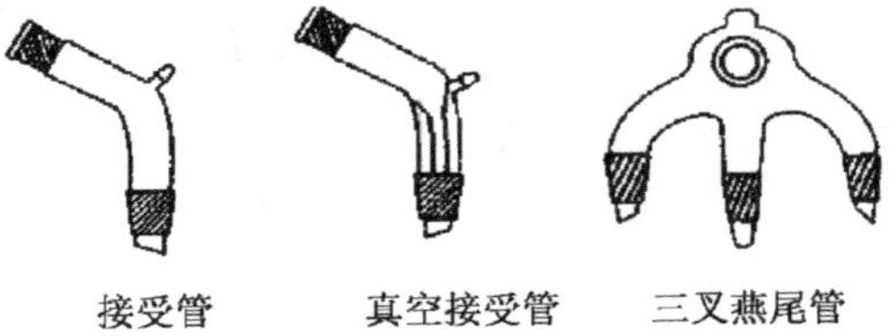

图 2-5　磨口接受管

（6）其他标准口玻璃仪器（图 2-6）

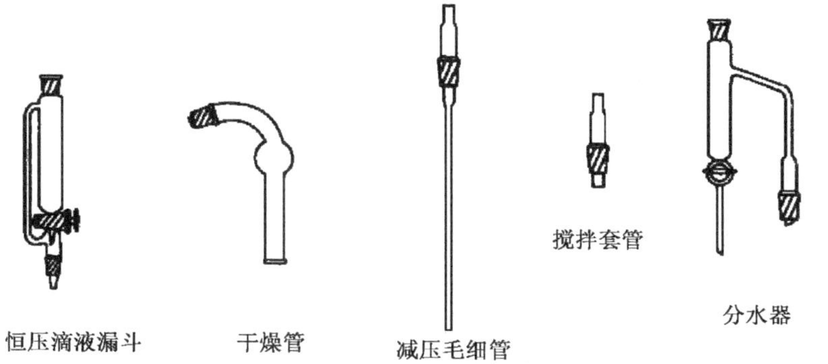

图 2-6　其他标准口玻璃仪器

（7）使用标准口仪器时应注意的事项

① 磨口必须清洁，不粘有固体杂质，否则磨口连接不紧密，导致漏气。或造成磨口损坏等。

② 用后应立即拆卸，洗净。若长期连接放置，可使磨口连接处粘连，难以拆开。

③ 一般情况下，无需在磨口处涂凡士林等润滑剂，以免污染反应物和产物；若反应中有强碱或高温加热时，应涂抹少许润滑剂，以免因碱性腐蚀或高温作用使磨口粘连。减压蒸馏时，磨口应涂真空油脂，防止漏气。

④ 安装仪器时，磨口对接角度要合适。否则，磨口会因倾斜应力的作用而破裂。

2.2　常用器皿和用具

表 2-3　实验室常用器皿及用具

名称	示意图	规格	主要用途	使用注意事项
瓷坩埚		容量（mL）：10，15，20，25，30，40	灼烧沉淀及高温处理试样	瓷制品不耐苛性碱和碳酸钠的腐蚀，且不能在其中进行熔融操作

续表

名称	示意图	规格	主要用途	使用注意事项
洗瓶		容量（mL）：250，500，1 000	装纯化水洗涤仪器或装洗涤液洗涤沉淀	带洗头的塑料瓶不可加热
酒精灯	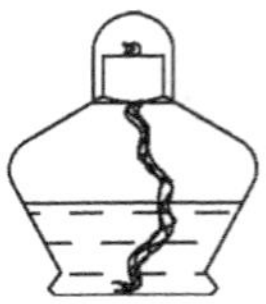	容量有 150 mL 和 250 mL，其全高分别为 118 mm 和 130 mm	常用的加热器具	酒精灯中的酒精量应少于容积的三分之二，向瓶内倒入酒精要用漏斗导入。点火要用火柴，熄火应该用灯帽盖灭火焰，不可用嘴吹灭酒精灯
滴定台及滴管夹	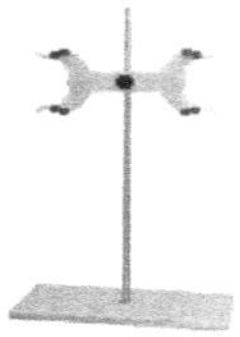	座板长 320 mm，宽 180 mm，支杆长 500～600 mm	夹持滴定管进行滴定操作	滴定管的夹持部分应套上一段胶管
移液管夹	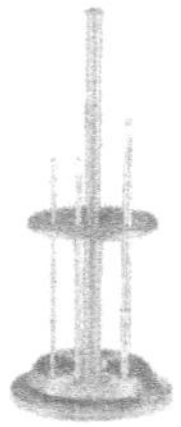	园式直径 150 mm，圆孔直径 7～17 mm	放置移液管	使用时应保持洁净
铁架台、三脚架	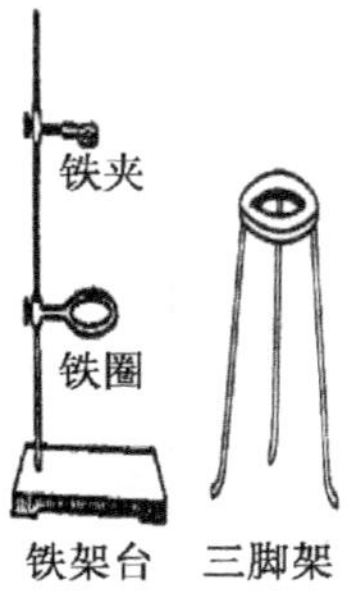	铁架台底座长 170 mm，宽 100 mm，杆长 450 mm 铁圈直径（mm）：60，80，100，125，150	铁架台用于夹持或支撑其他仪器 三脚架固定放置受热容器，还可以用于灼烧坩埚支架	三脚架加热时要垫上石棉网；用于灼烧坩埚支架时要放置泥三角

续表

名称	示意图	规格	主要用途	使用注意事项
试管架	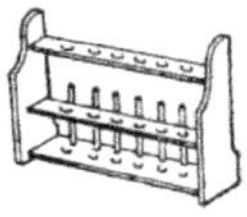	木质和铝制	放置试管	不可接触腐蚀物质
钻孔器		钻孔器具有一组不同口径的钢管	用于橡皮塞或软木塞上手工打孔	使用时使用适当的孔径的钢管，用细铁杆清除管内钻孔后残留的塞屑
试管夹	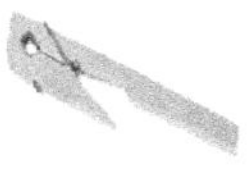	木质，试管夹全长 180 mm，夹持口径 12～22 mm	加热试管时用于夹持试管	夹持时应该从试管底部往上套，撤除时也应该由试管底部撤出
镊子		用钢或铜制成，表面镀镍。长为 250～300 mm	用于夹持小件物品	不可接触

2.3　常用化学试剂及其取用

2.3.1　化学试剂的标准与规格

2.3.1.1　化学试剂的标准

化学试剂，是符合特定的纯度标准的单质、化合物或混合物，应用于科研、医疗、环保、能源、材料、教育等各个领域，专门用来制备、探测、分析、测量、标定另一种物质。

我国也有自己的化学试剂标准。近年来，我国化学剂标准委员会正在逐步修正我国的试剂标准，尽可能与国际接轨，统一标准。

我国的化学试剂标准分国家标准、部颁标准和企业标准三种。

(1) 国家标准

国家标准由化学工业部提出，国家标准局审批和发布，其代号是“GB”，系取自“国标”两字的汉语拼音的第一个字母。其编号采用顺序号加年代号，中间用一横线分开，用阿拉伯数字表示。如 GB 2299—80 高纯硼酸，表示国家标准 2299 号，1980 年颁布。

《中华人民共和国国家标准化学试剂》制订、出版于 1965 年，1971 年编成《国家标准化学试剂汇编》出版，1978 年净增订分册陆续出版。1990 年又以《化学工业标准汇编化学试剂》(第 13 册)问世。它将化学试剂的纯度分为 5 级，即高纯、基准、优级纯、分析纯和化学纯，其中优级纯相当于默克标准的保证试剂(BR)，《中华人民共和国国家标准化学试剂》是我国最权威的一部试剂标准。除试剂名称、形状、分子式、分子量外，它还包括技术条件(试剂最低含量和杂质最高含量等)、检验规则(试剂的采样和验收规则)、试验方法、包装及标志等 4 项内容。

(2) 部颁标准

部颁标准由化学工业部组织制定、审批和发布，报送国家标准局备案，其代号是"HG"，系取自"化工"两字的汉语拼音的第一个字母，编号形式与国家标准相同。除部颁标准外，还有部颁暂行标准，是化工部发布暂行的标准，代号是"HGB"，取自"化工部"三个汉字拼音的第一个字母，编号形式与国家标准相同。

(3) 企业标准

企业标准由省化工厅(局)或省、市级标准局审批、发布，在化学试剂行业或一个地区内执行。企业标准的代号采用分数形式"Q/HG"，Q、HG 各系取自"企""化工"的汉语拼音的第一个字母，编号形式与国家标准相同。在这 3 种标准中，部颁标准不得与国家标准相抵触；企业标准不得与国家标准和部颁标准相抵触。

各国生产化学试剂的大公司，均有自己的试剂标准。对我国化学试剂工业影响较大的国外试剂标准有默克标准、罗津标准和 ACS 规格。

2.3.1.2 化学试剂的规格

(1) 我国现行的化学试剂的规格

我国的试剂规格基本上按纯度(杂质含量的多少)划分，根据纯度及杂质含量的多少，可分为高纯、光谱纯、基准、分光纯、优级纯、分析纯、化学纯等规格。

① 高纯试剂(EP)，包括超纯、特纯、高纯、光谱纯，配制标准溶液。高纯

试剂是在通用试剂的基础上发展起来的，它的杂质含量要比优级试剂低2，3，4或更多数量级。高纯试剂质量注重的是在特定方法分析过程中可能引起分析结果偏差，对成分分析或含量分析干扰的杂质含量，适用于一些痕量分析。

② 基准试剂(JZ，深绿色标签)是纯度高、杂质少、稳定性好、化学组分恒定的化合物。有容量分析、pH测定、热值测定等分类，每一分类中均有第一基准和工作基准之分。目前，商业经营的基准试剂主要是指容量分析类中的容量分析工作基准，一般用于标定滴定标准溶液。

③ 光谱纯(SP)主要在光谱分析中作标准物质，一般纯度较高，其杂质用光谱分析法测不出或杂质低于某一限度，但对其纯度并无具体规定。主要适用于分光光度计标准品、原子吸收光谱标准品、原子发射光谱标准品。

④ 分光纯是指使用分光光度分析法时所用的溶液，有一定的波长透过率，用于定性分析和定量分析。

⑤ 优级纯(GR，深绿色标签)亦称保证试剂，为一级品，纯度高，杂质极少，主要用于精密分析和科学研究。

⑥ 分析纯(AR，金光红色标签)亦称分析试剂，为二级品，纯度略低于优级纯，杂质含量略高于优级纯，适用于重要分析和一般性研究工作。

⑦ 化学纯(CP，中蓝色标签)为三级品，纯度较分析纯差，但高于实验试剂，存在干扰杂质，适用于工厂、学校一般性的分析工作及化学实验和合成制备。

⑧ 实验纯(LR)为四级品，纯度比化学纯低，但比工业品纯度高，杂质含量不做选择，适用于一般化学实验和合成制备，不能用于分析工作。

(2) 市场上常见的其他按纯度或者按照应用划分的规格

① 教学试剂(JX)　可以满足教学目的，不至于造成化学反应现象偏差的一类试剂。

② 指定级(ZD)　该类试剂是按照用户要求的质量控制指标，为特定用户订做的化学试剂。

③ 电子纯(MOS)　适用于电子产品生产，电性杂质含量极低。

④ 当量试剂(3 N、4 N、5 N)　主成分含量分别为99.9%、99.99%、99.999%以上。

⑤ 微量分析试剂(micro-analytical reagent) 适用于被测定物质的许可量仅为常量百分之一(质量为 1～15 mm,体积为 0.01～2 mL)的微量分析。

⑥ 生化试剂(BR) 指有关生命科学研究的生物材料或有机化合物,以及临床诊断、医学研究用的试剂。用于配制生物化学检验试液和生化合成。质量指标注重生物活性杂质。

⑦ 生物染色剂(BS,玫红色标签) 配制微生物标本染色液。质量指标注重生物活性杂质。可替代指示剂,可用于有机合成。

⑧ 指示剂(IND) 受某些物质存在的影响而改变自己颜色的物质。主要用于容量分析中指示滴定的终点。一般可分为酸碱指示剂、氧化还原指示剂、吸附指示剂等。指示剂除分析外,也可用来检验气体或溶液中的某些有害有毒物质。

⑨ 生物碱 为一类含氮的有机化合物,存在于自然界,有类似碱的性质。大多数生物碱均有复杂的环状结构,氮素多包括在环内,具有光学活性,但也有少数生物碱例外。生物碱一般性质较稳定,在贮存上除避光外,不需特殊贮存保管。

⑩ 试纸(test paper) 浸过指示剂或试剂溶液的小干纸片,用以检验溶液中某种化合物、元素或离子的存在,也可用于医疗诊断。

⑪ 标准物质(standard substance) 用于化学分析、仪器分析中作对比的化学物品,或是用于校准仪器的化学品。其化学组分、含量、理化性质及所含杂质必须已知,并符合规定或得到公认。

⑫ 有机分析标准品(organic analytical standards) 测定有机化合物的组分和结构时用作对比的化学试剂。其组分必须精确已知。也可用于微量分析。

⑬ 农药分析标准品(pesticide analytical standards) 适用于气相色谱法分析农药或测定农药残留量时作对比物品。其含量要求精确。有由微量单一农药配制的溶液,也有多种农药配制的混合溶液。

⑭ 原子吸收光谱标准品(atomic absorption spectroscopy standards) 在利用原子吸收光谱法进行试样分析时作为标准用的试剂。

⑮ 当量溶液(normal solution) 1 L 溶液中含有 1 g 当量溶质的水溶

液，即指浓度是1 N的溶液。

⑯ 仪器分析试剂(instrumental analytical reagents)　利用根据物理、化学或物理化学原理设计的特殊仪器进行试样分析的过程中所用的试剂。

⑰ 色谱纯(GC)　气相色谱分析专用。质量指标注重干扰气相色谱峰的杂质。主成分含量高。

⑱ 色谱纯(LC)　液相色谱分析标准物质。质量指标注重干扰液相色谱峰的杂质。主成分含量高。

⑲ 色谱用(for chromatography)试剂　用于气相色谱、液相色谱、气液色谱、薄层色谱、柱色谱等分析法中的试剂和材料，有固定液、担体、溶剂等。

⑳ 电子显微镜用(for electron microscopy)试剂　在生物学、医学等领域利用电子显微镜进行研究工作时所用的固定剂、包埋剂、染色剂等的试剂。

㉑ 极谱用(for polarography)试剂　在用极谱法做定量分析和定性分析时所需要的试剂。

㉒ 核磁共振测定溶剂(solvent for NMR spectroscopy)　主要是氘代溶剂(又称重氢试剂或氘代试剂)，是在有机溶剂结构中的氢被氘(重氢)所取代了的溶剂。在核磁共振分析中，氘代溶剂可以不显峰，对样品作氢谱分析不产生干扰。

㉓ 折光率液(refractive index liquid)　为已知其折光率的高纯度的稳定液体，用以测定晶体物质和矿物的折光率。在试剂的包装外标明有其折光率。

㉔ 电泳试剂　质量指标注重电性杂质含量控制。

2.3.2 化学试剂的选用

化学试剂的纯度对实验分析结果准确度的影响很大，不同的分析工作对于试剂的纯度的要求也不相同。因此，必须了解实际的分类标准，以便正确使用试剂。

根据化学试剂中所含杂质的多少，将实验室普遍使用的一般试剂划分为四个等级，具体的名称、标志和主要用途见表2-4。

表 2-4 试剂的级别和主要用途

级别	中文名称	英文名称	标签颜色	主要用途
一级	优级纯	GR	绿	精密分析实验
二级	分析纯	AR	红	一般分析实验
三级	化学纯	CP	蓝	一般分析实验
生物化学试剂	生化试剂、生物染色剂	BR	黄色	生物化学及医用化学实验

选用的化学试剂时，必须根据实验的具体要求选用。要做到既不超规格浪费，又不随意降低规格而影响实验结果的准确度。

2.3.3 化学试剂的保管

化学试剂若保管不当，就会失效变质，影响实验的效果，并造成物质的浪费，甚至还会发生事故。因此，科学地保管试剂对于保证实验顺利进行，获得可靠的实验数据具有非常重要的意义。化学试剂的变质大多数情况是受外界条件的影响，如空气中的氧气、二氧化碳、水蒸气，空气中的酸碱性物质及环境温度、光照等，都可使化学试剂发生氧化、还原、潮解、风化、析晶、稀释、锈蚀、分解、挥发、升华、聚合、发霉、变色及燃爆等变化。

2.3.3.1 贮藏条件对化学试剂的影响

(1) 空气中各种成分的影响

空气中除氧气外，有时还含有二氧化氮、二氧化硫、硫化氢和溴蒸气等。无机试剂中的大多数低价离子如二价铁离子如二价锡离子等，活泼金属及有机试剂中具有还原性的化合物都很容易被空气中的氧化性物质所氧化；无机试剂中的强氧化剂则容易被空气中的还原性物质所还原。这一因素的影响会使试剂降低或丧失其原有的氧化、还原能力。

二氧化碳是酸性氧化物，与空气中的水蒸气形成碳酸。二氧化碳很容易被碱(如氢氧化钠、氢氧化钙、丁二胺等)、强碱弱酸盐(砷酸钠、硅酸钠)、能与碳酸形成难溶碳酸盐的化合物(如钙、锶、钡、铅、镁、镉盐等)，以及某些有机试剂所吸收。因此，具有上述性质的试剂若封装不严，就会被二氧化碳侵蚀而变质。

实验中产生的酸碱性气体，如硫化氢、氯化氢、二氧化硫、二氧化氮和氨气等，均可与空气中的水蒸气结合，形成酸性或碱性雾滴，附着在试剂瓶上，若试剂瓶口封装不严，试剂就会被污染。

空气中的水蒸气含量太高时，干燥剂、容量分析的基准物质很容易受潮而不能使用。某些物质，如卤化物、硝酸盐、碳酸盐和柠檬酸盐等容易吸水潮解，有的还会发生水解而难于复原。过硫酸铵吸湿水解后放出氧气而失去其氧化性；硫化钠吸湿后变为液体并放出硫化氢；无水三氯化铝水解后变成氢氧化铝并产生盐酸等。但空气过于干燥时，某些含结晶水的试剂很容易发生风化，使试剂变成粉末。因此室内的湿度也是试剂贮存的一个重要条件。

(2) 温度的影响

温度对试剂的影响很大，一般情况下，温度越高，试剂越容易变质，尤其是有机试剂，受温度影响更大。低分子量的醇、醚、醛、酮、酯类、苯及其衍生物、硝基化合物等有机试剂，以及盐酸、硝酸、氨水等受热时极易挥发；甲基丙烯酸甲酯、苯乙烯、丙烯酸等，超过 -10 ℃时就会发生聚合或变质，必须低温冷藏。当易燃物质的环境温度超过它的闪点时，就会引起燃烧。过氧化物温度较高时，会引起分解而发生爆炸，最好将其存放于冰箱中。

(3) 光的影响

当试剂受到光(特别是紫外线)的作用时，可以发生分解、氧化还原反应或自身氧化还原反应。如银的氧化物和盐类，高汞和亚汞的氧化物，卤化物(除氟外)及其盐类，溴和碘的一些盐类。因此，很多试剂要装在棕色瓶中保存，因为棕色瓶有吸收紫外线的作用，可以防止光线对试剂产生影响。

2.3.3.2 保存试剂的一般要求

① 实验室里应尽量不存放或少存放化学试剂，这样既防止试剂挥发物对实验室的污染，也避免化学实验产生的物质对化学试剂的影响。尽量能有专室存放化学试剂。

② 化学试剂应放置在能防尘、防止各种蒸气或气体沾污和侵蚀的专用玻璃试剂柜里。要按试剂的性质分类存放。

③ 室内要保持一定的温度和湿度。避免强光照射，有良好的排风设备。

④ 对存放的试剂要经常检查瓶上的标签是否完好，字迹是否清楚。如有脱落或模糊，应及时更换。

⑤ 室内应备齐防火器材和砂箱。

2.3.3.3 各种危险品的存放要求及注意事项

(1) 易燃液体

主要是有机溶剂，如乙醇、乙醚、丙酮、二硫化碳、苯、甲苯、汽油等，它们极易挥发成气体，遇明火即燃烧。这些液体应单独存放，要注意阴凉、通风，特别要注意远离火种。

易燃固体无机物中的硫黄、红磷、镁粉和铝粉等，着火点都很低，存放处应通风、干燥。白磷在空气中可自燃，应保存在水里，放置于避光、阴凉处。要经常检查瓶中的水量，防止水分蒸发使白磷露出水面。

(2) 遇水燃烧爆炸的物质

金属钾、钠、钙、电石和锌粉等，可与水剧烈反应，放出可燃性气体，极易引起爆炸。钾、钠应保存在煤油里。电石、锌粉应放在干燥处。这些物质的存放应与易燃物、强氧化剂等隔开。长时间不用时，应将其密封保存，并将盛装这些物质的容器放于用水泥或砖砌成的槽。

(3) 强氧化剂

这类试剂包括过氧化物（过氧化氢、过氧化钠、过氧化钡），强氧化性的含氧酸（高氯酸）及强氧化性的含氧酸盐（硝酸盐、氯酸盐、重铬酸盐、高锰酸盐）。当受热、撞击或混入还原性物质时，就可能引起爆炸。存放时，一定不能与可燃物、易燃物及还原性物质放在一起。存放处应阴凉、通风。

(4) 强腐蚀剂

强酸、强碱、液溴、三氯化磷、五氧化二磷、无水三氯化铝、氨水等，对人体的皮肤、黏膜、眼、呼吸器官，以及金属等，有极强的腐蚀性。存放时，应与其他试剂隔开，放置在用抗腐蚀性材料（耐酸水泥或耐酸陶瓷）制成的架子上，料架不能太高，以保证取放安全、方便。

(5) 有毒物质

氰化物、三氧化二砷或其他砷化物、二氯化汞（升汞）等均为剧毒性试剂，侵入消化道极少量即可引起中毒致死。应锁在固定的铁柜中，并由专人负责保管。可溶性铜盐、钡盐、铅盐、锑盐也有毒，也应妥善保管。

2.3.4　化学试剂的取用

2.3.4.1　固体药品的取用

少量微晶和粉末状固体须用药匙取用，微量药品用药匙尾端小勺取用，大量取用可直接倾倒，块状固体则用镊子夹取。

固体药品取用量，有用量要求的应用天平称量，无用量要求的应取最少量，以盖满试管底或者在烧杯中加1～2药匙为度。

向试管和烧瓶中装粉末和微晶试剂时，为了防止药品沾附在容器口和内壁，应将盛有药品的药匙（或把药品盛在用硬纸条叠成的V形纸槽中），用右手平拿住，小心送入平卧着的试管底部或烧瓶中，再竖起容器即可（一斜二送三直立，防止药品沾在试管壁）。

将块状固体或金属颗粒放入烧瓶、烧杯和试管等玻璃器皿时，应将盛器倾斜，使固体沿器壁慢慢滑入盛器底部，切勿向竖直的玻璃容器中直扔固体颗粒，以免击碎玻璃盛器（一横二放三慢竖，防止打破容器）。

托盘天平又称台秤。其操作简便快速、称衡量大，但称量精度不高，一般能精确到0.1 g，也有能精确到0.01 g的托盘天平，可用于精确度要求不高的称量。

托盘天平的构造如图2-7所示。它是由天平横梁、支承横梁的天平座、放置称量物和砝码的秤盘、平衡螺杆、平衡螺母、指针、刻度盘、刻度标尺及游码等部件组成。刻度标尺上的每一大格为1 g，一大格又分为若干小格，

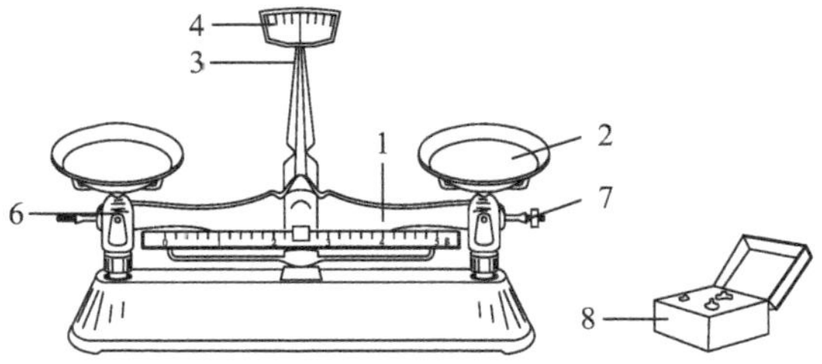

1—横梁；2—秤盘；3—指针；4—刻度盘；5—游码标尺；6—游码；7—调零螺母；8—砝码盒

图2-7　托盘天平和砝码

每一小格为0.1 g或0.2 g。托盘天平的规格根据其最大载荷可分为100 g，200 g,500 g,1 000 g,2 000 g。

使用前,应先将游码拨至刻度尺左端“0”处,观察指针的摆动情况。若指针在刻度盘左右两边摆动的格数几乎相等,或者停止摆动时指针指在刻度盘的中线上,则表示天平处于平衡状态(此时指针的休止点叫零点),即天平可以使用。若指针在刻度尺左右摆动的格数相差很大,则应用调零螺丝调准零点后方可使用。

称量时,被称的物品放在左盘,砝码放在右盘。加砝码时,先加大砝码，若偏大,再换小砝码,最后用游码调节,至指针在刻度盘左右两端摆动的格数几乎相等为止(此时指针的休止点叫停点或平衡点)。把砝码和游码的数值加在一起,就是托盘中物品的质量(读准至0.1 g)。

但要注意,不可把药品直接放在托盘上(应放在称量纸上)称量,潮湿或具有腐蚀性的药品应放在已称量过的洁净干燥的容器(如表面皿、小烧杯等)中称量。不可以把热的物品放在托盘天平上称量。称量完毕,要把砝码放回砝码盒中,将游码退到刻度“0”处,将托盘天平清扫干净。注意,天平的砝码必须用镊子取放。

2.3.4.2 液体试剂的取用

定量取用液体试剂,应用量筒;定量取用少量液体试剂,应用胶头滴管。具体的方法:使用时用中指和无名指夹住玻璃管部分,用大拇指和食指挤压胶头。吸取液体时先挤掉空气,然后深入液体试剂里,松开手指吸取试剂。取出滴管把它悬空放在容器口上方,向容器中滴加试剂。勿让滴管的尖嘴触及容器内壁,以免污染滴管,将杂质带回试剂瓶中。用后立即将滴管插回到滴瓶中,不可平放在桌上,以免腐蚀胶头滴管。

向试管中倾倒液体时,药品的量以不超过试管总容积的1/3为度。从试剂瓶中倾倒液体试剂时,瓶盖开启后应倒放在桌面上。左手拿住盛液体的容器,右手拿试剂瓶,标签朝向手心,使瓶口紧靠容器口,缓缓倒入待取试剂。倒毕,稍待片刻,等瓶口液体流完时再离开。将试剂瓶轻放桌上,盖上瓶盖,放回原处,并注意使瓶上的标签向外。

往烧杯中倾倒液体试剂应沿玻璃棒倒。玻璃棒下端轻抵烧杯内壁,瓶口紧贴玻璃棒,缓缓倒入。

2.3.4.3　药品的取用注意事项

① 药品的取用有“三不”：不能用手拿；不要将鼻子凑近容器口闻气味；不得用嘴尝。

② 节约原则：没有说明药品用量时，液体药品一般取用 1～2 mL，固体药品一般以盖满试管底部为度。

③ 防污染原则：取用后多余的药品不能放回试剂瓶；胶头滴管滴加药品时，不能倒置，也不能将胶头滴管的尖嘴伸入仪器口内。用过的药匙、镊子应该用滤纸等擦干净以备用。粉末药品应用纸条取用。

2.4　化学实验用水

2.4.1　化学实验用水的制备方法

水是一种使用最广泛的化学试剂，是最廉价的溶剂和洗涤液，可溶解许多物质，尤其是无机化合物，人们的生活、生产、科学研究等都离不开它。水质的好坏直接影响化工产品的质量和实验结果。

各种天然水不宜直接用于化学实验，必须进行处理。经初步处理后得到的自来水，除含有较多的可溶性杂质外，是比较纯净的水，在化学实验中常用作粗洗仪器用水、水浴用水及无机制备前期用水等。

自来水再经进一步处理后所得的纯水（即化学实验用水），在化学实验中常用作溶剂用水、精洗仪器用水、分析用水及无机制备的后期用水等。

化学实验用水常用的制备方法有蒸馏法、离子交换法和电渗析法。

(1) 蒸馏法

用蒸馏法制得的水称为蒸馏水。由于可溶性盐不挥发，在蒸馏过程中留在剩余的水中，所以蒸馏水比较纯净。一般水的纯度可用电阻率（或电导率）的大小来衡量，电阻率越高或电导率越低（电阻与电导互为倒数），说明水越纯净。蒸馏水在室温时的电阻率可达约 $10^5\ \Omega\cdot cm$，而自来水一般约为 $3\times10^3\ \Omega\cdot cm$。蒸馏水中的少量杂质，主要来自于冷凝装置的锈蚀及可溶性气体的溶解。在某些实验（如分析化学实验等）中，往往要求使用更高纯度的水。这时可在蒸馏水中加入少量高锰酸钾和氢氧化钡，再次进行蒸馏，以除去水中极微量的有机杂质、无机杂质及挥发性的酸性氧化物（如 CO_2），再次蒸馏后得到的水称为重蒸水（二次蒸馏水），电阻率可达约 10^6 Ω·cm。保存重蒸水应用塑料容器而不能用玻璃容器，以免玻璃中所含钠盐及其他杂质会慢慢溶于水，而使水的纯度降低。

（2）离子交换法

用离子交换法制得的水叫离子交换水，因为溶于水的杂质离子已被除去，所以又称为去离子水。去离子水的纯度很高，常温下的电阻率可达 5×10^6 Ω·cm 以上。但因未除去非离子型杂质，含有微量有机物，故为三级水。

（3）电渗析法

用电渗析法制得的水称为电渗析水。电渗析水纯度比蒸馏水低，未除去非离子型杂质。电阻率为 $10^4\sim10^5$ Ω·cm，接近三级水的质量。

2.4.2 化学实验用水的级别及主要指标

化学实验室用于溶解、稀释和配置溶液的水，都必须先经过净化。分析要求不同，对水质纯度的要求也不同。故应该根据不同的要求，采用不同的净化方法制得的纯水。

（1）实验室用水的规格标准

我国已经建立了实验室用水的国家标准（GB/T 6682—2008），规定实验室用水分为三个等级：一级水、二级水和三级水。

① 一级水用于严格要求的试验，包括对悬浮颗粒有要求的实验。如高压液相色谱分析用水。一级水可用二级水经过石英设备蒸馏或超纯水制备装置制取后，再经 0.2 μm 微孔滤膜过滤。

② 二级水用于无机痕量分析、病毒免疫等试验，如原子吸收光谱分析。二级水可用多次蒸馏或超纯水制备装置制取。

③ 三级水用于一般化学分析和生化检验试验，可用蒸馏或离子交换等方法制取。

实验室用水的级别及主要指标见表 2-5。

表 2-5　实验室用水的级别及主要指标

名　称	一级	二级	三级
pH 值范围(25 ℃)	—	—	5.0～7.0
电导率(25 ℃)/(mS/m)或(μS/cm)	≤0.01	≤1.0	0.50 或(5.0)
可氧化物质(以 O 计)/(mg/L)	—	<0.08	<0.4
吸光度(254 nm,1 cm 光程)	≤0.001	≤0.01	—
蒸发残渣(105 ℃±2 ℃)/(mg/L)	—	≤1.0	≤2.0
可溶性硅(以 SiO_2 计)/(mg/L)	<0.01	<0.02	

a. 在一级水、二级水的纯度下，难以测定其真实的 pH 值，因此对一级水、二级水的 pH 值范围不做规定。

b. 一级水、二级水的电导率须用新制备的水“在线”测定。

c. 由于一级水的纯度下，难以测定可氧化物质和蒸发残渣，对其限量不做规定。可用其他条件和制备方法来保证一级水的质量。

(2) 实验室用水的容器与贮存

各级用水均使用密闭、专用聚乙烯容器。三级水也可使用密闭的、专用玻璃容器。新容器在使用前需用 20%盐酸溶液浸泡 2～3 天，再用化验用水反复冲洗数次。

各级用水在贮存期间，其污染的主要来源是容器可溶成分的溶解、空气中二氧化碳和其他杂质。因此，一级水不可贮存，临使用前制备。二级水、三级水可适量制备，分别贮存于预先经同级水清洗过的相应容器中。

2.5　化学实验室常用玻璃器皿的洗涤与干燥

2.5.1　玻璃仪器的洗涤

化学实验使用的玻璃仪器和玻璃器皿需按规定要求彻底洗净后才能使用。洗涤是否符合要求，对化验工作的准确度和精密度均有影响。不同分析工作(如工作分析，一般化学分析、微量分析等)有不同的仪器洗净要求。

沾污的玻璃仪器和玻璃器皿，应根据污物的性质，采用不同洗涤液，通过化学或物理作用有效地洗净仪器。

2.5.1.1 一般步骤

(1) 水刷洗

准备一些用于洗涤各种形状仪器的毛刷，如试管刷、烧杯刷、瓶刷等。首先用毛刷蘸水刷洗仪器，用水冲去可溶性物质及刷去表面黏附的灰尘。

(2) 用低泡沫洗涤液洗刷

用低泡沫洗涤液和水摇动，必要时可加入滤纸碎块，或用毛刷刷洗。温热的洗涤液去油脂能力更强，必要时可短时间浸泡。去污粉因含有细砂等固体颗粒物，摩擦有损玻璃，一般不要使用。冲净洗涤剂，再用自来水洗3遍。

将滴管、吸量管、小试管等仪器浸于温热的洗涤剂水溶液中，在超声波清洗机液槽中洗数分钟，洗涤效果极佳。

(3) 用洗液洗

坩埚，称量瓶，吸量管，滴定管等可用洗液洗涤，必要时可加热洗液。洗液可反复使用。

洗净的仪器倒置时，水流出后器壁应不挂水珠。至此再用少量纯水洗涤仪器3次，洗去自来水带来的杂质，即可使用。

2.5.1.2 洗涤液使用注意事项

针对仪器沾污物的性质，采用不同洗涤液通过化学或物理作用能有效地洗净仪器。在使用各种不同性质的洗液时，一定要把上一种洗涤液除去后再用另一种，以免相互作用，使生成的产物更难洗净。

洗涤液的使用要考虑能有效地除去污染物，不引进新的干扰物质(特别是微量分析)，不应腐蚀器皿。强碱性洗液不应在玻璃器皿中停留超过20 min，以免腐蚀玻璃。

铬酸洗液因毒性较大尽可能不用，近年来多以合成洗涤剂、有机洗涤剂等来去除油污。

2.5.1.3 砂芯玻璃滤器的洗涤

洗涤砂芯玻璃滤器常用的洗涤液见表2-6。

表 2-6 洗涤砂芯玻璃滤器常用的洗涤液

沉淀物	洗涤液
AgCl	(1+1)氨水或 10% $Na_2S_2C_3$ 水溶液
$BaSO_4$	100 ℃浓硫酸或用 EDTA-NH_3 水溶液(500 mL 3% EDTA 二钠盐与 100 mL 浓氨水混合)加热近沸腾
汞渣	热浓 HNO_3
有机物质	铬酸洗液浸泡或温热洗液抽洗
脂肪	CCl_4 或其他适当的有机溶剂
细菌	化学纯浓硫酸 5.7 mL、化学纯硝酸钠 2 g 与纯水 94 mL 充分混匀，抽气并浸泡 48 h 后，以热蒸馏水洗净

新的滤器使用前应以热的盐酸或铬酸洗液边抽滤边清洗，再用纯水洗净。可正置或倒置用水反复抽吸。

针对不同的沉淀物采用适当的洗涤剂先溶解沉淀，或倒置用水抽吸沉淀物，再用蒸馏水冲洗干净，在 110 ℃烘干，升温和冷却过程都应缓慢进行，以防裂损。然后保存在无尘柜或有盖的容器中。否则，积存的灰尘和沉淀堵塞虑孔，很难洗净。

2.5.1.4 吸收池(比色皿)的洗涤

玻璃或石英吸收池在使用前要充分洗净，根据污染情况，可以用冷的或温热的(40～50 ℃)阴离子表面活性剂的碳酸钠溶液(2%)浸泡，可加热 10 min 左右。也可用硝酸、重铬酸钾洗液(测铬和紫外区测定时不用)、磷酸三钠、有机溶剂等洗涤。对于有色物质的污染可用 HCl(mol · L^{-1})-乙醇(1∶2)溶液洗涤。用自来水、实验室用纯水充分洗净后倒立在纱布或滤纸上控去水分，如急用，可用乙醇、乙醚润洗后用吹风机吹干。

2.5.1.5 特殊的洗涤方法

① 有的玻璃仪器，主要是成套的组合，可安装起来，用水蒸汽蒸馏法洗涤一定时间。如凯氏微量定氮仪，使用前用装置本身发生的蒸气处理 5 min 即可。

② 测定微量元素用的玻璃器皿用 10%的 HNO_3 溶液浸泡 8 h 以上，然后用纯水冲净。测磷用的仪器不能用含磷酸盐的商品洗涤剂进行清洗。测铬、锰的仪器不能用铬酸洗液、高锰酸钾洗液洗涤。

③ 测铁用的玻璃仪器不能用铁丝柄毛刷刷洗，测锌、铁用的玻璃仪器酸洗后不能再用自来水冲洗，必须直接用纯水洗涤。

④ 测定分析水中微量有机物的仪器可用铬酸洗液浸泡 15 min 以上，然后用水、蒸馏水洗净。

⑤ 用于环境样品中痕量物质提取的索氏提取器，在分析样品前用己烷、乙醚分别回流 3～4 h。

⑥ 有细菌的器皿，可在 170 ℃用热空气灭菌 2 h。

2.5.2 玻璃仪器的干燥

实验室中经常要用到的仪器应在每次实验完毕后洗净干燥备用。不同的实验对干燥有不同的要求，一般定量分析用的烧杯、锥形瓶等仪器洗净即可使用，而用于食品分析的仪器大多要求是干燥的，有的要求无水痕，应根据不同要求进行干燥仪器。

(1) 烘干

洗净的仪器控去水分，放在烘箱内烘干，烘箱温度为 105～110 ℃，烘 1 h 左右，也可放在红外灯干燥箱中烘干，此法适用于一般仪器。称量瓶等在烘干后要放在干燥器中冷却和保存。带实心玻璃塞的及厚壁仪器烘干时要注意缓慢升温且温度不可过高，以免破裂，量器不可放于烘箱中烘。

(2) 烤干

烧杯或蒸发皿可以放在石棉网上用小火烤干。试管可以直接用小火烤干，操作时，试管要略为倾斜，管口向下，并不时地来回移动试管，把水珠赶掉。

(3) 晒干

洗净的仪器可倒置在干净的实验柜内仪器架上(倒置后不稳定的仪器如量筒等，则应平放)，让其自然干燥。

(4) 用有机溶剂干燥

对于一些带有刻度的计量仪器，不能用加热的方法干燥，否则会影响仪器的精密度，可以将一些易挥发的有机溶剂(如乙醇或乙醇与丙酮的混合液)加到洗净的仪器中(量要少)，把仪器倾斜，转动仪器，使器壁上的水与有机溶剂混合，然后倾出，少量残留在仪器内的混合液，会很快挥发并使仪器干燥。

2.6 玻璃加工及玻璃仪器装配技术

2.6.1 玻璃加工的基本操作技术

化学实验中用到的各种规格的导管、滴管、毛细管、安瓿、特制燃烧匙、微型U形管等玻璃器皿，一般由实验人员自制。在实验室里，加工玻璃的热源用煤气灯最方便。没有煤气灯的实验室，可以用酒精喷灯。普通酒精灯的火焰温度较低，如果加粗灯芯，装上防风罩，也能完成一般的弯曲和拉管等简单加工。不同的玻璃，加工时温度要求不同。因此，识别玻璃的种类是必要的。玻璃按材质不同，可以分为硬质玻璃（如GG-17玻璃、95料玻璃等）和软质玻璃（普通钙钠玻璃、钾玻璃）。前者软化温度高，后者软化温度低。可以根据材质特点鉴别玻璃，一般软质玻璃管端呈青绿色，硬质玻璃管端呈浅黄色或无色，颜色越浅，质料越硬。

（1）玻璃管（棒）的清洗和干燥

玻璃管（棒）在加工前都要清洗和干燥，否则也可能导致实验事故。制备熔点管的玻璃管必须先用洗液浸泡半小时以上，再用自来水冲洗和蒸馏水清洗、干燥后方能进行加工。

（2）玻璃管（棒）的切割

取直径为0.5～1 cm的玻璃管（棒），用锉刀（三角锉或扁锉均可）的边棱或小砂轮在需要切割的位置上朝同一个方向锉一个锉痕，锉痕深度约为玻璃管（棒）直径的1/6。注意不可来回乱锉，否则不但锉痕多，使锉刀和小砂轮变钝，而且容易使断口不平整，造成割伤。然后两手握住玻璃管（棒），以大拇指顶住锉痕的背后（即锉痕向前），两大拇指离锉痕均约0.5 cm。然后两大拇指轻轻向前推，同时朝两边拉，玻璃管（棒）就可以平整断裂，如图2-8所示。为了安全起见，推拉时应离眼睛稍远一些，或在锉痕的两边包上布再折断。

图 2-8　玻璃管(棒)的折断

裂开的玻璃管(棒)断口很锋利，容易割破皮肤、橡皮管或塞子，必须在灯焰上烧熔，使之光滑。方法是将玻璃管(棒)，倾斜约 45°放在酒精喷灯的灯焰边沿处灼烧，边烧边转动，直到烧平滑即可。不可烧得过久，以免管口缩小。刚烧好的玻璃管(棒)不能直接放在实验台上，而应该放在石棉网上。

(3) 玻璃管(棒)的弯曲

① 酒精喷灯的使用

在玻璃管(棒)的弯曲过程中，常用到鱼尾灯、酒精喷灯等，如图 2-9 所示。

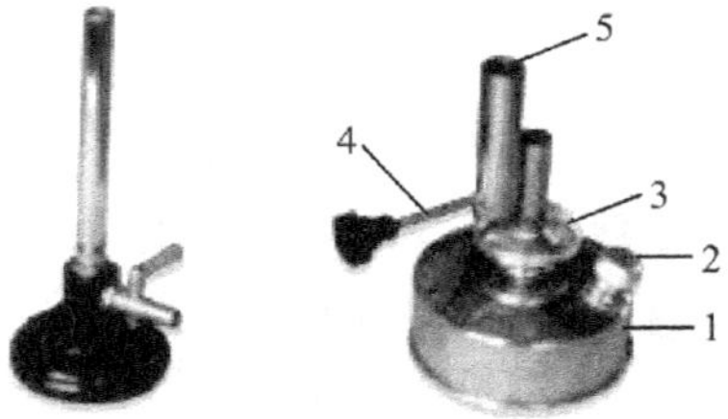

1—底座；2—入口旋钮；3—酒精槽；4—控制柄；5—喷射口

图 2-9　酒精喷灯

酒精喷灯是利用压出式原理设计，以铜为原料制造而成，图 2-9 所示是改进后的酒精喷灯。使用前，旋开酒精入口旋钮 2，通过入口向底座 1 中加入工业酒精至体积的 4/5 左右，然后旋紧入口旋钮 2。使用时，在酒精槽 3 中加入少量工业酒精，并点燃此处的酒精。一段时间后，底座 1 中的酒精由于受热而变成蒸气由喷射口 5 喷出，由 3 处燃烧的火苗引燃。火焰可由控制柄 4 上下移动来调节。当听到“呼呼……”声时，说明火焰温度已经接近 500 ℃，就可以旋转控制柄 4 将其固定在此处以得到稳定的喷射火焰。

若要熄灭酒精喷灯，用石棉网直接盖住喷射口 5 即可。

② 玻璃管(棒)的弯曲

玻璃管(棒)受热变软变成玻璃态物质时,就可以进行弯曲操作,制成实验中所需要的配件。但在弯曲过程中,管的一面要收缩,另一面则要伸长。收缩的面易使管壁变厚,伸长处易使管壁变薄。操之过急或不得法,弯曲处会出现瘪陷或纠结现象。

进行弯管操作时,水平放置,将其在酒精喷灯的火焰中加热,如图 2-10a 所示。受热长度约 1 cm,边加热边缓慢转动使玻璃管受热均匀。当玻璃管加热至黄红色并开始软化时,马上移出火焰(切不可在灯焰上弯玻璃管),两手水平持着轻轻用力,顺势弯曲至所需要的角度(见图 2-10b),注意弯曲速度不要太快,否则在弯曲的位置易出现瘪陷或纠结(见图 2-10c);也不能太慢,否则玻璃管会变硬。

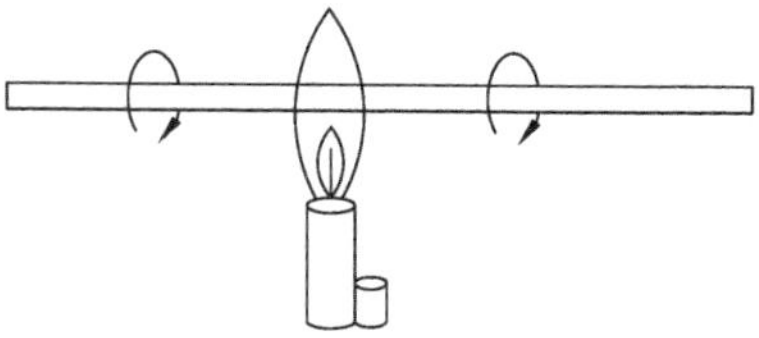
(a) 酒精喷灯加热玻璃管

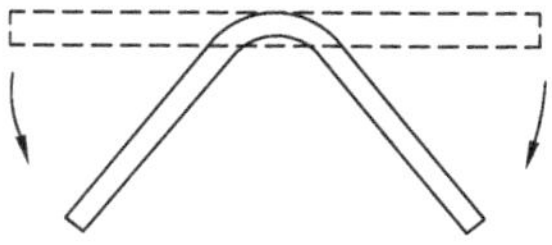
(b) 弯管

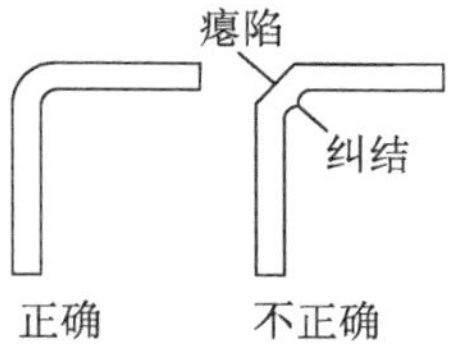

(c) 弯成玻璃管

图 2-10　制作玻璃弯管

大于 90°的弯导管应一次弯到位。小于 90°的则要先弯到 90°,再加热由 90°弯到所需角度。质量较好的玻璃弯导管应在同一平面上,无瘪陷或纠结出现。

玻璃管的弯曲操作中应注意以下两点:a. 两手旋转玻璃管的速度必须均匀一致,否则弯成的玻璃管会出现歪扭,致使两臂不在一平面上;b. 玻璃管受热程度应掌握好,受热不够则不易弯曲,容易出现纠结和瘪陷,受热过度则在弯曲处的管壁出现厚薄不均匀和瘪陷。

对于管径不大(小于 7 mm)的玻璃管,可采用重力的自然弯曲法进行弯管。其操作方法:取一段适当长的玻璃管,一手拿着玻璃管的一端,把玻璃管要弯曲的部分放在酒精灯的最外层火焰上加热(火不宜太大),不要转动玻璃管。开始时,玻璃管与灯焰互相垂直,随着玻璃管的慢慢自然弯曲,玻璃管手拿端与灯馅的夹角也逐渐变小。这种自然弯曲法的特点是玻璃管不转动，比较容易掌握。但由于弯曲时与灯焰的夹角不可能很小，从而限制了可弯的最小角度，一般只能是45°左右。用此法弯管要注意三点：a. 玻璃管受热段的长度要适当长一点；b. 火不宜太大，弯速不要太快；c. 玻璃管成角的两端与酒精灯火焰必须始终保持在同一平面。

(4) 胶头滴管的拉制

实验室常用的胶头滴管(玻璃端)也可以自己拉制。

玻璃管水平拿在手上，两肘部搁在实验台上，以保证玻璃管的水平。将玻璃管在酒精喷灯的火焰中加热(见图2-11a)。受热长度约1 cm，边加热边缓慢转动使玻璃管受热均匀。当玻璃管加热至黄红色并开始软化时，应马上移出火焰(切不可在灯焰上拉制玻璃管)，两手水平持着同时轻轻用力往外拉，拉至如图2-11b所示形状。注意拉的速度不要太快，否则中间部分会很细，也不能太慢。冷却后用锉刀将其截断，即变成两个胶头滴管，如图2-11c所示。将大的一端在火焰上烧熔，用圆锉将其熨大，如图2-10d所示，这样就可以套住胶头了。

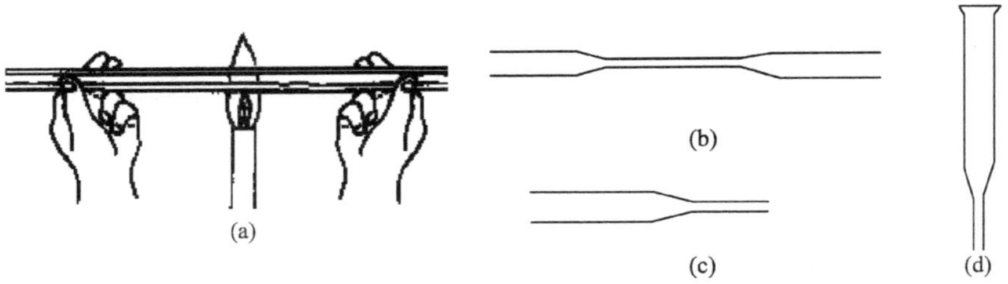

图 2-11　胶头滴管的拉制

加工后的玻璃管(棒)均应及时进行退火处理。退火方法：趁热在弱火焰中加热一会，然后将其慢慢移出火焰，再放在石棉网上冷却到室温。如果不进行退火处理，玻璃管(棒)内部会因骤冷而产生很大的应力，使玻璃管(棒)断裂。即使不立即断裂，过后也可能断裂。

2.6.2　塞子的加工

(1) 塞子的选择

① 类型的选择　软木塞和橡皮塞是有机实验室最常用的两种塞子。

通常根据两种塞子的特点和用塞子时的具体情况来选择合适的塞子。软木塞的优点是不易和有机化合物发生化学反应，缺点是容易漏气、容易被酸碱腐蚀；而橡皮塞的优点是不易漏气、不易被碱腐蚀，缺点是容易被有机化合物所侵蚀或溶胀。一般说来，级别较低的有机实验室多使用橡皮塞，主要考虑安全性和经济成本；级别较高的有机实验室多使用软木塞，主要考虑有机腐蚀和污染试剂、引入杂质等，因为在有机化学实验中接触的主要是有机化合物。

② 规格的选择　塞子的规格通常分为六种，即1号塞、2号塞、……、6号塞。号数越大，塞子的直径就越大。塞子规格的选择要求是塞子的大小应与仪器的口径相适合，塞子进入瓶颈或管颈部分是塞子本身高度的1/3～2/3，否则就不合适，如图2-12所示。使用新的软木塞时，只要能塞入1/3～1/2时就可以了，因为打孔后就有可能塞入2/3左右了。

图 2-12　塞子规格的选择标准

（2）钻孔器的选择

当有机化学实验中用到导气管、温度计、滴液漏斗等仪器时，往往需要插在塞子内，通过塞子和其他容器相连，这就需要在塞子上钻孔。

钻孔通常使用不锈钢制成的钻孔器（或打孔器）。这种钻孔器是靠手力钻孔的。也有把钻孔器固定在简单的机械上，借助机械力来钻孔的，这种机器叫打孔机。一套钻孔器一般有六支直径不同的钻嘴和一支钻杆，以供选择。

钻嘴的选择根据塞子的类型不同而不同。例如要将温度计插入软木塞，钻孔时就应选用比温度计的外径稍小或接近的钻嘴。而如果是橡皮塞，则要选用比温度计的外径稍大的钻嘴，因为橡皮塞有弹性，钻成后会收缩，使孔径变小。

总之，在塞子上所钻出的孔，应能使欲插入的玻璃管与塞子紧密贴合。

（3）钻孔的方法

软木塞在钻孔之前，需在压缩机上压紧，防止在钻孔时塞子破裂。

钻孔时，先在桌面放一块垫板，其作用是避免当塞子被钻穿后钻坏桌面。然后把塞子小的一端朝上，平放在垫板上。如图 2-13 所示，左手紧握塞子，右手持钻孔器的手柄，在选定的位置，使钻孔器垂直于塞子的平面，用力将钻孔器按顺时针方向向下转动，不能左右摇摆，更不能倾斜。否则，钻得的孔径是偏斜的。等到约钻至塞子的一半时，按逆时针旋转取出钻嘴，用钻杆捅出钻嘴中的塞芯。然后把塞子大的一端朝上，将钻嘴对准小头的孔位，以上述同样的操作钻至钻穿，拔出钻嘴并捅出钻嘴中的塞芯。为了减少钻孔时的摩擦，特别是对橡皮塞钻孔时，可以在钻嘴的刀口上搽一些甘油或者水。

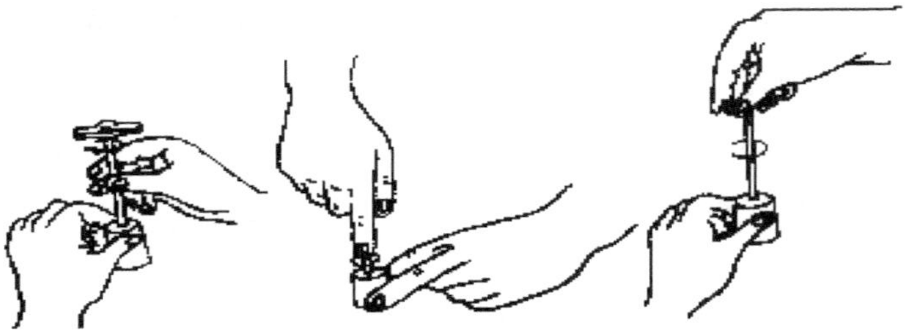

图 2-13　钻孔的方法

钻孔后，要检查孔道是否合用。如果不费力就能够把玻璃管插入，说明孔径偏大，玻璃管和塞子之间不够紧密贴合，会漏气，不合适。相反，如果很费力才能够插入，则说明孔径偏小，插入过程中容易导致玻璃管折断，造成割伤，也不合适。当孔径偏小或不光滑，可以用圆锉修整。

2.6.3　玻璃仪器装配技术

化学实验室工作人员在组装仪器时，应按照实验的要求进行装置，以保证装置的准确性。组装仪器还必须要考虑安全，要在了解反应原理的基础上，挖掘实验的不安全因素，然后有针对性地注意有关部分的组装，使实验安全进行。同时还要考虑牢固性，做到组装角度不扭曲，夹持松紧合适，以避免玻璃仪器破裂。

组装的顺序一般应从低到高，从左至右顺序进行。但当在有固定装置的实验台上组装时，应尽量避免与固定装置发生冲突，选择便于固定设备的顺序组装。一般可遵循：以小就大（尽量少挪动大的仪器，以较小的仪器去连接较大的部分）、以动就静（用可移动的仪器往不可移动的仪器设备上安装）、以简就繁（用较简单小巧的仪器往较繁杂粗大仪器上安装）。

仪器组装关键是确保合理、安全的原则。另外无特殊需要的仪器组装时，应尽量降低整个装置的高度，使重心下移，增加其稳定性。

（1）一般仪器连接与安装规则

实验时常把玻璃导管、胶管、带孔的胶塞、试管、广口瓶等连接在一起组成一定的装置，连接仪器的顺序是从左到右，从下到上。玻璃管插入橡皮塞孔内的方法：先将玻璃管的一端用水润湿，然后稍用力转动着插入。

检查装置气密性：组装完制取气体的装置时，一般先检查装置的气密性，只有气密性良好，才可装入实验用的药品。检查装置气密性的方法：导管口入水，手贴管瓶壁；管口冒气泡，放手水回流；若无此现象，装置必漏气。夏天，当手温与室温相近时，可微热试管。

（2）磨口仪器连接与安装规则

在进行有机制备和纯化实验时，一般用标准磨口仪器组装成各种实验装置。现以简单蒸馏装置为例说明如何安装实验装置。首先选择热源——煤气灯或电热包，依据热源高度等确定烧瓶的安装位置，以此为基准装配蒸馏头、直形冷凝管、接引管和接收器，最后安装温度计。仪器用铁夹固定在铁架台上。在安装冷凝管时，先调整其高度，再调整其倾斜度使其中心线与蒸馏头支管中线重叠，然后松开铁架，使冷凝管与蒸馏头结合良好，最后旋紧铁架。总之，连接时应注意保证磨口连接处严密，尽量使各处不产生应力。装配完毕的实验装置应该是从正面看，烧瓶和蒸馏头与桌面垂直；从侧面看，所有仪器应在同一平面上，做到横平竖直。在同一实验桌上安装两台装置时应遵从热源位置相邻和接收器位置相邻的原则，绝不允许一台装置的热源位置与另一台装置的接收器处于相邻的位置，否则容易产生火灾。

拆卸仪器装置时，按与安装的顺序相反的方向逐个拆卸仪器。应注意首先关电源或熄灭煤气灯和关闭水阀门，然后移走接收器，依次移走冷凝管、温度计、蒸馏头和烧瓶。

安装时的基本要领是从下到上，从热源到接收器；而拆卸时是从接收器到热源，从上到下。

技能训练 2-1　固体和液体试剂的取用

【训练目标】

1. 熟悉并正确选择各种规格的试剂。

2. 掌握液体和固体试剂的正确取用方法。

【主要仪器和试剂】

仪器：干燥的试管，试管架，药匙，托盘天平，镊子，量筒，滴瓶，滴管，烧杯等。

试剂：固体试剂，液体试剂。

【操作步骤】

1. 固体试剂的取用

(1) 检查仪器，药品

(2) 称量一定量的药品

(3) 用药匙将粉末状药品放入试管底部

(4) 用纸条将粉末状药品放入试管底部

(5) 将块状固体研碎后用镊子放入试管底部

(6) 清洗仪器，整理复位

2. 液体试剂的取用

(1) 检查仪器，药品

(2) 用滴瓶中滴管向试管中滴加 1～2 mL 液体试剂

(3) 用量筒从细口瓶中准确量取一定量的液体试剂

(4) 清洗仪器，整理复位

【注意事项】

1. 注意不要超过指定用量取药，多取的不能倒回原瓶，可放在指定的容器中供他人使用。

2. 要求取用一定质量的固体试剂时，可把固体放在干燥的纸上称量。具有腐蚀性或易潮解的固体应放在表面皿上或玻璃容器内称量。

3. 定量取用液体时，用量筒、移液管或刻度吸管。

4. 有毒药品要在教师指导下取用。

5. 使用托盘天平时，事先把游码移至0刻度线，并调节平衡螺母，使天平左右平衡。

6. 天平左放物体，右放砝码。

7. 砝码不能用手拿，要用镊子夹取。在使用天平时游码也不能用手移动。

8. 过冷过热的物体不可放在天平上称量，应先在干燥器内放置至室温后再称。

9. 加砝码应该从大到小，可以节省时间。

10. 在称量过程中，不可再动平衡螺母。

技能训练2-2 玻璃仪器的洗涤与干燥

【训练目标】

1. 熟悉常用玻璃仪器的规格、用途及使用的注意事项。

2. 掌握常用玻璃仪器的洗涤方法。

3. 掌握常用玻璃仪器的干燥方法。

【主要仪器和试剂】

仪器：滴定管，容量瓶，移液管（吸量管），锥形瓶。

试剂：去离子水，铬酸洗液，洗涤剂。

【操作步骤】

1. 玻璃容量仪器的一般洗涤步骤

玻璃容量仪器在使用前必须洗净。洗净的玻璃容量仪器的内壁应能被水均匀润湿而无小水珠。

（1）滴定管的洗涤：滴定管的外侧可用洗洁精刷洗，管内无明显油污的滴定管可直接用自来水冲洗，或用洗涤剂泡洗，但不可刷洗，以免划伤内壁，影响体积的准确测量。若有油污不易洗净，可采用铬酸洗液洗涤。酸式滴定管可倒入铬酸洗液10 mL左右，把管子横过来，两手平端滴管转动，直至洗涤液沾满管壁，直立，将洗液从管尖放出；碱式滴定管则需将橡皮管取下，用小烧杯接在管的下方，然后倒入铬酸洗液。洗液用后仍倒回原瓶内，可继续使用。用铬酸洗液洗过的滴定管先用自来水充分洗净后，再用适量蒸馏水荡洗 3 次，管内壁如不挂水珠，则可使用。

值得注意的是，碱式滴定管的玻璃尖嘴及玻璃珠用铬酸洗液洗过后，用自来水冲洗几次后再装好，这时，用自来水和蒸馏水洗涤滴定管时要从管尖放出，并且改变捏的位置，使玻璃珠各部位都得到充分洗涤。

(2) 容量瓶的洗涤：倒入少许铬酸洗液摇动或浸泡，洗液倒回原瓶；先用自来水充分洗涤后，再用适量蒸馏水荡洗 3 次。

(3) 移液管的洗涤：用吸耳球吸取少量铬酸洗液于移液管中，横放并转动，至管内壁均沾上洗涤液，直立，将洗涤液自管尖放回原瓶。用自来水充分洗净后，再用蒸馏水淋洗 3 次。

2. 玻璃仪器的干燥

(1) 烘干：将烧杯洗净后放入烘箱，105～110 ℃烘干 1 小时取出，自然冷却到室温。

(2) 有机溶剂干燥：容量瓶洗净后沥干水，加入 5～10 mL 无水酒精，缓慢转动容量瓶，使酒精布满内壁，倒出酒精，室温下使酒精挥发。

【思考题】

1. 应怎样检查容量器皿是否洗涤干净？
2. 什么是铬酸洗液？使用时应注意什么？
3. 滴定管、移液管、容量瓶的内壁能否用毛刷刷洗？为什么？

第3章 无机化学实验技术

CHAPTER 3

3.1 加热、干燥和冷却技术

3.1.1 常用的热源

无机化学实验中常用的加热器具有酒精灯、酒精喷灯、燃气喷灯和电加热器等。对物质进行加热时必须根据物质的性质、实验目的、仪器的性能等正确选择加热方法。

（1）酒精灯

酒精灯的构造如图 3-1 所示，其加热温度为 400～500 ℃。灯焰分为外焰、内焰和焰心三部分，如图 3-2 所示。

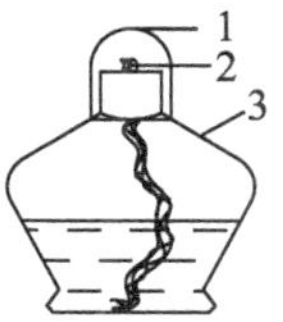

1—灯帽；2—灯芯；3—灯壶

图 3-1 酒精灯的构造

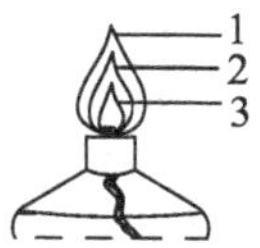

1—外焰；2—内焰；3—焰心

图 3-2 酒精灯的灯焰

使用酒精灯时的注意事项有以下几点。

① 要检查灯芯，将灯芯烧焦和不齐的部分修剪掉。

② 再用漏斗向灯壶内添加酒精，加入的酒精量不能超过总容量的 2/3。

③ 加热时，要用灯焰的外焰加热。

④ 熄灭时要用灯帽盖灭，不能用嘴吹灭。火焰熄灭后将灯帽开启通一

下气，以免下次打不开。

⑤ 酒精灯燃着时不能添加酒精，不能用燃着的酒精灯去点燃另一盏酒精灯。

(2) 酒精喷灯

酒精喷灯有座式和挂式两种，其构造分别如图 3-3 和图 3-4 所示，加热温度为 800～1 000 ℃。

① 使用座式酒精喷灯时的操作方法

a. 用探针疏通酒精蒸气出口，再用漏斗向酒精壶内加入工业酒精，酒精量不能超过容积的 2/3。

b. 然后在预热盘中注入少量酒精，点燃，以加热灯管。为使灯管充分预热，可重复进行多次。

c. 待灯管充分预热后，在灯管口上方点燃酒精蒸气，旋转空气调节器调节空气孔的大小，即可得到理想的火焰。停止使用时，用石棉网盖灭火焰，也可旋转调节器熄火。

② 使用座式酒精喷灯时的注意事项

a. 使用时，必须使灯管充分预热，否则酒精不能完全气化，会有液体酒精从灯管口喷出形成“火雨”，容易引起火灾。

b. 座式酒精喷灯连续使用时不能超过半小时，如需较长时间使用，半小时后应暂先熄灭喷灯，冷却，添加酒精后再继续使用。

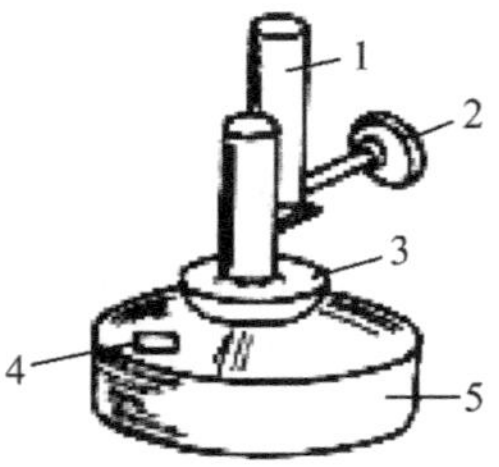

1—灯管；2—空气调节器；3—预热盘；4—铜帽；5—酒精壶

图 3-3　座式酒精喷灯

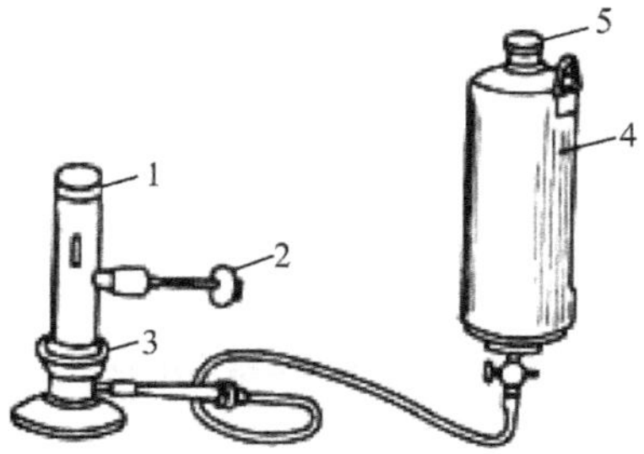

1—灯管；2—空气调节器；3—预热盘；4—酒精贮罐；5—盖子

图 3-4　挂式酒精喷灯

③ 挂式酒精喷灯的使用和注意事项

由于挂式酒精喷灯的酒精壶是悬挂在高处作业，可以随时向壶内添加酒精，因此，喷灯可以连续使用，使用不受时间限制。使用时先用漏斗往酒精壶内倒入酒精(纯度需要达到95%以上)，然后悬挂在一旁，打开灯体一侧的阀门，使酒精沿管子流入灯体，待灯芯浸透后再开始点火，以免灯芯烧焦。然后往点火碗内注入酒精，使不要向外溢出为好，用火柴点燃，待点火碗内的酒精烧到只剩一半的时侯慢慢地将挡风片孔调整到对准通风孔处，火力会逐渐增大。待温度升高后挂式酒精喷灯的喷嘴开始向上喷射火焰。火焰大小可以通过阀门、挡风片调节。工作完毕时，将灯体一侧的阀门关毕，火焰就会慢慢熄灭。

使用挂式酒精喷灯时，不允许再增加任何加热源，应该随时注意喷火嘴的畅通，以防堵塞。喷灯工作的时候，应该注意周围的环境，尽量避开易燃物品，室内温度不宜过高。喷灯工作完毕后，不要立即用手触摸，以免造成烫伤事故。

(3) 常用电热源

根据需要，实验室还常用电炉、马弗炉、管式炉、电加热套等电器进行加热。管式炉的最高使用温度约为900 ℃，马弗炉为900 ℃(镍铬丝)和1 300 ℃(铂丝)，电炉约为900 ℃，电加热套为450～500 ℃。使用这些电热源时，一般可以通过调节电阻来控制所需温度。

3.1.2 加热方法

加热方法的选择，取决于加热的容器、待加热物质的性质、质量和加热程度等。实验室中，烧杯、试管、蒸馏烧瓶、蒸发皿、坩埚等常作为加热的容器，它们可以承受一定的温度，但不能骤热和骤冷。因此，加热前应将仪器的外壁擦干。加热后不能突然与水或潮湿物接触。

(1) 直接加热法

① 加热试管中的液体　如图3-5所示，加热时，用试管夹夹在距试管口1/3或1/4处。试管略向上倾斜，不能对着自己或别人。先加热液体的中上部，使试管受热均匀，以免造成局部过热而迸溅。试管中的液体量不得超

过试管容积的 1/2。

② 加热试管中的固体　先将块状或粒状固体试剂研细，再用纸槽或角匙装入硬质试管底部，装入量不能超过试管容量的 1/3，然后铺平，管口略向下倾斜(图 3-6)，以免凝结在管口的水珠倒流到灼热的试管底部，使试管炸裂。加热时，先来回将整个试管预热，一般灯焰从试管内固体试剂的前部缓慢向后部移动，然后在有固体物质的部位加强热。

图 3-5　加热试管中的液体

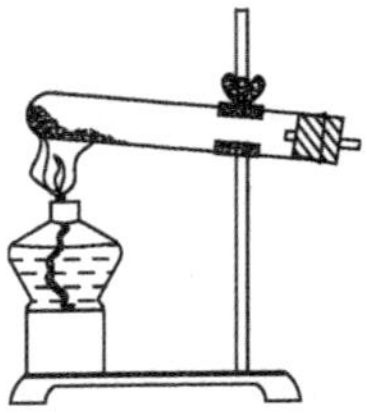

图 3-6　加热试管中的固体

③ 加热烧杯和烧瓶中的液体　将盛有液体的烧杯或烧瓶放在石棉网上加热，以免因受热不均使玻璃仪器破裂，如图 3-7 所示，液体量不得超过容积的 1/2。

④ 灼烧坩埚中的固体　高温加热固体时，一般把固体放在坩埚中灼烧(见图 3-8)。开始时，火不要太大，使坩埚均匀地受热，然后加大火焰，用氧化焰将坩埚灼烧至红热。灼烧一定时间后，停止加热，在泥三角上稍冷后，用已预热的坩埚钳夹住放在干燥器内。

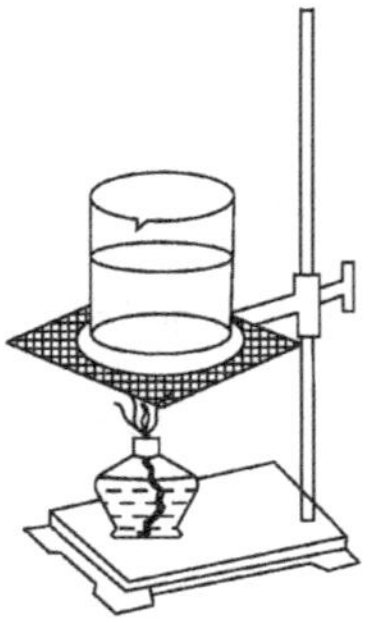

图 3-7　加热烧杯中的液体

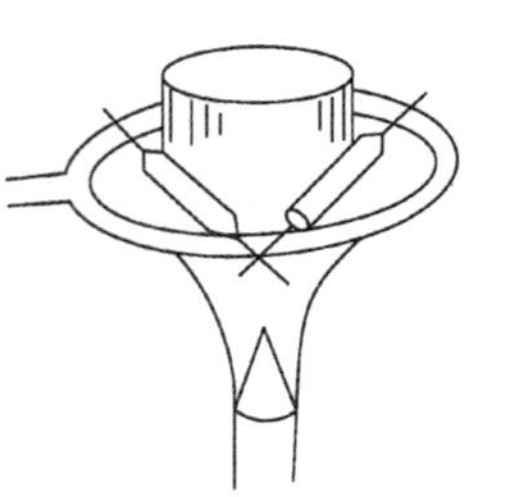

图 3-8　加热坩埚中的固体

(2)间接加热法

对于受热容易分解及需要严格控制加热温度的液体，通常采用间接加热的方法。实验室中常采用水浴、油浴、砂浴等方法加热，使被加热容器或物质受热均匀，进行恒温加热。

① 水浴加热　当被加热物质要求受热均匀且温度不超过 100 ℃时，可采用水浴加热。利用受热的水或产生的蒸汽对受热仪器和物质进行加热。常用水浴锅(水浴锅内盛水量不超过容积的 2/3)，选用适当大小的水浴锅金属圈圈支撑被加热的仪器，也可以用大烧杯代替水浴锅。电热恒温水浴锅可根据需要自动控制恒温。使用时必须先加好水，锅内严禁水位低于电热管，然后再通电，可在 37～100 ℃范围内选择恒定温度。图 3-9 为两孔电热恒温水浴槽。

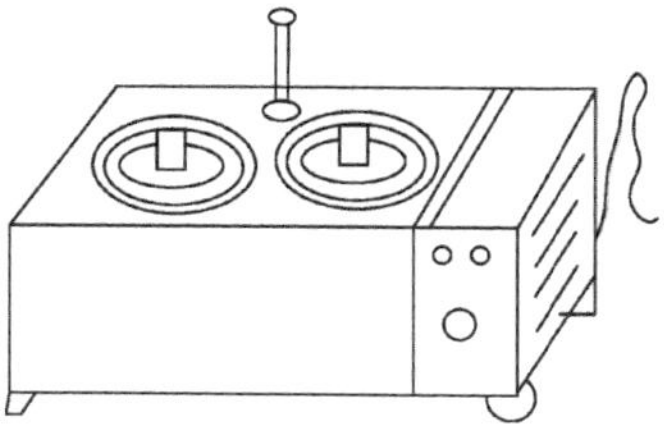

图 3-9　两孔电热恒温水浴槽

② 油浴加热　当加热温度为 100～250 ℃时，则可选择油浴进行加热。油浴常用的浴液有石蜡油、硅油、真空泵油、植物油(如花生油、蓖麻油、豆油等)。不同种类的油加热后可达到的最高温度有所差异。液体石蜡可加热至 220 ℃，温度较高时不易分解但容易燃烧，同样固体石蜡也可加热至 220 ℃，室温下呈固态，因而加热完毕应先将反应容器取出；硅油和真空泵油在高于 250 ℃的温度下仍具有较好的稳定性，是较为理想的浴液，但其价格较为昂贵；一般植物油可加热至 220 ℃，可在其中加入 1%的抗氧剂，以增强其受热稳定性。油浴操作时，可在油浴中插入一支温度计，用以控制油浴的温度。油浴加热中应防止水滴溅入油中，以避免加热时产生泡沫或引起水滴飞溅，此外，使用油浴时，要特别注意防止油蒸气污染环境和引起火灾，为此可用一块中间有圆孔的石棉板盖住油浴锅。

③ 砂浴加热　当所需加热温度为 250～350 ℃时，则应选择砂浴。将干燥的细砂装入铁盘中，并将反应容器埋入砂中，而后在铁盘下方加热，如图 3-10 所示。砂子的热传导能力差且散热较快，因此，反应容器的底部留有的砂子要薄一些，而容器四周的砂子要铺厚一些。砂浴的温度分布不均匀，因而应将温度计的水银球尽量靠近反应容器处放置。由于砂浴的温度较难控制，因

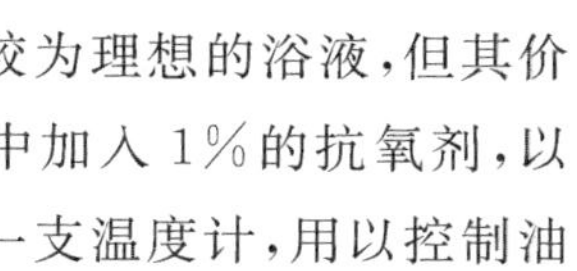

图 3-10　砂浴加热

此该法较少使用。

除水浴、油浴和砂浴外，还有金属（合金）浴、空气浴等。

④ 空气浴　一般对于沸点在 80 ℃以上的液体可采取空气浴进行加热。具体操作时，可将反应容器置于一无盖且底部打有数行小孔的铁罐中，在铁罐内部底层铺一块直径略小于铁罐直径的石棉网，罐的四周用石棉布包裹，另用一块 2～4 mm 的石棉板盖在罐口。操作时，将此装置放在铁三角架上，并用酒精灯直接加热即可，须注意反应装置不能与铁罐接触。

⑤ 电热套　电热套加热是简便的空气浴加热，能从室温加热到 300 ℃左右，是合成实验中最常用的加热方法。安装电热套时，要使反应容器的外壁与电热套内壁保持 1 cm 左右的距离，以便利用热空气传热和防止局部过热。

3.1.3　物质的干燥

干燥是除去固体、液体或气体中少量水分或少量有机溶剂的物理化学过程。除去化学品中的水分、在干燥条件下贮存化学品、在无水条件下进行化学反应及精密仪器的防潮等，都要进行干燥处理。具体操作时，主要是通过一些理化方法达到干燥的目的。

物理方法中有烘干、晾干、吸附、分馏、共沸蒸馏和冷冻等。近年来，还常用离子交换树脂和分子筛等方法来进行干燥。离子交换树脂是一种不溶于水、酸、碱和有机溶剂的高分子聚合物。分子筛是含水硅铝酸盐的晶体。它们都能可逆的吸附水分，加热，解吸除水活化后可重复使用。

化学方法主要是采用干燥剂来除水。根据除水作用原理又可将干燥剂分为两种：第一种能与水可逆的结合，生成水合物，如氯化钙、硫酸钠、硫酸镁等；第二种与水发生不可逆的化学反应，生成新的化合物，如金属钠、五氧化二磷等。第一种干燥剂在具体操作中应用更为广泛。

化学实验室中常用的干燥剂见表 3-1。

表 3-1 常用干燥剂

干燥剂	酸碱性	应用范围	备注
$CaCl_2$	中性	烷烃、卤代烃、烯烃、酮、醚	吸水量大，作用快，但效力不高；含有碱性杂质
Na_2SO_4	中性	硝基化合物、中性气体、氯化氢	不适用对醇、胺、氨、酚、酸等的干燥
$MgSO_4$	中性	同 $CaCl_2$ 及其不能干燥的物质	吸水量大，作用慢，效力低
$CaSO_4$	中性	同 Na_2SO_4	比 Na_2SO_4 作用快，效力高
K_2CO_3	强碱性	烷、醇、醚、醛、酮、芳香烃等	吸水量小，作用快，效力高
KOH	强碱性	醇、酮、酯、胺、杂环等碱性物	不适用于酚、酸类化合物
NaOH	碱性	醇、酮、酯、胺、杂环等碱性物	不适用于酚、酸类化合物
CaO	碱性	低级醇、胺	作用慢，效力高，干燥后液体需蒸馏
金属钠	碱性	烃中痕量水、醚、三级胺	不适用于醇、卤代烃等，作用快速有效
浓硫酸	强酸性	脂肪烃、烷基卤代物	不适用于醇、烯、醚及碱性化合物，效力高
P_2O_5	酸性	醚、烃、卤代烃、腈中痕量水，酸	不适用于醇、酮、碱性化合物、HCl、HF 等，效力高，吸收后需蒸馏分离
分子筛	酸性	各类有机物，不饱和烃气体	作用快，效力高，可再生使用
硅胶	酸性	有机物	不适用于 HF

实际操作中，一般用吸水容量、干燥效能、干燥速度三方面来评价干燥剂。吸水容量是指单位质量干燥剂所能吸收的水量。干燥效能是指达到平衡时液体被干燥的程度。对于第一类干燥剂，常用吸水后所形成的结晶水合物的结晶水蒸汽压表示。水蒸汽压较低，则表明干燥效能较高。干燥速度则是指达到干燥时所需要的时间。

理想的干燥剂应具有较大的吸水容量、较高的干燥效能及较短的干燥时间。此外，还应不与被干燥物质发生化学反应，不溶解于被干燥物质中。

3.1.3.1 气体的干燥

实验室制备的气体常带有酸雾、水气和其他杂质，必须根据气体及所含杂质的种类、性质合理选择吸收剂、干燥剂，进行净化和干燥处理。气体的干燥，常用的仪器包括洗气瓶、干燥塔、干燥管、U 形管等。液体处理剂（如浓硫酸等）置于洗气瓶中，固体处理剂（如无水 $CaCl_2$ 等）则置于干燥塔内。

3.1.3.2　液体的干燥

（1）恒沸脱水

对于甲醇等不与水生成共沸混合物的液体有机物，由于其与水的沸点相差较大，用分馏即可分开。操作中，有时可在需干燥的有机物中添加另外一种有机物，在蒸馏时，形成三元恒沸混合物，而后通过蒸馏可将水逐渐带出，从而达到干燥的目的。如将足量的苯加入到 95% 乙醇中，苯、水及乙醇能形成三元恒沸混合物，经蒸馏可除去乙醇中的水，得到 99.5% 的无水乙醇。

（2）使用干燥剂脱水

将待干燥的液体放在对应体积的锥形瓶中，一般按照每 10 mL 液体加入 0.5～1 g 的比例分批添加干燥剂（对于块状的干燥剂，应先对其进行适当的破碎处理）。对于遇水能释放出气体的干燥剂，则需在塞子上安装无水氯化钙的干燥管，既可排出气体，又可避免空气中的水分进入。然后塞好塞子，振荡、静置，如果干燥剂附着在瓶壁并粘连在一起，说明干燥剂用量不足，应继续添加。放置 30 min 以上，若被干燥液体由混浊变为无色透明，干燥剂呈现松动的颗粒状，则说明水分基本已被去除，最后滤除干燥剂即可。应当注意，经干燥所得液体变得透明，并不能说明该液体已不含水分。透明与否取决于水在化合物中的溶解度。此外，干燥剂吸水形成水合物是个可逆的过程，当温度超过 30 ℃以上时，形成水合物的干燥剂易发生脱水反应，降低干燥效果。有时为了加快干燥速度，可适当地进行加热处理，但应在冷却后再滤除干燥剂。

3.1.3.3　固体的干燥

干燥固体有机化合物，主要是为了除去残留在固体中的少量低沸点溶剂，如水、乙醚、乙醇、丙酮、苯等。由于固体有机物的挥发性比溶剂小，所以可采取蒸发和吸附的方法来达到干燥的目的。

（1）自然晾干

对于性质比较稳定、不吸潮、空气中不易分解的固体物质，可采取该法进行干燥。将被干燥的物质薄薄地摊放在表面皿、滤纸或其他器皿上，在其上覆盖一张滤纸，用以防止灰尘沾污。在空气中自然晾干，一般耗时较长。

(2) 烘干

对于熔点较高、热稳定性高、不易升华的化合物可以采用红外干燥箱或恒温烘箱进行干燥。具体操作时，应将待干燥物体放在表面皿或蒸发皿中，经常翻动，以防止结块。此外，加热温度应低于有机物熔点 30 ℃以下，以防止温度过高而引起样品变黄、熔化，甚至分解、碳化。

(3) 干燥器干燥

对于易吸潮、易升华、易分解的固体，则应放在干燥器中进行干燥。常见的干燥器主要有普通干燥器和真空干燥器两种。

普通干燥器是带有磨口盖子的玻璃缸，盖与缸身之间的接触平面经过磨砂处理，在磨砂处涂以凡士林，使之具有良好的密闭性。缸内有一多孔瓷隔板，将被干燥的有机物质装入表面皿或培养皿中，放置在多孔瓷板上。将干燥剂置于多孔瓷板下，吸收固体有机物蒸发出的溶剂成分。使用普通干燥器进行干燥操作一般耗时较长，干燥效率较低，因此大多用其来存放较易吸潮的样品。

对普通干燥器加以改进，制成真空干燥器。真空干燥器的磨口盖子上有玻璃活塞，可连接水泵或油泵，用以抽真空，活塞下端为钩状玻璃管，管口向上，以避免通大气时由于空气快速进入真空干燥器而将固体吹散。其他操作同普通干燥器。在减压条件下，溶剂沸点会降低，易于蒸发，从而被干燥剂吸收，使干燥效率大大提高。有时也可将两种干燥剂同时放入干燥器中，如在多孔瓷板下放置浓硫酸，其上放置装有氢氧化钠的培养皿，可同时吸收水和酸，提高干燥效率。具体操作时，应根据溶剂的性质选择对应的干燥剂。

3.1.4 物质的冷却方法

有些化学反应、分离及提纯需要在低温下进行；还有一些反应放出大量的热量，需要除去过剩的热量；结晶时也需要通过降温使晶体析出，这些都需要进行冷却。可根据不同的要求，选用合适的冷却方法。

(1) 自然冷却

将热的液体在空气中放置一段时间，使其自然冷却至室温。这是最简单的冷却方法。

(2) 吹风冷却和流水冷却

当进行快速冷却时，可将盛有液体的仪器放在冷水流淋或用鼓风机吹风冷却。冷却至室温可用此方法。

(3) 冷冻剂冷却

当需要使液体的温度低于室温时，可使用冷冻剂冷却。常用的冷冻剂有水、冰盐溶液(温度可降至－20 ℃)、液氮(温度可降至－190 ℃)等。特别注意：温度低于－38 ℃时，不能用水银温度计，应改用内装有机液体的低温温度计。

(4) 回流冷凝

许多有机化学反应需要使反应物在较长时间内保持沸腾才能完成。为了防止反应物蒸气逸出，常用回流冷凝装置，使蒸气不断地在冷凝管中冷凝成液体，返回反应器中。

3.2 溶解与搅拌技术

3.2.1 溶解

在化学实验中，为使反应物混合均匀，以便充分接触、迅速反应，或为提纯某些固体物质，常需将固体溶解，制成溶液。溶解固体的操作步骤如下。

① 选择溶剂　溶解前，需根据固体的性质，选择适当的溶剂。水通常是溶解固体的首选溶剂，它具有不易带入杂质、容易分离提纯及价廉易得等优点。因此，凡是可溶于水的物质应尽量选择水作溶剂。某些金属的氧化物、硫化物、碳酸盐，以及钢铁、合金等难溶于水的物质，可选用盐酸、硝酸、硫酸或混合酸等无机酸加以溶解。大多数有机化合物需要选择极性相近的有机溶剂进行溶解。

② 研磨固体　块状或颗粒较大的固体，需要在研钵中研细成粉末状，

以便使其迅速、完全溶解。

③ 溶解固体　先将固体粉末放入烧杯中，再借助玻璃棒加入溶剂（溶剂的用量可根据固体在该溶剂中的溶解度或实验的具体需要来决定），然后轻轻搅拌，直到固体全部溶解并成为均相溶液为止。通常情况下，大多数固体物质的溶解度随温度的升高而增大，即加热能使固体的溶解速度加快。必要时可根据物质的热稳定性，选择适当方法进行加热，促其溶解。

3.2.2 搅拌

搅拌可以加快溶解速度，也可以使加热、冷却或化学反应体系中溶液的温度均匀。实验室中常用的搅拌器有磁力搅拌器、玻璃棒和电动搅拌器等。

（1）磁力搅拌器

磁力搅拌器又叫电磁搅拌器，使用时，在盛有溶液的容器中放入转子（密封在玻璃或合成树脂内的强磁性铁条），将容器放在磁力搅拌器上。通电后，底座中的电动机使磁铁转动，所形成的磁场使置于容器中的转子跟着转动，转子又带动了溶液的转动，从而起到搅拌作用。带有加热装置的磁力搅拌器，可在搅拌的同时进行加热，使用十分方便。使用磁力搅拌器时应注意以下几点。

① 转子要沿器壁缓慢放入容器中。

② 搅拌时应逐渐调节调速旋钮，速度过快会使转子脱离磁铁的吸引。如出现转子不停跳动的情况时，应迅速将旋钮调到停位，待转子停止跳动后再逐步加大转速。

③ 实验结束后，应及时清洗转子。

磁力搅拌适用于溶液量较小、黏度较低的情况。如果溶液量较大或黏度较高，可采用电动搅拌器进行搅拌。

（2）玻璃棒

玻璃棒是化学实验中最常用的搅拌器具。使用时，手持玻璃棒上部，轻轻转动手腕用微力使其在容器中的液体内均匀搅动。搅拌液体时，应注意不能将玻璃棒沿容器壁滑动，也不能朝不同方向乱搅使液体溅出容器外，更不能用力过猛以致容器破裂。

(3) 电动搅拌器

快速或长时间的搅拌可使用电动搅拌器,其结构如3-11图所示。

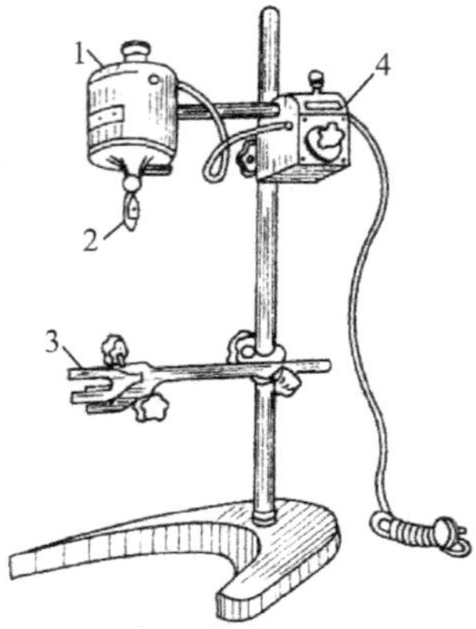

1—电机;2—搅拌叶夹;
3—铁夹;4—调速器
图 3-11 常见的搅拌器

搅拌器扎头与搅拌叶相连接,所用的搅拌叶由金属或玻璃棒加工而成,搅拌叶有各种形状,可供搅拌不同物质或在不同容器中搅拌时选择使用。

使用电动搅拌器时应注意:

① 搅拌叶要装正,装牢固,不能与容器壁接触。可在启动前,用手转动搅拌叶,检查是否符合要求。

② 使用时先缓慢启动,再调整到正常转速;停止时也要逐步减速。搅拌速度不要太快,以免液体溅出。

③ 搅拌器长时间使用对电机不利,中间可停一段时间后再用。

3.3 固液分离技术

过滤是指在推动力或者其他外力作用下悬浮液中的液体透过介质,固体颗粒及其他物质被过滤介质截留,从而使固体及其他物质与液体分离的操作。过滤的方法有倾注法、离心分离法、常压过滤法和减压过滤法。

3.3.1 倾注法

当沉淀的密度较大或结晶的颗粒较大,静置后能沉降至容器底部时,可用倾注法进行沉淀的分离和洗涤。

具体操作:把沉淀上部的溶液倾入另一容器内,然后往盛有沉淀的容器内加入少量洗涤液,充分搅拌后,沉降,倾去洗涤液。如此重复操作三遍以上,即可把沉淀洗净,使沉淀与溶液分离。

3.3.2 离心分离法

当被分离的沉淀的量很小时，可把沉淀和溶液放在离心管内，放入电动离心机中进行离心分离。使用离心机时，将盛有沉淀的离心试管放入离心机的试管套内，在与之相对称的另一试管套内放入盛有相等体积水的试管，然后缓慢起动离心机，逐渐加速。停止离心时，应让离心机自然停止。

3.3.3 常压过滤法

分离溶液与沉淀最常用的操作方法是常压过滤。过滤时沉淀留在过滤器上，溶液通过过滤器而进入容器中，所得溶液叫作滤液。常压过滤方法有普通过滤和热过滤。

此法最为简便和常用，使用玻璃漏斗和滤纸进行过滤。按照孔隙的大小，滤纸可分为快速、中速和慢速三种，快速滤纸孔隙最大。所用的滤纸根据实验要求选择，一般固液分离选用定性滤纸，定量分析选用定量滤纸，过滤强氧化剂应选用玻璃纤维等。过滤时，把圆形滤纸或四方滤纸折叠成四层，滤纸的边缘应略低于漏斗的边缘。用水润湿滤纸，并使它紧贴在玻璃漏斗的内壁上。这时如果滤纸和漏斗壁之间仍有气泡，应轻压滤纸，把气泡赶掉，然后向漏斗中加蒸馏水至接近滤纸边。这时漏斗颈应全部被水充满，且当滤纸上的水已全部流尽后，漏斗颈中的水柱仍能保留。如形不成水柱，可以用手指堵住漏斗下口，稍稍掀起滤纸的一边，向滤纸和漏斗间加水，直到漏斗颈及锥体的大部分全被水充满，并且颈内气泡完全排出。然后把纸边按紧，再放开下面堵住出口的手指，此时水柱即可形成。在整个过滤过程中，漏斗颈必须一直被液体所充满，这样过滤才能迅速。

过滤时应注意以下几点：调整漏斗架的高度，使漏斗末端紧靠接收器内壁。先倾倒溶液，后转移沉淀，转移时应使用玻璃棒。倾倒溶液时，应使玻璃棒指向3层滤纸处。漏斗中的液面高度应低于滤纸高度的2/3。

如果沉淀需要洗涤，应待溶液转移完毕，将少量洗涤剂倒入沉淀，然后用搅棒充分搅动，静止放置一段时间，待沉淀下沉后，将上方清液倒入漏斗，如此重复洗涤两三遍，最后把沉淀转移到滤纸上。

某些物质在溶液温度降低时易形成结晶析出，为了滤除这类溶液中所含的其他难溶性杂质，通常使用热滤漏斗进行过滤，防止溶质结晶析出。过滤时，把玻璃漏斗放在铜质的热滤漏斗内，热滤漏斗内装有热水以维持溶液的温度。

3.3.4 减压过滤法

减压过滤也称吸滤或抽滤，其装置如图 3-12 所示。水泵带走空气使吸滤瓶中压力低于大气压，布氏漏斗的液面上与瓶内形成压力差，从而提高过滤速度。一般在水泵和吸滤瓶之间安装安全瓶，以防止因关闭水阀或水流量突然变小时自来水倒吸入吸滤瓶。

布氏漏斗通过橡皮塞与吸滤瓶相连接，橡皮塞与瓶口间必须紧密不漏气。吸滤瓶的侧管通过橡皮管与安全瓶相连，安全瓶与水泵的侧管相连。停止抽滤或需用溶剂洗涤晶体时，先将吸滤瓶侧管上的橡皮管拔开，或将安全瓶的活塞打开与大气相通，再关闭水泵，以免水倒流入吸滤瓶。布氏漏斗的下端斜口应正对吸滤瓶的侧管。滤纸应比布氏漏斗内径略小，但必须全部覆盖漏斗的小孔；滤纸也不能太大，否则边缘会贴到漏斗壁上，使部分溶液不经过滤，沿壁直接漏入吸滤瓶中。抽滤前用同一溶剂将滤纸润湿使其紧贴于漏斗的底部，然后再向漏斗内转移溶液。

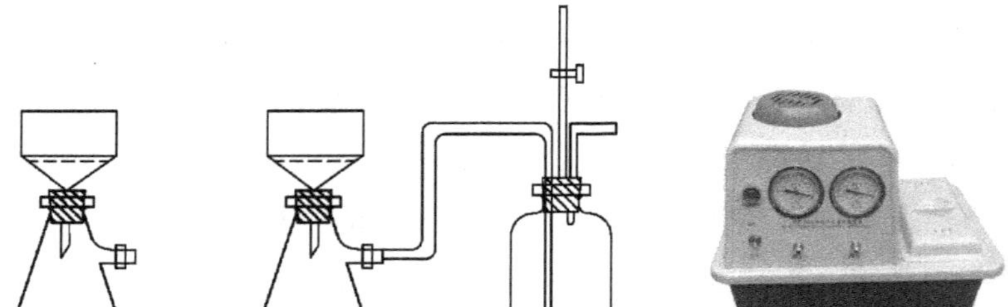

(a) 抽滤装置　　(b) 带安全瓶的抽滤装置　　(c) 真空抽滤机

图 3-12　减压过滤装置

3.4 结晶和重结晶技术

晶体在溶液中形成的过程称为结晶。结晶方法一般为两种，一种是蒸发结晶，一种是降温结晶。

蒸发溶剂，使溶液由不饱和变为饱和，继续蒸发，过剩的溶质就会呈晶体析出，称蒸发结晶。例如：当 NaCl 和 KNO_3 的混合物中 NaCl 多而 KNO_3 少时，即可采用此法，先分离出 NaCl，再分离出 KNO_3。

可以观察溶解度曲线，溶质溶解度随温度升高而升高得很明显时，称这种溶质为陡升型；溶质溶解度随温度升高而缓慢变化时，称这种溶质为缓升型。当陡升型溶液中混有缓升型时，若要分离出陡升型，可以用降温结晶的方法分离；若要分离出缓升型的溶质，可以用蒸发结晶的方法，也就是说，蒸发结晶适合溶解度随温度变化不大的物质，如氯化钠。如硝酸钾属于陡升型，氯化钠属于缓升型，因此可以用蒸发结晶来分离出氯化钠，也可以用降温结晶分离出硝酸钾。

3.4.1 溶液的蒸发方法

溶液的蒸发是指在液体表面发生的汽化现象。通过加热使溶液中的一部分溶剂汽化，以提高溶液中非挥发性组分的浓度或使其从溶液中析出。蒸发可在常压或减压下进行。

(1) 常压蒸发

常压蒸发装置简单，易于操作。一般是将溶液放在蒸发皿中进行，蒸发皿放于铁架台的铁圈上，倒入液体不超过蒸发皿容积的 2/3，蒸发过程中不断用玻璃棒搅拌液体，防止受热不均，液体飞溅。看到有大量固体析出或者仅余少量液体时，停止加热，利用余热将液体蒸干。

(2) 减压蒸发(真空蒸发)

若被浓缩的物质在 100 ℃左右不稳定或被蒸发的溶剂为有机试剂，量大且有毒时，可采用减压蒸馏方式进行浓缩。用水泵或油泵抽出液体表面的蒸汽。也可采用旋转蒸发器进行蒸发浓缩，这种仪器的特点是蒸发速度快，液体受热均匀。

(3) 热浴的选择

① 在常压蒸发中，当水溶液很稀时，可在泥三角、石棉网上用煤气灯或电炉直接加热，浓缩到一定程度后，改在水浴上加热蒸发。

② 对于遇热易分解的溶质，应采用控温水浴。

③ 有机溶剂属易燃物，不可用明火加热。有机溶剂的蒸发应在通风橱中进行，蒸发器皿应选用锥形瓶，并加入沸石，以免暴沸。

3.4.2 结晶

结晶是指物质从液态（溶液或熔融体）或蒸气形成晶体的过程。结晶是获得纯净固态物质的重要方法之一。结晶可分为溶液结晶、熔融结晶、升华结晶和沉淀。

3.4.2.1 结晶特点

结晶具有以下特点：

① 能从杂质含量很高的溶液或多组分熔融状态混合物中获得非常纯净的晶体产品。

② 对于许多其他方法难以分离的混合物系、同分异构体物系和热敏性物系等，结晶分离方法更为有效。

③ 结晶操作能耗低，对设备材质要求不高。

3.4.2.2 结晶影响因素

(1) 过饱和度的影响

过饱和度是结晶过程的推动力，是产生结晶产品的先决条件，也是影响结晶操作的最主要因素。过饱和度增高，一般使结晶生长速率增大，但同时会引起溶液黏度增加，结晶速率受阻。

(2) 冷却（蒸发）速度的影响

实现溶液过饱和的方法一般有三种：冷却、蒸发和化学反应。快速的冷却或蒸发将使溶液很快地达到过饱和状态，甚至直接穿过介稳区，能达到较高的过饱和度而得到大量的细小晶体；反之，缓慢冷却或蒸发，常得到很大的晶体。

(3) 晶种的影响

晶核的形成有两种情况，即初级成核和二次成核。初次成核的速率要比二次成核速率大得多，对过饱和度的变化非常敏感，成核速率很难控制，一般尽量避免发生初级成核。加入晶种，主要是控制晶核的数量以得到粒度大而均匀的结晶产品。注意控制温度，如果溶液温度过高，加入的晶种有可能部分或全部被溶化，而不能起到诱导成核的作用；温度较低，溶液中已自发产生大量细小晶体时，再加入晶种已不能起作用。通常在加入晶种时要轻微地搅动，使其均匀地分布在溶液中，得到高质量的结晶产品。

(4) 杂质的影响

某些微量杂质的存在可影响结晶产品的质量。溶液中存在的杂质一般对晶核的形成有控制作用，对晶体的成长速率的影响较为复杂，有的杂质能抑制晶体的成长，有的能促进成长。

(5) 搅拌的影响

大多数结晶设备中都配有搅拌装置，搅拌能促进扩散和加速晶体生成，但要注意搅拌的形式和搅拌的速度。如转速太快，会导致对晶体的机械破损加剧，影响产品的质量；转速太慢，则可能起不到搅拌的作用。

3.4.3 重结晶

重结晶是将晶体溶于溶剂或熔融以后，又重新从溶液或熔体中结晶的过程，又称再结晶。重结晶可以使不纯净的物质获得纯化，或使混合在一起的盐类彼此分离。重结晶的效果与溶剂选择有很大的关系，最好选择对主要化合物是可溶的，对杂质是微溶或不溶的溶剂，滤去杂质后，将溶液浓缩、冷却，即得纯制的物质。

重结晶一般适用于杂质含量小于5%的固体物质的提纯。杂质含量过多，提纯分离比较困难，这时应采用其他方法进行初步提纯，然后进行重结晶。

3.4.3.1 重结晶的一般过程

① 选择适宜的溶剂。

在选择溶剂时应根据“相似相溶”的一般原理。溶质往往溶于与其结构相似的溶剂中。可查阅有关的文献和手册，了解某化合物在各种溶剂中的溶解度，也可通过实验来确定化合物的溶解度，还可取少量的重结晶物质在试管中，加入不同种类的溶剂进行预试。

重结晶所用的溶剂必须符合以下条件：

a. 与被提纯的物质不发生化学反应。

b. 被提纯的物质在溶剂中的溶解度随温度变化较大，即温度高时溶解度较大，在室温或更低温度时溶解度很小。而杂质的溶解度在溶剂中的应很小或很大，即杂质不溶于热的溶剂中，或者是杂质在低温时极易溶于溶剂中，不随被提纯的物质析出而保留在母液中。

c. 易挥发，易于和重结晶物质分离。

d. 能析出较好的结晶。

e. 无毒或毒性小。

② 用已选好的溶剂溶解所提纯的固体物质，在溶剂沸点或接近沸点的温度下制成接近饱和的溶液。

③ 如果溶液中存在有色杂质，则加入适量活性炭。

④ 热过滤以除去活性炭或不溶性杂质。

⑤ 冷却，析出结晶。

⑥ 抽滤，使结晶和母液分离，洗涤结晶表面所吸附的母液。

⑦ 取出晶体，进行干燥，以除去挥发性溶剂。

3.4.3.2 重结晶操作的方法

(1) 将待重结晶物质制成热的饱和溶液

制饱和溶液时，溶剂可分批加入，边加热边搅拌，至固体完全溶解后，再多加20%左右(这样可避免热过滤时，晶体在漏斗上或漏斗颈中析出造成损失)。切不可再多加溶剂，否则，冷却后析不出晶体。

如需脱色，待溶液稍冷后，加入活性炭，用量为固体质量的1%～5%，煮沸5～10 min，不可在沸腾的溶液中加入活性炭，那样会有暴沸的危险。

(2) 趁热过滤除去不溶性杂质

趁热过滤时，先熟悉热水漏斗的构造，放入菊花滤纸，要使菊花滤纸向外突出的棱角紧贴于漏斗壁上。为了避免干滤纸吸收溶液中的溶剂，使结晶析出而堵塞滤纸孔，先用少量热的溶剂润湿滤纸，将溶液沿玻璃棒倒入。

过滤时，漏斗上可盖上表面皿(凹面向下)以减少溶剂的挥发，盛溶液的器皿一般用锥形瓶。

(3) 抽滤

抽滤前先熟悉布氏漏斗的构造及连接方式，将剪好的滤纸放入，滤纸的直径切不可大于漏斗底边缘，否则滤液会从折边处流过造成损失。将滤纸润湿后，可先倒入部分滤液(不要将溶液一次倒入)，启动水循环泵，通过安全瓶上二通活塞调节真空度。开始时真空度可低些，这样不致将滤纸抽破，待滤饼已结一层后，再将余下溶液倒入，此时真空度可升高些，直至抽“干”为止。停泵时，要先打开放空阀，再停泵，可避免倒吸。

(4) 结晶的洗涤和干燥

用溶剂冲洗结晶再抽滤，除去附着的母液。抽滤和洗涤后的结晶，表面上吸附有少量溶剂，因此尚需用适当的方法进行干燥。固体的干燥方法很多，可根据重结晶所用的溶剂及结晶的性质来选择，常用的方法有以下几种：空气晾干，烘干，用滤纸吸干，置于干燥器中干燥。

3.4.4 升华

3.4.4.1 升华原理

物质通过热的作用，在熔点以下由固态不经过液态直接转变为气态，而后在一定温度条件下重新再结晶，称升华再结晶。

物质在升华过程中，外界要对固态物质做功，使其内能增加，温度升高。为使物质的分子气化，单位物质所吸收的热量必须大于升华热，以克服固态物质的分子与周围分子的亲合力和环境的压强等作用。获得足够能量的分子，其热力学自由能大大增加。当密闭容器的热环境在升华温度以上时，该分子将在容器的自由空间内按布朗运动规律扩散。如果在该容器的另一端创造一个可以释放相变潜热的环境，则将发生凝华作用而生成凝华核即晶核。

升华再结晶法可用于熔点下分解饱和蒸气压大的材料，如制备 CdS、ZnS、CdSe 等单晶。其缺点是生成速率慢，生长条件难以控制。

综上可知，能用升华的方法提纯固体，必须具备以下条件：

① 固体应具有相当高的蒸气压。

② 杂质的蒸气压与被提纯物的蒸气压有显著的差别。

3.4.4.2 升华操作方法

升华操作分为常压升华和减压升华。由于升华发生在物质的表面，所以待升华物质应预先粉碎。最简单的常压升华装置如图 3-13a 所示。

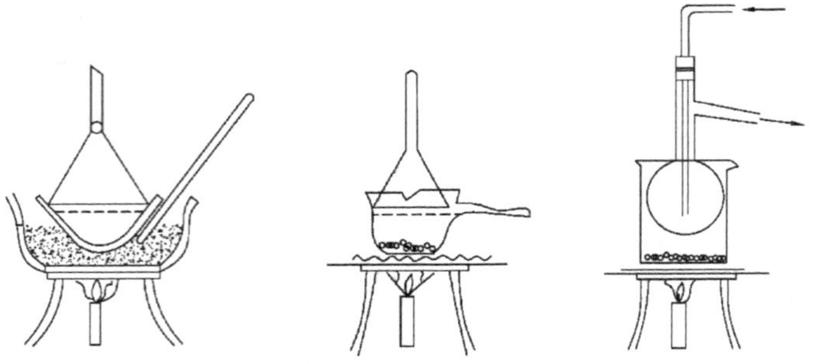

图 3-13 常见的升华装置

蒸发皿中放入待升华的物质，上面覆盖一张穿有许多小孔的滤纸，滤纸上倒扣一口径比蒸发皿略小的玻璃漏斗，漏斗颈部塞一些疏松的脱脂棉或玻璃毛以防蒸气逸出，在热浴上缓慢加热蒸发皿，使温度控制在被提纯物的熔点以下，使其慢慢升华。蒸气通过滤纸孔上升，冷却后凝结在滤纸及漏斗壁上。必要时漏斗外壁可用湿布冷却。升华完毕，用刮刀将产品从滤纸及漏斗上轻轻刮下，放在干净的表面皿中即得纯净产品。

在常压下升华除上述装置外，还可以使用图 3-13b 所示的装置。

常用的减压升华装置如图 3-13c 所示。在吸滤管中放入待升华物质，用装有“冷凝指”的橡皮塞严密的塞住管口，接通冷凝水，把吸滤管放入油浴或水浴中加热，利用水泵或油泵抽气减压，使其升华。升华物质被冷凝水冷却而凝结在“冷凝指”的底部。

3.5 无机物质的制备

在目前已知的 700 万种以上无机物质中，绝大多数是通过人工方法合成的。无机物的合成不仅能制造许多一般化学物质，而且能为新技术和高科技合成各种新材料，如新的配合物、金属有机化合物和原子簇化合物等，并渗透到国民经济、国防建设、资源开发、新技术发展及人们衣食住行的各个领域。

无机合成或称为无机物制备，是利用化学反应通过某些实验方法，从一种或几种物质得到一种或几种无机化合物的过程。

无机化合物种类繁多，各类化合物制备方法的差别较大，即使是同一种化合物，往往也有多种制备方法。因此，全面地介绍各类无机物质的制备内容是困难的，这里仅介绍常见的无机化合物的制备原理和方法。

3.5.1 离子反应制备无机化合物

这类制备方法是利用两种不同化合物在水溶液中的正、负离子发生互换反应，若生成物是气体或沉淀，则通过收集气体或分离沉淀，即获得产品；如果生成物也可溶于水，就用结晶法获得产品，并通过重结晶来提纯产品。这种制备方法的主要操作包括溶液的蒸发浓缩、结晶、重结晶，过滤和沉淀洗涤等。下面以葡萄糖酸锌和硝酸钾的制备为例介绍运用这类方法进行制备的原理，由此触类旁通。

(1) 葡萄糖酸锌的制备

锌是人体必需的微量元素之一，人体中有6种酶含有锌元素。人体缺少锌会出现厌食、反应迟钝、智力低下等症状，尤其是儿童最为突出。若发现缺锌，必须给予补充。过去用的 $ZnSO_4$ 对肠胃有刺激作用，而葡萄糖酸锌副作用小，易于吸收。

葡萄糖酸锌的制备：利用葡萄糖酸钙和硫酸锌在水溶液中反应，生成硫酸钙沉淀，在40 ℃时趁热滤云硫酸钙沉淀，再将滤液浓缩至原来体积的1/4，冷却后即得葡萄糖酸锌的白色晶体，反应方程式如下：

$$Ca(C_6H_{11}O_7)_2 + ZnSO_4 = Zn(C_6H_{11}O_7)_2 + CaSO_4$$

(2) 硝酸钾的制备

制备硝酸钾的原料是 KCl 和 $NaNO_3$，其反应为

$$NaNO_3 + KCl = KNO_3 + NaCl$$

由于生成的产物均是可溶性盐，则需要根据温度对反应中几种盐类溶解度的不同影响来处理。

当两种溶液混合后，在混合液中同时存在 Na^+、K^+、Cl^- 和 NO_3^- 四种离子，由这四种离子组成的四种盐在不同的温度时的溶解度有所不同，由表 3-2 的数据可看出，氯化钠的溶解度随温度变化极小，KCl 和 $NaNO_3$ 的溶解度也改变不大，只有 KNO_3 的溶解度随着温度的升高变化较大。

表 3-2　四种盐在不同温度下的溶解度（g/100 g H_2O）

盐	温度/℃				
	0	20	40	70	100
KNO_3	13.3	31.6	63.9	138	246
KCl	27.6	34.0	40.0	48.3	56.7
$NaNO_3$	73	88.0	104.0	136	180
NaCl	35.7	36.0	36.6	37.8	39.8

由于四种盐的溶解度曲线规律不同，因此，只要把一定量的 $NaNO_3$ 和 KCl 混合溶液加热浓缩，当浓缩到 NaCl 过饱和时，溶液中就有 NaCl 析出，随着溶液的继续蒸发浓缩，析出 NaCl 量也越来越多，上述反应也就不断朝右方进行，溶液中 KNO_3 与 NaCl 含量的比值不断增大。当溶液浓缩到一定程度后，停止浓缩，将溶液趁热过滤，分离去除所析出的 NaCl 晶体，滤液冷却至室温，溶液中便有大量的 KNO_3 晶体析出。其中共析出的少量 NaCl 等杂质可在重结晶中与 KNO_3 晶体分离除去。

产物中 NaCl 杂质的含量可利用 $AgNO_3$ 溶液与氯化物生成 AgCl 白色沉淀的反应来检验。

3.5.2　分子间化合物的制备

分子间化合物范围十分广泛，有水合物，如胆矾 $CuSO_4 \cdot 5H_2O$；氨合物，如 $CaCl_2 \cdot 8NH_3$；复盐，如光卤石 $KCl \cdot MgCl_2 \cdot 6H_2O$ 和明矾 $K_2SO_4 \cdot Al_2(SO_4)_3 \cdot 24H_2O$；配位化合物，如 $K_4[Fe(CN)_6]$；有机分子加合物，如 $CaCl_2 \cdot 4C_2H_5OH$，等等，它们是简单化合物按一定化学计量比结合而成的。

制备分子间化合物的操作比较简单。先是由简单化合物在水溶液中相互作用，经过蒸发浓缩溶液，冷却，结晶，最后过滤、洗涤、烘干结晶便得到产品，但为了得到合格的产品还应注意以下几点。

（1）原料的纯度

用于合成分子间化合物的各原料必须经过提纯，因为一旦分子间化合物形成后，杂质离子就不易除去。如明矾 $K_2SO_4 \cdot Al_2(SO_4)_3 \cdot 24H_2O$，一般由 K_2SO_4 与 $Al_2(SO_4)_3$ 溶液相互混合而制得，如果原料中有杂质 NH_4^+，就可能形成与 $K_2SO_4 \cdot Al_2(SO_4)_3 \cdot 24H_2O$ 同晶的 $(NH_4)_2SO_4 \cdot Al_2(SO_4)_3 \cdot 24H_2O$，后者将很难除去。

（2）投料量

一般都是按进行反应的理论量配料，但在实际操作中，往往有意让某一种组分过量。如合成 $[Cu(NH_3)_4]SO_4$，为了保持其在溶液中的稳定性，配位剂 $NH_3 \cdot H_2O$ 必须过量；又如合成 $(NH_4)_2SO_4 \cdot Al_2(SO_4)_3 \cdot 24H_2O$ 时，为防止组分 $Al_2(SO_4)_3$ 水解，合成反应需在酸性介质中进行，为此，应加过量 $(NH_4)_2SO_4$，这样也有利于充分利用价格较高的 $Al_2(SO_4)_3$，以降低成本。

（3）溶液的浓度

在合成分子间化合物时，还必须考虑各物料的投料浓度。如在 $(NH_4)_2SO_4 \cdot Al_2(SO_4)_3 \cdot 24H_2O$ 的合成中，由于 $(NH_4)_2SO_4$ 为过量，可按其溶解度配制成饱和溶液，而 $Al_2(SO_4)_3$ 则应稍稀些为宜。如果两者的浓度都很高，容易形成过饱和，不易析出结晶。即使析出，颗粒也较小。大量的小晶体，由于表面积比较大而吸附杂质较多，影响产品纯度。如果两者浓度都很小，这样不仅蒸发浓缩耗能多，时间较长，而且也影响产率。

（4）严格控制结晶操作

由简单化合物相互作用合成分子间化合物后，一般要经过蒸发、浓缩、冷却、过滤、洗涤、干燥等工序后，才能得到产品。但由于分子间化合物的范围十分广泛，性质各异，所以在合成时还应考虑它们在水中的稳定性及热稳定性。对一些稳定的复盐，如 $K_2SO_4 \cdot Al_2(SO_4)_3 \cdot 24H_2O$、$(NH_4)_2SO_4 \cdot Al_2(SO_4)_3 \cdot 24H_2O$ 等可按上述操作进行。如 $[Cu(NH_3)_4]SO_4 \cdot H_2O$、$Na_3[Co(NO_2)_6]$ 等配合物，热稳定性较差，欲使其从溶液中析出晶体，必须更换溶剂，一般是在水溶液中加入乙醇，以降低溶解度，使结晶析出。对某些能形成不止一种水合晶体的水合物，如 $NiSO_4$，在水溶液中结晶时，温度低于 31.5 ℃时，析出结晶为 $NiSO_4 \cdot 7H_2O$；31.5～53.3 ℃时为 $NiSO_4 \cdot 6H_2O$；103.3 ℃时为 $NiSO_4$。为此，在蒸发过程中不仅要严格控制浓缩程度，而且还要严格控制结晶温度，不然就得不到符合要求的产品。

3.5.3 非水溶剂制备化合物

以上讨论的两类化合物都是在水溶液中制备的，对大多数化合物而言，水是最好的溶剂，因为它价廉易得并易纯化，无毒且易操作。但有些化合物具有强烈的吸水性，如 PCl_3、$SiCl_4$、$SnCl_4$、$FeCl_3$ 等，它们一遇到水或潮湿空气就迅速反应而生成水合物，所以不能从水溶液中制得；另外，有强还原剂参与的反应（水要被还原），高温（>100 ℃）和低温下进行的反应也不能使用水作溶剂，因此需要在非水溶剂中制备。

常用的无机非水溶剂有氨、硫酸、氟化氢、某些液体氧化物如液态 N_2O_4、冰乙酸等。有机非水溶剂有四氯化碳、乙醚、丙酮、汽油、石油醚等。

使用非水溶剂制备化合物时需要特殊的条件，即从反应物到生成物都不能与水或水蒸汽接触，整个装置必须密封，而且对物料和整个制备装置要进行彻底的除水处理。

例如 SnI_4 遇水即水解，在空气中也会缓慢水解，所以不能在水溶液中制备。取一定量的锡和碘，用冰醋酸和醋酸酐作溶剂，加热使之反应，而后冷却就可得到橙红色的 SnI_4 晶体。反应方程式为：

$$Sn + 2I_2 \xrightarrow[\text{加热}]{\text{冰醋酸}+\text{醋酸酐}} \underset{\text{（橙红色）}}{SnI_4}$$

3.5.4 由矿石制备无机化合物

矿石是指在现代技术条件下，具有开采价值的矿物。根据金属的存在状态及与金属结合的非金属元素或酸根，金属矿物主要有以下几类。

① 天然金属矿，如铜矿、金矿和银金矿等。

② 氧化物矿，如赤铜矿 Cu_2O、矾土矿 $Al_2O_3 \cdot xH_2O$、锡石 SnO_2、金红

石 TiO_2、赤铁矿 Fe_2O_3、磁铁矿 Fe_3O_4、软锰矿 MnO_2 和铬铁矿 $FeO \cdot Cr_2O_3$ 等。

③ 硫化物矿，如辉铜矿 Cu_2S、辉银矿 Ag_2S、闪锌矿 ZnS、辰砂矿 HgS、方铅矿 PbS、辉锑矿 Sb_2S_3 和辉钼矿 MoS_2 等。

④ 卤化物矿，如萤石（CaF_2）、光卤石（$KCl \cdot MgCl_2 \cdot 6H_2O$）和冰晶石（$Na_3AlF_6$）等。

⑤ 含氧酸盐矿，如方解石（$CaCO_3$）、菱美矿（$MgCO_3$）、重晶石（$BaSO_4$）、绿柱石（$3BeO \cdot Al_2O_3 \cdot 6SiO_2$）、钨锰铁矿[（MnFe）$WO_4$]等。

由矿石制备无机化合物时，首先必须精选矿石，即把矿石的有用部分与废矿渣分开。精选是利用矿石中各组分之间物理及化学性质上的差别使有用成分富集，可根据矿石的物理性质如颜色、光泽和形状等进行简单的手选；也可根据矿石与矿渣的比重不同，用水流洗去矿渣；或用电磁法将磁性铁矿与无磁性的矿渣分开。无机盐工业中用得最多的是手选。精选后的矿石通过酸（碱）溶、浸取、氧化或还原、灼烧等处理，就可制得所需的化合物。

3.5.5 无机物制备的其他方法

（1）高温合成

用于高温反应的电炉主要有 3 种：马弗炉、坩埚炉和管式炉。马弗炉用于不需控制氧化还原气氛，只需加热坩埚里的物料的情况。坩埚炉和管式炉通常用在控制气氛下（如在氢气流或氮气流中）加热物质。

（2）电解合成

利用通电发生氧化还原反应进行制备的方法。用于制备氧化性或还原性较强的物质。如 Na 和 K 等活泼金属、过硫酸盐、高锰酸盐、氟、钛和钒的低价化合物等。

由 K_2MnO_4 制备 $KMnO_4$ 可用电解法完成。阳极为镍片，阴极为铁丝，阴极总面积约为阳极的 1/25。在 60 ℃时电解 K_2MnO_4 溶液。控制阳极电流密度为 10 mA/cm^2，阴极电流密度为 250 mA/cm^2，槽电压为 2.5～3.0 V。阴极有气体放出，$KMnO_4$ 在阳极逐渐析出沉于槽底。两极反应：

阳极　$MnO_4^{2-} - e^- \longrightarrow MnO_4^-$

阴极　$2H_2O + 2e^- \longrightarrow 2OH^- + H_2\uparrow$

(3) 静电放电合成

利用气体在外界强电场影响下产生等离子体的方法制备热力学上不稳定的物质，放电合成可在放电管中进行。臭氧发生器便是一种放电管，主要用处是用氧制备臭氧。

(4) 光化学合成

有时化学反应只有在反应物受到光照射时才能进行。光子使反应物活化，反应物吸收光子后，成键或非键轨道上的电子被激发到反键轨道上，导致键的削弱甚至断裂，使反应活化。本法用于合成羰基化合物、硼化物等。如将五羰基铁的冰醋酸溶液暴露在日光或紫外灯下，发生如下反应：

$$2Fe(CO)_5 = Fe_2(CO)_9 + CO\uparrow$$

技能训练 3-1 粗食盐的提纯

【训练目标】

1. 掌握氯化钠的提纯方法和基本原理。
2. 练习溶解、过滤、蒸发、结晶等基本操作。
3. 了解 Ca^{2+}、Mg^{2+}、SO_4^{2-} 的定性检验方法。

【实验原理】

粗食盐中含有不溶性杂质(如泥沙等)和可溶性杂质如 Ca^{2+}、Mg^{2+}、Ba^{2+}、SO_4^{2-} 等。不溶性杂质可通过溶解粗食盐后过滤除去，可溶性杂质则要用化学沉淀方法除去。处理的方法是在粗食盐溶液中加入稍过量的 $BaCl_2$ 溶液，溶液中的 SO_4^{2-} 便转化为难溶解的 $BaSO_4$ 沉淀。

$$Ba^{2+} + SO_4^{2-} = BaSO_4\downarrow$$

将溶液过滤，除去 $BaSO_4$ 沉淀。再在溶液中加入 NaOH 和 Na_2CO_3 的混合溶液，Ca^{2+}、Mg^{2+} 及过量的 Ba^{2+} 便生成沉淀。

$$Ca^{2+} + CO_3^{2-} = CaCO_3\downarrow$$

$$Ba^{2+} + CO_3^{2-} = BaCO_3\downarrow$$

$$Mg^{2+} + 2OH^- = Mg(OH)_2\downarrow$$

过滤后 Ba^{2+} 和 Ca^{2+}、Mg^{2+} 都已除去，然后用 HCl 将溶液调至微酸性以中和 OH^- 和除去 CO_3^{2-}。

$$OH^- + H^- \longrightarrow H_2O$$

$$CO_3^{2-} + 2H^+ \longrightarrow CO_2\uparrow + H_2O$$

少量的可溶性杂质如 KCl，由于含量少，溶解度又很大，在最后的浓缩结晶过程中，绝大部分仍留在母液中而与氯化钠分离。

【主要仪器和试剂】

仪器：烧杯(100 mL)，量筒(100 mL)，吸滤瓶，布氏漏斗，三角架，石棉网，台秤，表面皿，蒸发皿，普通漏斗。

试剂：HCl($3\ mol\cdot L^{-1}$)，$BaCl_2$($1\ mol\cdot L^{-1}$)，NaOH($2\ mol\cdot L^{-1}$)，Na_2CO_3($1\ mol\cdot L^{-1}$)，$(NH_4)_2C_2O_4$(饱和溶液)，镁试剂，粗食盐。

【操作步骤】

1. 除去泥沙及 SO_4^{2-}

称取 7.5 g 粗食盐放入 100 mL 的烧杯中，加入 30 mL 水，加热、搅拌使其溶解，继续加热近沸腾，一边搅拌一边滴加 1.5～2 mL $1\ mol\cdot L^{-1}$ 的 $BaCl_2$ 溶液，直至 SO_4^{2-} 沉淀完全为止。为了检验沉淀是否完全，可将酒精灯移去，停止搅拌，待沉淀沉降后，沿烧杯壁滴加 1 或 2 滴 $BaCl_2$ 溶液，观察是否有沉淀生成。如无浑浊，说明 SO_4^{2-} 已沉淀完全；如有浑浊，则继续滴 $1\ mol\cdot L^{-1}$ 的 $BaCl_2$ 溶液，直到沉淀完全为止。沉淀完全后再继续加热几分钟(注意保持水量，如蒸发较多，及时补充水)，过滤，保留滤液，弃去 $BaSO_4$ 及其他不溶性杂质。

2. 除去 Ca^{2+}，Mg^{2+} 和过量的 Ba^{2+}

将滤液转移至另一干净的烧杯中，在加热至接近沸腾的情况下，边搅拌边滴加 1 mL $2\ mol\cdot L^{-1}$ NaOH 溶液，并滴加 4～5 mL $1\ mol\cdot L^{-1}$ Na_2CO_3 溶液至沉淀完全为止，过滤，弃去沉淀。

3. 除去剩余的 CO_3^{2-} 和 K^+

将滤液转移至蒸发皿中，用 $3\ mol\cdot L^{-1}$ 的盐酸溶液将溶液 pH 值调至 4～5，用小火加热浓缩蒸发，同时不断搅拌，直至溶液呈稠粥状，减压过滤，将晶体尽量抽干。将晶体转移至蒸发皿中，在石棉网上用小火烘炒，用玻璃棒不断翻动，防止结块。在无水汽逸出后，改用大火烘炒几分钟，即得到洁白而松散的 NaCl 晶体。冷却，称重，计算产率。

技能训练 3-2 柠檬酸的提纯

【训练目标】

1. 了解柠檬酸的提纯方法。

2. 巩固沉淀、过滤、蒸发、结晶等操作方法。

3. 了解活性炭、沸石的用途。

【主要仪器和试剂】

仪器：托盘天平、烧杯、漏斗、漏斗架、布氏漏斗、磁力搅拌器、滤纸、玻璃漏斗、蒸发皿、石棉网、玻璃棒、量筒(杯)、酒精灯(或电炉)。

试剂：粗柠檬酸、活性炭、沸石。

【操作步骤】

1. 称取 25.0 g 粗柠檬酸于 100 mL 烧杯中，加入 30 mL 去离子水。

2. 将烧杯放在磁力搅拌器的磁盘上，放入搅拌磁子，开启磁力搅拌器电源，开启磁搅拌器调至适当转速，搅拌至柠檬酸全部溶解。

3. 取出搅拌磁子，称取约 1.5 g 活性炭，放入烧杯中，加热微沸 5 min，冷却后用玻璃漏斗、滤纸、漏斗架组成的常压过滤装置，用倾注法进行过滤(活性炭不可在溶液沸腾时加入，否则会引起暴沸)。

4. 将滤液转入蒸发皿中，加几粒沸石(防止溶液喷溅)，将蒸发皿放在石棉网上用小火进行蒸发浓缩，待浓缩到滤液体积为 10 mL 左右时，停止加热，让其自然冷却结晶。

5. 待结晶完全析出后，可将晶体转入准备好的布氏漏斗中进行抽滤，抽滤后将结晶转入已知质量的表面皿上。

6. 将装有柠檬酸的表面皿放入真空干燥箱于 40 ℃以下干燥 20 min。解除真空，取出并放入干燥器中冷却至室温，然后称重并计算产率。

技能训练 3-3 苯甲酸的重结晶

【训练目标】

1. 了解重结晶原理，初步学会用重结晶方法提纯固体有机化合物。

2. 掌握热过滤和抽滤操作。

【实验原理】

重结晶的原理是利用固体混合物中各组分在某种溶剂中的溶解度不同,使它们相互分离,达到提纯精制的目的。把固体有机物溶解在热的溶剂中使之饱和,冷却时由于溶解度降低,有机物又重新析出晶体。利用溶剂对被提纯物质及杂质的溶解度不同,使被提纯物质从过饱和溶液中析出,让杂质全部或大部分留在溶液中,从而达到提纯的目的。

【主要仪器和试剂】

仪器:烧杯、玻璃棒、吸滤瓶、布氏漏斗、滤纸、加热器。

试剂:苯甲酸、活性炭。

【操作步骤】

1. 热溶解

(1) 取约 2 g 粗苯甲酸晶体置于烧杯中,加入 100 mL 蒸馏水。

(2) 在三脚架上垫一石棉网,将烧杯放在石棉网上,点燃酒精灯加热,不时用玻璃棒搅拌。

(3) 待粗苯甲酸全部溶解,停止加热。

(4) 冷却 2 min 后加入约 0.1 g 活性炭再加热沸腾 5 min。

2. 热过滤

(1) 将准备好的过滤器放在铁架台的铁圈上,过滤器下放一小烧杯。

(2) 将烧杯中的混合液在保温漏斗里趁热过滤(过滤时可用坩埚钳夹住烧杯,避免烫手),使滤液沿玻璃棒缓缓注入过滤器中。

3. 冷却结晶

将滤液静置,室温冷却,观察烧杯中晶体的析出。

4. 抽滤洗涤

(1) 将析出的苯甲酸晶体置于安装好的布氏漏斗进行减压过滤。

(2) 冷水洗涤 2~3 次,少量多次,最终形成滤饼。

5. 室温干燥

【注意事项】

1. 加热后的烧杯不要直接放在实验台上,以免损坏实验台。

2. 进行趁热过滤时,注意使烧杯保持适当的倾斜角度,同时注意安全,防止烫伤。

3. 不要用手直接接触刚加热过的烧杯、铁架台。

4. 注意活性炭的加入时间和热过滤时的速度。

5. 抽滤时注意先接橡皮管，抽滤后先拔橡皮管。

技能训练3-4 硫酸铜的提纯

【训练目标】

1. 了解重结晶法提纯物质的基本原理。

2. 练习托盘天平的使用。

3. 掌握加热、溶解、蒸发浓缩、结晶、常压过滤、减压过滤等基本操作技术。

【实验原理】

硫酸铜为可溶性晶体物质。根据物质的溶解度的不同，可溶性晶体物质中的杂质包括难溶于水的杂质和易溶于水的杂质。一般可先用溶解、过滤的方法，除去可溶性晶体物质中所含的难溶于水的杂质；然后再用重结晶法使可溶性晶体物质中的易溶于水的杂质分离。

重结晶的原理是由于晶体物质的溶解度一般随温度的降低而减小，当热的饱和溶液冷却时，待提纯的物质首先结晶析出，而少量杂质由于尚未达到饱和仍留在母液中。

粗硫酸铜晶体中的杂质通常以硫酸亚铁($FeSO_4$)、硫酸铁[$Fe_2(SO_4)_3$]为最多。当蒸发浓缩硫酸铜溶液时，亚铁盐易氧化为铁盐，而铁盐易水解，有可能生成 $Fe(OH)_3$ 沉淀，混杂于析出的硫酸铜晶体中，所以在蒸发浓缩的过程中，溶液应保持酸性。

若亚铁盐或铁盐含量较多，可先用过氧化氢(H_2O_2)将 Fe^{2+} 氧化为 Fe^{3+}，再调节溶液的 pH 约为 4，使 Fe^{3+} 水解为 $Fe(OH)_3$ 沉淀，然后过滤除去。

$$2Fe^{2+} + H_2O_2 + 2H^+ = 2Fe^{3+} + 2H_2O$$

$$Fe^{3+} + 3H_2O = Fe(OH)_3 + 3H^+$$

【主要仪器和试剂】

仪器：台秤、烧杯(100 mL)、量筒、石棉网、玻璃棒、酒精灯、漏斗、滤纸、漏斗架、表面皿、蒸发皿、铁三脚、洗瓶、布氏漏斗、油滤装置、硫酸铜回收瓶。

试剂：$CuSO_4 \cdot 5H_2O$(粗)、H_2SO_4(1 mol·L^{-1})、H_2O_2(3%)、pH 试纸、NaOH(0.5 mol·L^{-1})。

【操作步骤】

1. 称量和溶解

用台秤称取粗硫酸铜 4 g，放入洁净的 100 mL 烧杯中，加入纯水 20 mL。然后将烧杯置于石棉网上加热，并用玻璃棒搅拌。当硫酸铜完全溶解时，立即停止加热。大块的硫酸铜晶体应先在研钵中研细。每次研磨的量不宜过多。研磨时，不得用研棒敲击，应慢慢转动研棒，轻压晶体成细粉末。

2. 沉淀

往溶液中加入 3% H_2O_2 溶液 10 滴，加热，逐滴加入 0.5 mol·L^{-1} NaOH 溶液直到 pH≈4(用 pH 试纸检验)，再加热片刻，放置，使红棕色 $Fe(OH)_3$沉降。用 pH 试纸(或石蕊试纸)检验溶液的酸碱性时，应将小块试纸放入干燥清洁的表面皿上，然后用玻璃棒蘸取待检验溶液点在试纸上，切忌将试纸投入溶液中检验。

3. 过滤

将折好的滤纸放入漏斗中，用洗瓶挤出少量水润湿滤纸，使之紧贴在漏斗壁上。将漏斗放在漏斗架上，趁热过滤硫酸铜溶液，滤液承接在清洁的蒸发皿中。从洗瓶中挤出少量水洗涤烧杯及玻璃棒，洗涤水也应全部滤入蒸发皿中。过滤后的滤纸及残渣投入废液缸中。

4. 蒸发和结晶

在滤液中滴入 2 滴 1 mol·L^{-1} H_2SO_4 溶液，使溶液酸化，然后放在石棉网上加热，蒸发浓缩(切勿加热过猛以免液体溅失)。当溶液表面刚出现一层极薄的晶膜时，停止加热。静置冷却至室温，使 $CuSO_4 \cdot 5H_2O$ 充分结晶析出。

5. 减压过滤

将蒸发皿中 $CuSO_4 \cdot 5H_2O$ 晶体用玻璃棒全部转移到布氏漏斗中，抽气减压过滤，尽量抽干，并用干净的玻璃棒轻轻挤压布氏漏斗上的晶体，尽可能除去晶体间夹的母液。停止抽气过滤，将晶体转到已备好的干净滤纸上，再用滤纸尽量吸干母液，然后将晶体用台秤称量，计算产率。晶体倒入硫酸铜回收瓶中。

【结果记录】

粗硫酸铜的质量 W_1 = ______ g　　精制硫酸铜的质量 W_2 = ______ g。

技能训练 3-5　硝酸钾的制备和提纯

【训练目标】

1. 掌握无机制备中常用的过滤法，着重掌握减压过滤和热过滤。

2. 练习加热溶解、蒸发浓缩、结晶等基本操作。

【实验原理】

$$KCl + NaNO_3 = KNO_3 + NaCl$$

当 KCl 和 $NaNO_3$ 溶液混合时，混合液中同时存在 K^+、Cl^-、Na^+、NO_3^-，由它们组成的四种盐的溶解度随温度变化的趋势不同，利用 NaCl、KNO_3 的溶解度随温度变化而变化的差别，高温除去 NaCl，滤液冷却得到 KNO_3。

表 3-3　四种盐在水中的溶解度(g/100 g H_2O)

盐	温度/℃										
	0	10	20	30	40	50	60	70	80	90	100
KNO_3	13.3	20.9	31.6	45.8	63.9	85.5	110.0	138.0	169.0	202.0	246.0
KCl	27.6	31.0	34.0	37.0	40.0	42.6	45.5	48.1	51.1	54.0	56.7
$NaNO_3$	73.0	80.0	88.0	96.0	104.0	114.0	124.0	—	148.0	—	180.0
NaCl	35.7	35.8	36.0	36.3	36.6	37.0	37.3	37.8	38.4	39.0	39.8

【主要仪器和试剂】

仪器：烧杯、量筒、玻璃棒、热过滤漏斗、减压过滤装置、电子天平。

试剂：$NaNO_3$(固体)、KCl(固体)。

【操作步骤】

1. KNO_3 的制备

(1) 称取 10.0 g 硝酸钠和 8.0 g 氯化钾固体，放入 50 mL 烧杯中，加入

20.0 mL 蒸馏水。

(2) 将盛有原料的烧杯放在石棉网上用酒精灯加热，并不断搅拌，至杯内固体全溶，记下烧杯中液面的位置。

(3) 继续加热并不断搅拌溶液，当加热至杯内溶液剩下原有体积 2/3 时，已有氯化钠析出，趁热快速减压抽滤（布氏漏斗在沸水中或烘箱中预热）。

(4) 将滤液转移至烧杯中，并用 5 mL 的热蒸馏水分数次洗涤吸滤瓶，洗涤液转入盛滤液的烧杯中，记下此时烧杯中液面的位置。加热至滤液体积只剩原有体积的 3/4 时，冷却至室温，观察晶体状态。抽干，得到粗产品，称量。

2. 粗产品的重结晶

(1) 除留下绿豆粒(0.1 g)大小的 KNO_3 晶体供纯度检验外，按粗产品：水＝2：1(质量比)的比例将粗产品溶于蒸馏水中。

(2) 加热，搅拌，待晶体全部溶解后停止加热，若溶液沸腾时，晶体还未全部溶解，可再加极少量蒸馏水使其溶解。

(3) 待溶液冷却至室温后抽滤，水浴烘干。得到纯度较高的硝酸钾晶体，称量，计算理论产量和产率。

技能训练 3-6 硫酸铝钾的制备

【训练目标】

1. 了解从铝制备硫酸铝钾的原理及过程。
2. 了解从水溶液中培养大晶体的方法，制备硫酸铝钾大晶体。
3. 熟练掌握溶解、结晶、抽滤等基本操作。

【实验原理】

$$2Al+2NaOH+6H_2O = 2NaAl(OH)_4+3H_2\uparrow$$

金属铝与 NaOH 溶液反应生成可溶性的 $NaAl(OH)_4$，铝中其他杂质不溶于 NaOH 溶液，用 H_2SO_4 调节反应后溶液的 pH 至 8～9，即有 $Al(OH)_3$ 沉淀产生。将沉淀与溶液分离，在沉淀中加入 H_2SO_4 使 $Al(OH)_3$ 溶解，反应式如下：

$$3H_2SO_4+2Al(OH)_3 = Al_2(SO_4)_3+6H_2O$$

在 $Al_2(SO_4)_3$ 中加入等量的 K_2SO_4 固体，即可得硫酸铝钾，反应式如下：

$$Al_2(SO_4)_3+K_2SO_4+24H_2O = 2KAl(SO_4)_2\cdot 12H_2O\downarrow$$

【主要仪器和试剂】

仪器：托盘天平，水浴锅，抽滤瓶，布氏漏斗，烧杯，量筒，丝线，广泛 pH 试纸，玻璃棒。

试剂：K_2SO_4（固），浓 H_2SO_4、3 mol/L H_2SO_4，NaOH（固），铝条。

【操作步骤】

1. $Al(OH)_3$ 的制备

称取 4.5 g NaOH 固体，置于 250 mL 烧杯中，加入 60 mL 蒸馏水。称取 2 g 剪好的铝条，分批加入 NaOH 溶液。反应至不再有气泡，说明反应已完全。然后加蒸馏水，使体积约为 80 mL，趁热过滤。将滤液转入 250 mL 烧杯，加热沸腾，在不断搅拌下，滴加 3 mol/L H_2SO_4，调节溶液 pH 为 8～9。继续搅拌，水浴加热数分钟，然后抽滤，并用沸水洗涤沉淀，直至洗涤液的 pH 降到 7 左右，抽滤。

2. $Al_2(SO_4)_3$ 的制备

将制备的 $Al(OH)_3$ 沉淀转入烧杯，加入约 20 mL H_2SO_4（1∶1），并不断搅拌，水浴加热使沉淀溶解，得到 $Al_2(SO_4)_3$ 溶液。

3. 铝钾矾的制备

将 $Al_2(SO_4)_3$ 溶液与 6.5 g K_2SO_4 配成的饱和溶液相混合，搅拌均匀，充分冷却后，减压抽滤，尽量抽干，称量，计算产率。

4. 籽晶的制备

(1) 把制得的盐倒入烧杯中，加水并加热至沸腾，然后把一根尼龙线悬于溶液中间。

(2) 把溶液置于不易振荡、易蒸发、没有灰尘的地方，静置 1～2 天。

(3) 把线子上较小、不规则的晶种去掉，留下较大的、八面体形状的晶种。

5. 铝钾矾大晶体的制备

(1) 把取出晶种后的溶液加热，使烧杯底部的小晶体溶解，并持续加热。

(2) 将溶液冷却至 30 ℃，若溶液析出晶体，过滤晶体，再重新加热，没有饱和则需加入 $KAl(SO_4)_2 \cdot 12H_2O$ 再加热，直至把溶液配成 30 ℃的饱和溶液。

(3) 把晶种轻轻吊在饱和液中间。

(4) 多次重复(1)、(2)、(3)，直至得到无色、透明、八面体形状的硫酸铝钾大晶体。

技能训练 3-7 硫酸亚铁铵的制备

【训练目标】

1. 了解复盐的一般特征和制备方法。

2. 练习水浴加热、蒸发浓缩、结晶、减压过滤等基本操作。

【实验原理】

硫酸亚铁铵又称摩尔盐，是浅绿色透明晶体，易溶于水但不溶于乙醇。它在空气中比一般的亚铁铵盐稳定，不易被氧化。在定量分析中常用来配制亚铁离子的标准溶液。

在 0～60 ℃的温度范围内，硫酸亚铁铵在水中的溶解度比组成它的每一组分的溶解度都小，因此很容易从浓的 $FeSO_4$ 和 $(NH_4)_2SO_4$ 的混合溶液结晶制得。

通常先用铁屑与稀硫酸反应生成硫酸亚铁，反应方程式为

$$Fe + H_2SO_4 \longrightarrow FeSO_4 + H_2\uparrow$$

然后加入等物质的量的 $(NH_4)_2SO_4$ 溶液，充分混合后，加热浓缩，冷却，结晶，便可析出硫酸亚铁铵复盐，反应方程式为

$$FeSO_4 + (NH_4)_2SO_4 + 6H_2O = (NH_4)_2Fe(SO_4)_2 \cdot 6H_2O$$

【主要仪器和试剂】

仪器：电子台秤，循环水泵，抽滤瓶，锥形瓶，布氏漏斗，蒸发皿，水浴锅，表面皿。

试剂：铁屑，$(NH_4)_2SO_4$ (固体)，10% Na_2CO_3，H_2SO_4 ($3\ mol \cdot L^{-1}$)，乙醇。

【操作步骤】

1. 铁屑的净化

称取4.2 g铁屑放在锥形瓶中，加入20 mL质量分数为10%的Na_2CO_3溶液，小火加热并适当搅拌5～10 min，以除去铁屑上的油污。用倾析法将碱液倒出，用纯水把铁屑反复冲洗干净。

2. 硫酸亚铁的制备

将25 mL 3 mol·L^{-1} H_2SO_4倒入盛有铁屑的锥形瓶中，水浴加热，经常取出锥形瓶摇荡，并适当补充水分，直至反应完全为止(不再产生气泡)。再加入几滴3 mol·L^{-1} H_2SO_4。趁热减压过滤，滤液转移到蒸发皿内，若滤液稍有浑浊，可滴入硫酸酸化。过滤后的残渣用滤纸吸干后称重，算出已反应铁屑的质量，并根据反应方程式算出$FeSO_4$的理论量。

3. 硫酸亚铁铵的制备

根据$FeSO_4$的理论产量，计算硫酸铵固体的用量，并称取相应质量的硫酸铵固体，加入到盛有硫酸亚铁溶液的蒸发皿中。水浴加热，搅拌至硫酸铵完全溶解。继续蒸发浓缩至表面出现晶膜为止。静置冷却结晶，抽滤。用少量乙醇洗涤晶体两次。取出晶体放在表面皿上晾干，观察产品的颜色和晶形。称重，计算产率。

技能训练3-8　化学反应速率

【训练目标】

1. 了解浓度、温度和催化剂对反应速率的影响。

2. 测定过二硫酸铵与碘化钾反应的平均反应速率，并计算不同温度下的反应速率常数。

【实验原理】

在水溶液中，过二硫酸铵与碘化钾发生如下反应：

$$(NH_4)_2S_2O_8 + 3KI \xlongequal{} (NH_4)_2SO_4 + K_2SO_4 + KI_3 \quad (1)$$

它的离子反应方程式为

$$S_2O_8^{2-} + 3I^- \xlongequal{} 2SO_4^{2-} + I_3^-$$

因为化学反应速率是以单位时间内反应物或生成物浓度的改变值来表

示的，所以上述反应的平均速率为

$$v=\frac{c(S_2O_8^{2-})-c(S_2O_8^{2-})_2}{t_2-t_1}=\frac{\Delta c(S_2O_8^{2-})}{\Delta t}$$

式中，$\Delta c(S_2O_8^{2-})$为 $S_2O_8^{2-}$ 在 t 时间内浓度的改变值。为了测定出 $\Delta c(S_2O_8^{2-})$，在混合$(NH_4)_2S_2O_8$ 和 KI 溶液时，用淀粉溶液作指示剂，同时加入一定体积的已知浓度的 $Na_2S_2O_3$，这样溶液在反应(1)进行的同时，也进行着如下反应：

$$2S_2O_3^{2-}+I_3^- =\!=\!= S_4O_6^{2-}+3I^- \qquad (2)$$

反应(2)进行得非常快，几乎瞬间完成，而反应(1)却慢得多，于是由反应(1)生成的 I_3^- 立刻与 $S_2O_3^{2-}$ 反应，生成了无色的 $S_4O_6^{2-}$ 和 I^-，因此在开始一段时间内，看不到 I_3^- 与淀粉作用而显示出来的特有的蓝色，但是，一旦 $Na_2S_2O_3$ 耗尽，则继续游离出来的 I_3^-，即使是微量的，也能使淀粉指示剂变蓝。所以蓝色的出现就标志着反应(2)的完成。

从反应方程式(1)和(2)的关系可以看出，$S_2O_8^{2-}$ 浓度的减少量等于 $S_2O_3^{2-}$ 减少量的一半，即

$$\Delta c(S_2O_8^{2-})=\frac{\Delta c(S_2O_3^{2-})}{2}$$

因为 $S_2O_3^{2-}$ 在溶液显蓝色时已完全耗掉，故 $\Delta c(S_2O_3^{2-})$实际上就等于反应开始时 $Na_2S_2O_3$ 的浓度，由于本实验中的每份混合溶液只改变$(NH_4)_2S_2O_8$ 和 KI 的浓度，而使用的 $Na_2S_2O_3$ 的起始浓度都是相同的，因此到蓝色出现时已耗去的 $S_2O_8^{2-}$ 即 $\Delta c(S_2O_8^{2-})$也都是相同的。这样只要记下从反应开始到溶液出现蓝色所需要的时间(Δt)，就可以求算在各种不同浓度下的平均反应速率$\frac{\Delta c(S_2C_8^{2-})}{\Delta t}$。

实验证明：过二硫酸铵与碘化钾的反应速率和反应的浓度的关系如下：

$$\frac{\Delta c(S_2O_8^{2-})}{\Delta t}=kc(S_2O_8^{2-})c(I^-) \qquad (3)$$

式中的 k 为反应速率常数，$c(S_2O_8{}^{2-})$和 $c(I^-)$分别为两种离子的初始浓度$(mol\cdot L^{-1})$，利用(3)即可求算出反应速率常数 k 值。

【主要仪器和试剂】

仪器：量筒(10 mL)，烧杯(50 mL)，秒表，温度计(0～100 ℃)。

试剂：KI(0.20 mol·L^{-1})，$Na_2S_2O_3$(0.010 mol·L^{-1})，淀粉溶液(2 g/L)，$(NH_4)_2S_2O_8$ (0.20 mol·L^{-1})，KNO_3 (0.20 mol·L^{-1})，$(NH_4)_2SO_4$ (0.20 mol·L^{-1})，$Cu(NO_3)_2$(0.020 mol·L^{-1})，冰。

【操作步骤】

1. 浓度对反应速率的影响

(1) 用量筒准确量取 10.0 mL 0.20 mol·L^{-1} 的 KI 溶液，2.0 mL 2 g/L的淀粉溶液与 4.0 mL 0.010 mol·L^{-1} 的 $Na_2S_2O_3$ 溶液于 50 mL 烧杯中混合均匀。

(2) 用量筒准确量取 10.0 mL 0.20 mol·L^{-1} $(NH_4)_2S_2O_8$ 溶液迅速加到烧杯中，同时按动秒表并将溶液搅拌均匀。观察溶液，刚一出现蓝色，即迅速停止计时，将反应时间计入表 3-4 中。

用上述方法参照表 3-4 重复进行实验编号 2～5，为了使溶液的离子强度和总体积保持不变，在实验 2～5 中所减少的$(NH_4)_2S_2O_8$ 或 KI 的用量可分别用 0.20 mol·L^{-1} $(NH_4)_2SO_4$ 和 0.20 mol·L^{-1} KNO_3 来补充。注意：在进行实验 2、3、4、5 时，为避免因有一部分溶液残留在量筒因而影响实验结果，可将$(NH_4)_2SO_4$ 溶液先加到$(NH_4)_2S_2O_8$ 溶液中，或将 KNO_3 溶液先加到 KI 溶液中进行冲稀，然后再一起加进烧杯中。

根据表 3-4 中各种试剂的用量，计算实验中参加反应的试剂的起始浓度及反应速率常数，逐一填入表 3-4 的空格内。

表 3-4 $(NH_4)_2S_2O_8$ 和 KI 的浓度对反应速率的影响

项目	实验编号	1	2	3	4	5
试剂用量/mL	0.20 mol·L^{-1} KI	10.0	10.0	10.0	5.0	2.5
	2 g/L 淀粉溶液	2.0	2.0	2.0	2.0	2.0
	0.010 mol·L^{-1} $Na_2S_2O_3$	4.0	4.0	4.0	4.0	4.0
	0.20 mol·L^{-1} KNO_3	/	/	/	5.0	7.5
	0.20 mol·L^{-1} $(NH_4)_2SO_4$	/	5.0	7.5	/	/
	0.20 mol·L^{-1} $(NH_4)_2S_2O_8$	10.0	5.0	2.5	10.0	10.0

续表

项目	实验编号	1	2	3	4	5
试剂起始浓度	$(NH_4)_2S_2O_8$					
	KI					
	$Na_2S_2O_3$					
反应时间 Δt/s						
速率常数 k						

2. 温度对反应速率的影响

(1) 在 50 mL 烧杯中加入 5.0 mL 0.20 mol·L^{-1} KI 溶液，2.0 mL 2 g/L 淀粉溶液，4.0 mL 0.010 mol·L^{-1} $Na_2S_2O_3$ 溶液和 5.0 mL 0.20 mol·L^{-1} KNO_3 溶液。

(2) 在另一个 50 mL 烧杯中加入 10.0 mL 0.20 mol·L^{-1} $(NH_4)_2S_2O_8$ 溶液。

(3) 将烧杯放在冰水浴中冷却，待两种试液均冷却到室温下 10 ℃时，把 $(NH_4)_2S_2O_8$ 试液迅速倒入盛混合液的烧杯中，立即按动秒表并用玻璃棒将溶液搅拌均匀，观察到溶液刚出现蓝色即停止计时，将反应时间和温度记录在表 3-5 中(实验编号为 6)。

(4) 室温下重复上述实验(各试剂用量与实验 4 相同)，将反应时间和温度记录在表 3-5 中(实验编号为 7)。

(5) 在高于室温 10 ℃条件下重复上述实验，将盛有试液的烧杯放入温水浴中升温，温水浴采取冷水与热水相混的办法制成，待温水浴温度高于室温 12～13 ℃时，让其自然降温，指示液温度高于室温 10 ℃时，将 $(NH_4)_2S_2O_8$ 溶液加入混合液中，计时，搅拌，将时间和温度记录在表 3-5 中(实验编号为 8)。

表 3-5　温度对反应速率的影响

实验编号	反应温度/℃	反应时间 t/s	反应速率常数 k
6			
7			
8			

根据反应时间计算三个温度下的速率常数，并填入表 3-5 中。

3. 催化剂对反应速率的影响

(1) 在 50 mL 烧杯中加入 5.0 mL 0.20 mol·L^{-1} KI 溶液，2.0 mL 2 g/L 淀粉溶液，4.0 mL 0.010 mol·L^{-1} $Na_2S_2O_3$ 溶液，加 2 滴 0.02 mol/L $Cu(NO_3)_2$ 溶液。

(2) 将 10.0 mL 0.20 mol·L^{-1} $(NH_4)_2S_2O_8$ 溶液迅速加到上述烧杯中，同时计时和搅拌，至溶液出现蓝色时为止。

将此实验的反应时间及前面实验 7 的结果一起记入表 3-6 中进行比较。

表 3-6 催化剂对反应速率的影响

实验编号	加入 0.020 mol·L^{-1} $Cu(NO_3)_2$	反应时间 t/s
7	0	
9	2 滴	

【记录和结果】

总结以上三部分的实验结果，说明各种因素（浓度、温度、催化剂）对反应速率的影响。

技能训练 3-9 氧化还原反应

【训练目标】

1. 加深对电极电势与氧化还原反应的关系的理解。
2. 加深对温度、反应物浓度对氧化还原反应的影响的理解。
3. 了解介质的酸碱性对氧化还原反应产物的影响。
4. 掌握物质浓度对电极电势的影响。

【实验原理】

氧化还原反应是指参加反应的元素中有氧化数发生变化的反应，其实质是氧化剂和还原剂之间发生了电子转移或强烈偏移。任何一个氧化还原反应在原则上都可以组成一个原电池。根据化学热力学原理，在等温等压下，一个化学反应的自由能降低值等于该反应体系对外所做的最大非膨胀功，因此，对于一个等温等压下对外做最大电功的氧化还原反应有如下关系式：

$$\Delta G=-nFE$$

式中，n 为电池反应中的电子转移物质的量；F 为法拉第常数（96 485 $C\cdot mol^{-1}$），表示 1 mol 电子所带电量；E 为原电池的电池电动势。

电池电动势（E）等于电池正极的电极电势 $\varphi(+)$ 与负极电极电势 $\varphi(-)$ 之差：

$$E=\varphi(+)-\varphi(-)$$

而一个自发进行的氧化还原反应自由焓（或称为自由能）降低值 $-\Delta G$ 总是大于它对外所做的电功：

$$-\Delta G>nFE$$

此式说明只有当 $E>0$ 时，体系的自由焓变 ΔG 才是负值，反应体系的自由焓才是减少的，即 $\varphi(+)>\varphi(-)$ 是氧化还原反应自发进行的判据。

电极电势的大小是其相应的电对氧化态/还原态（例如 Fe^{3+}/Fe^{2+}，Br_2/Br^-，I_2/I^-）氧化还原能力的衡量，电极电势愈大表明电对中氧化态氧化能力愈强，而还原态还原能力愈弱，电极电势大的氧化态能氧化电极电势比它小的还原态。如在标准状态下，$\varphi^\theta_{I_2/I^-}=+0.535\ V$，$\varphi^\theta_{Fe^{3+}/Fe^{2+}}=+0.771\ V$，$\varphi^\theta_{Br_2/Br^-}=+1.08\ V$，由此可知下列反应在标准状态下正向进行：

$$2Fe^{3+}+2I^-=\!=\!=I_2+2Fe^{2+} \qquad \varphi^\theta_{Fe^{3+}/Fe^{2+}}>\varphi^\theta_{I_2/I^-}$$

$$2Fe^{2+}+Br_2=\!=\!=2Br^-+2Fe^{3+} \qquad \varphi^\theta_{Br_2/Br^-}>\varphi^\theta_{Fe^{3+}/Fe^{2+}}$$

说明 Fe^{3+} 能氧化 I^- 而不能氧化 Br^-，氧化态的氧化能力 $Br_2>Fe^{3+}>I_2$，还原态的还原能力 $I^->Fe^{2+}>Br^-$。

电极电势的大小与氧化态、还原态的浓度，溶液的温度及介质的酸度有关，对于下述形式的电极反应：

$$\text{氧化态}(c_{Ox})+ne=\!=\!=\text{还原态}(c_{Red})$$

能斯特方程为：
$$\varphi=\varphi^\theta+\frac{RT}{nF}\ln\frac{c_{Ox}}{c_{Red}}$$

式中 φ 为电极电势，φ^θ 为标准电极电势，F 为法拉第常数（96 485 $C\cdot mol^{-1}$），R 为气体常数（8.314 $J\cdot mol^{-1}\cdot K^{-1}$），$T$ 是绝对温度，

c_{Ox}、c_{Red} 分别代表氧化剂、还原剂的浓度，也指参与电极反应的其他物质如 H^+、OH^- 的浓度。如酸性介质中含氧酸根离子参加的电极反应。

$$Cr_2O_7^{2-}+14H^++6e \rightleftharpoons 2Cr^{3+}+7H_2O$$

298 K 时，

$$\varphi=\varphi^\theta+\frac{0.059\,2}{6}\ln\cdot\frac{c_{Cr_2O_7^{2-}}}{c^2_{Cr^{3+}}}\cdot c^{14}_{H^+}$$

c_{H^+} 增大可使 $c_{Cr_2O_7^{2-}}$ 的氧化性增强。

前已述及判断任意一个氧化还原反应进行的方向，用 $\varphi^\theta(+)$ 与 $\varphi^\theta(-)$ 的差值 E 是否大于零来判断。在实际应用中，若 $\varphi^\theta(+)$ 与 $\varphi^\theta(-)$ 的差值大于 0.5 V，可以忽略浓度、温度等因素的影响直接用 E^θ 数值的大小来确定该反应进行的方向。

原电池与电解。利用氧化还原反应装置原电池，一般较活泼的金属为负极，较不活泼的金属为正极。放电时，负极发生氧化反应给出电子，通过导线流入正极，正极发生还原反应。

电流通过电解质溶液，在电极上发生的化学变化叫电解。电解时电极电势的高低，离子浓度的大小，电极材料等因素都可以影响两极上的电解产物。本实验用铜锌原电池作电源，以铜作电极电解 Na_2SO_4 水溶液，电极反应如下：

阴极　$2H_2O+2e \longrightarrow H_2\uparrow+2OH^-$

阳极　$Cu^- -2e \longrightarrow Cu^{2+}$

【主要仪器和试剂】

仪器：烧杯，试管，点滴板，酒精灯，红色石蕊试纸。

试剂：锌片，铜片，盐桥，$SnCl_2$(0.5 mol·L^{-1})，$K_2Cr_2O_7$(0.1 mol·L^{-1})，KI(0.1 mol·L^{-1})，KBr(0.1 mol·L^{-1})，$FeCl_3$(1 mol·L^{-1})，3% H_2O_2，$KMnO_4$(0.05 mol·L^{-1})，$Na_2C_2O_4$(0.05 mol·L^{-1})，HCl(1 mol·L^{-1})，NaOH(6 mol·L^{-1})，H_2SO_4(3 mol·L^{-1})，Na_2SO_3(0.3 mol·L^{-1})，$CuSO_4$(0.5 mol·L^{-1})，$ZnSO_4$(0.5 mol·L^{-1})，HNO_3(0.5，1，2 mol·L^{-1})，$NH_4Fe(SO_4)_2$(0.1 mol·L^{-1})，$(NH_4)SO_4\cdot FeSO_4$(0.1 mol·L^{-1})，$Na_2S_2O_3$(2 mol·L^{-1})，Na_2SO_4(0.5 mol·L^{-1})，NaCl(1 mol·L^{-1})，CCl_4(液)，淀粉溶液，酚酞，奈斯勒试剂，$Na_2S_2O_3$(2 mol·L^{-1})。

【操作步骤】

1 . 常见氧化剂、还原剂的反应

(1) $FeCl_3$ 和 $SnCl_2$ 的反应

在试管中加入 1 mol · L^{-1} 的 $FeCl_3$ 溶液 5 滴，然后逐滴加入 0.5 mol · L^{-1} $SnCl_2$ 溶液，边加边摇直至黄色褪去，随后滴加 3% H_2O_2，观察溶液颜色变化并解释之。

(2) $KMnO_4$ 和 H_2O_2 的反应

向一支试管中加入 0.05 mol · L^{-1} $KMnO_4$ 溶液 3 滴，3 mol · L^{-1} H_2SO_4 10 滴，然后逐滴加入 3%的 H_2O_2，直至紫色褪去，说明原因。

(3) $K_2Cr_2O_7$ 与 KI 及 $Na_2S_2O_3$ 与 I_2 的反应

取一支试管加入 1 滴 0.1 mol · L^{-1} $K_2Cr_2O_7$，2 滴 0.1 mol · L^{-1} KI，观察试管中是否有反应发生，继续加入 3 滴淀粉溶液，观察颜色是否发生变化，再加 10 滴 1 mol · L^{-1} HCl 后，加 5 mL 蒸馏水稀释，观察溶液的颜色，往此溶液中加入 2 mol · L^{-1} $Na_2S_2O_3$ 数滴，仔细观察溶液的颜色变化，写出有关反应的方程式。

(4) $KMnO_4$ 与 $Na_2C_2O_4$ 的反应

在一支试管中加入 5 滴 0.05 mol · L^{-1} $KMnO_4$ 溶液，10 滴 3 mol · L^{-1} H_2SO_4，20 滴 0.05 mol · L^{-1} $Na_2C_2O_4$，混合均匀后在酒精灯上微热，观察现象并写出有关反应方程式（本反应属自动催化氧化还原反应，开始反应较慢，当有 Mn^{2+} 生成时，它作为催化剂加快了反应的进行）。

2. 介质的酸度对氧化还原反应的影响

(1) 介质的酸度对氧化还原产物的影响

取一支试管，各加入 1 滴 0.05 mol · L^{-1} $KMnO_4$。在第一支试管中加入 2 滴 6 mol · L^{-1} NaOH，第二支试管中加入 2 滴 3 mol · L^{-1} H_2SO_4，第三支试管中加入蒸馏水 2 滴，然后在三支试管中各加入 3 滴 0.3 mol · L^{-1} Na_2SO_3，观察各试管的颜色变化并写出有关反应方程式。

(2) 酸度对氧化还原反应速度的影响

在两支试管中各加入 10 滴 0.1 mol · L^{-1} KBr，2 滴 0.05 mol · L^{-1} $KMnO_4$，其中一支试管中加入 10 滴 1 mol · L^{-1} H_2SO_4，另一支加 1 滴，观察比较两支试管中紫色褪去速度的快慢。

3. 电极电势与氧化还原反应的方向

(1) 将 10 滴 0.1 mol · L^{-1} KI 溶液和 2 滴 0.1 mol · L^{-1}的 $FeCl_3$ 溶液在试管中混匀后，加入 20 滴 CCl_4，充分振荡，观察 CCl_4 层的颜色有何变化。

(2) 用 0.1 mol · L^{-1} KBr 代替 0.1 mol · L^{-1} KI 进行同样的实验和观察，为避免水层颜色的干扰，可用吸管小心吸去水层，以便观察 CCl_4 层的颜色。

根据以上两支试管试验的结果，定性地比较 Br_2/Br^-，I_2/I^-，Fe^{3+}/Fe^{2+} 三个电对电极电势的相对高低，并指出哪个电对的氧化态是最强的氧化剂，哪个电对的还原态是最强的还原剂。

4. 浓度对氧化还原反应的影响

取两支试管，各加入 20 滴 CCl_4 和 0.1 mol · L^{-1} $NH_4Fe(SO_4)_2$（复盐硫酸铁铵，用于配制 Fe(Ⅲ)溶液）10 滴，其中一支再加入 0.1 mol · L^{-1} $(NH_4)_2Fe(SO_4)_2$[复盐硫酸亚铁铵，因其稳定，用于配制 Fe(Ⅱ)溶液]10 滴，然后两支试管都加入 10 滴 0.1 mol · L^{-1} KI，振荡后观察两支试管中 CCl_4 层颜色的深浅，说明原因。

5. 原电池

往两个 50 mL 的小烧杯中分别加入 20 mL 0.5 mol · L^{-1}的 $ZnSO_4$ 溶液和 0.5 mol · L^{-1}的 $CuSO_4$ 溶液，在 $CuSO_4$ 溶液中插入铜片，在 $ZnSO_4$ 溶液中插入锌片组成两个电极，用盐桥把两只烧杯的溶液连通，锌片与铜片的导线分别与伏特计的负极和正极相连，立即观察伏特计上指针的偏转，记下读数。

6. 电解池

利用原电池产生的电流电解 NaCl 溶液(图 3-14)。

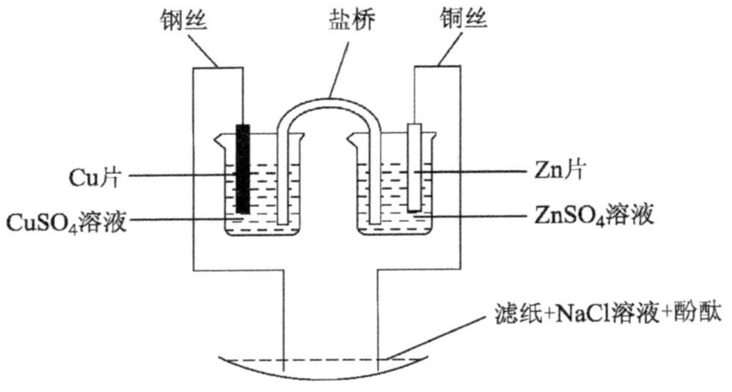

图 3-14　原电池电解 NaCl 溶液

取一张滤纸放在表面皿上，并用 1 mol·L^{-1}的 NaCl 溶液将其润湿，再滴入1滴酚酞，将上述原电池的两极导线上的铜丝的两端隔开一段距离并都与滤纸接触，数分钟后，观察滤纸上导线接触附近颜色的变化，并说明变化的原因。

注：在导线（铜丝）与电极接触处以及导线的另一端若有锈蚀，需用砂纸擦净。

【思考与讨论】

1. $KMnO_4$ 与 $Na_2C_2O_4$ 反应时，为何不能用 HCl 作酸性介质？为什么 $KMnO_4$ 能氧化 HCl 中的 Cl^- 而不能氧化 NaCl 中的 Cl^-？

2. 为什么过氧化氢既可作氧化剂，又可作还原剂？在何种情况下作氧化剂，何种情况下作还原剂？

3. 结合实验，总结哪些因素可以影响氧化还原反应进行的方向？

4. 原电池的正、负极与电解池的阴、阳极反应的本质是否相同？

技能训练3-10　电解质溶液

【训练目标】

1. 了解强、弱电解质电离的差别及同离子效应。

2. 学习缓冲溶液的配制方法及其性质。

3. 熟悉难溶电解质的沉淀溶解平衡及溶度积原理的应用。

4. 学习离心机、酸度计、pH 试纸的使用等基本操作。

【实验原理】

1. 弱电解质的电离平衡及同离子效应

对于弱酸或弱碱 AB，在水溶液中存在下列平衡：$AB \rightleftharpoons A^+ + B^-$，各物质浓度关系满足 $K^\theta = [A^+] \cdot [B^-]/[AB]$，$K^\theta$ 为电离平衡常数。在此平衡体系中，若加入含有相同离子的强电解质，即增加 A^+ 或 B^- 的浓度，则平衡向生成 AB 分子的方向移动，使弱电解质的电离度降低，这种效应叫做同离子效应。

2. 缓冲溶液

由弱酸及其盐（如 HAc-NaAc）或弱碱及其盐（如 $NH_3 \cdot H_2O$-NH_4Cl）

组成的混合溶液，能在一定程度上对抗外加的少量酸、碱或水的稀释作用，而本身的 pH 值变化不大，这种溶液叫作缓冲溶液。

3. 盐类的水解反应

盐类的水解反应是由组成盐的离子和水电离出来的 H^+ 或 OH^- 离子作用，生成弱酸或弱碱的过程。水解反应往往使溶液显酸性或碱性。如弱酸强碱盐（碱性）、强酸弱碱盐（酸性）、弱酸弱碱盐（由生成弱酸弱碱的相对强弱而定）。通常加热能促进水解，浓度、酸度、稀释等也会影响水解。

4. 沉淀平衡

（1）溶度积

在难溶电解质的饱和溶液中，未溶解的固体及溶解的离子间存在着多相平衡，即溶解平衡。K_{sp}^{θ} 表示其平衡常数，也叫作溶度积常数，简称溶度积。根据溶度积规则可以判断沉淀的生成和溶解。若以 Q 表示溶液中难溶电解质的离子浓度（以其系数为指数）的乘积，那么，溶液中 $Q>K_{sp}^{\theta}$ 时，有沉淀析出或溶液过饱和；$Q=K_{sp}^{\theta}$ 时，溶液恰好饱和或达到沉淀平衡；$Q<K_{sp}^{\theta}$ 时，溶液无沉淀析出或沉淀溶解。

（2）分步沉淀

有两种或两种以上的离子都能与加入的某种试剂（沉淀剂）反应生成难溶电解质时，沉淀的先后顺序取决于所需沉淀剂离子浓度的大小，需要沉淀剂离子浓度较小的先沉淀，需要沉淀剂离子浓度较大的后沉淀，这种现象叫作分步沉淀。

（3）沉淀的转化

把一种难溶电解质转化为另一种难溶电解质，即把一种沉淀转化为另一种沉淀的过程叫沉淀的转化。一般来说，溶度积较大的难溶电解质容易转化为溶度积较小的难溶电解质。

【主要仪器和试剂】

仪器：试管、烧杯、量筒、洗瓶、玻璃棒、酒精灯（或水浴锅）、pH 试纸、pH 计。

试剂：HCl（0.1，1，6 $mol \cdot L^{-1}$），HAc（0.1，1 $mol \cdot L^{-1}$），NaOH（0.1，1 $mol \cdot L^{-1}$），$NH_3 \cdot H_2O$（2 $mol \cdot L^{-1}$），NaCl（0.1 $mol \cdot L^{-1}$），Na_2CO_3（0.1 $mol \cdot L^{-1}$），NaAc（1 $mol \cdot L^{-1}$，固体），Na_2S（0.1 $mol \cdot L^{-1}$），KI

(0.001, 0.1 mol·L^{-1}), K_2CrO_4(0.1 mol·L^{-1}), $MgCl_2$(0.1 mol·L^{-1}), $Al_2(SO_4)_3$(0.1 mol·L^{-1}), $ZnSO_4$(0.1 mol·L^{-1}), $CuSO_4$(0.1 mol·L^{-1}), $MnSO_4$(0.1 mol·L^{-1}), $Pb(NO_3)_2$(0.001, 0.1 mol·L^{-1}), $AgNO_3$(0.1 mol·L^{-1}), NH_4Cl(0.1 mol·L^{-1}, 饱和溶液, 固体), Na_3PO_4(0.1 mol·L^{-1}), Na_2HPO_4(0.1 mol·L^{-1}), NaH_2PO_4(0.1 mol·L^{-1}), $SbCl_3$(固体), $FeCl_3$(固体), 标准缓冲溶液(pH=6.86, 4.00), 锌粒(固体), 酚酞溶液(1%), 甲基橙(0.1%), pH试纸。

【操作步骤】

1. 强、弱电解质溶液的比较

用pH试纸分别测定HAc(0.1 mol·L^{-1})溶液、HCl(0.1 mol·L^{-1})溶液的pH值。然后在两支试管中分别加入1 mL上述溶液，再各加入一小颗锌粒并加热，观察哪支试管中产生氢气的反应比较剧烈。

2. 同离子效应

(1) 在两支试管中，各加1 mL 0.1 mol·L^{-1} HAc溶液和1滴甲基橙指示剂，摇匀，观察溶液颜色。在一支试管中加入少量NaAc固体，振荡使之溶解，观察溶液颜色有何变化，与另一支试管溶液进行比较，指出同离子效应对电离度的影响。

(2) 在两支小试管中，各加5滴0.1 mol·L^{-1} $MgCl_2$溶液，在其中一支试管中再加入5滴饱和NH_4Cl溶液，然后在两支试管各加入5滴2 mol·L^{-1} $NH_3 \cdot H_2O$溶液，观察两支试管发生的现象，写出有关反应方程式并说明原因。

3. 缓冲溶液的配制和性质

(1) 按说明书配制标准缓冲溶液(pH=6.86, 4.00)，并学习pH计的使用方法。

(2) 在两个小烧杯中，各加入30 mL蒸馏水，用pH试纸和pH计测定其pH值，再分别加入5滴1 mol·L^{-1} HCl和5滴1 mol·L^{-1} NaOH溶液，搅拌均匀，分别用pH试纸和pH计测定溶液的pH值。

(3) 在一个烧杯中，加入1 mol·L^{-1} HAc及1 mol·L^{-1} NaAc溶液各50 mL(用量筒)，用玻璃棒搅匀，配制成HAc-NaAc缓冲溶液。用pH试纸和pH计分别测定溶液的pH值，并与计算值比较。

(4) 取 3 个烧杯，各加入 30 mL 上述缓冲溶液，先用 pH 计分别测定在一个烧杯中加入 1 滴、10 滴 1 mol·L^{-1} HCl 后溶液的 pH 值，用同法测定在另一个烧杯中加入 1 滴、10 滴 1 mol·L^{-1} NaOH 溶液后溶液的 pH 值，在第三个烧杯中加入 1 滴、10 滴蒸馏水后溶液的 pH 值，将测得结果与原来缓冲溶液的 pH 值比较，总结缓冲溶液的性质。

4. 盐类水解反应及其影响因素

(1) 盐的水解与溶液的酸碱性

① 取 3 支小试管，分别加入 5 滴 0.1mol·L^{-1} NaCl、Na_2CO_3 及 $Al_2(SO_4)_3$溶液，用玻璃棒蘸取少许试管的溶液，分别在 pH 试纸上测定溶液的酸碱性。写出水解的离子方程式，并解释。

② 用 pH 试纸分别测定 0.1mol·L^{-1} Na_3PO_4、Na_2HPO_4、NaH_2PO_4 溶液的酸碱性，并说明原因。

(2) 影响盐类水解反应的因素

① 温度　取两支试管，分别加入 5 滴 1 mol·L^{-1} NaAc 溶液和 5 滴蒸馏水，并各加入 1 滴酚酞溶液，将其中一支试管用酒精灯（或水浴）加热，观察颜色变化，冷却后颜色又如何？解释原因。

② 酸度　将少量 $FeCl_3$、$SbCl_3$ 固体（火柴头大小即可）置于一个小试管中，加入 1 mL 蒸馏水，有何现象产生？用 pH 试纸测定溶液的酸碱性。再向试管中加入几滴 6 mol·L^{-1} HCl，观察沉淀是否溶解？最后将所得溶液再加入 2 mL 蒸馏水稀释，又有什么变化？解释现象并写出有关反应方程式。

③ 相互水解　在 2 支试管中，分别加入 1 mL 0.1 mol·L^{-1} Na_2CO_3 及 1 mL 0.1 mol·L^{-1} $Al_2(SO_4)_3$ 溶液，先用 pH 试纸分别测定溶液的 pH 值，然后将二者混合，观察现象并写出有关反应的离子方程式。

5. 溶度积规则的应用

(1) 沉淀的生成

① 取一支试管，加入 10 滴 0.1 mol·L^{-1} $Pb(NO_3)_2$ 溶液，再缓慢加入 10 滴 0.1 mol·L^{-1} KI 溶液，观察沉淀的生成和颜色。

② 取另一支试管，加入 10 滴 0.001 mol·L^{-1} $Pb(NO_3)_2$ 溶液，再缓慢加入 10 滴 0.001 mol·L^{-1} KI 溶液，观察有无沉淀的生成？试以溶度积规则解释上述现象。

③ 试设计实验，比较ZnS、CuS、MnS几种硫化物难溶盐溶解度的大小。

（2）沉淀的溶解

在一支离心试管中，加入5滴0.1 mol・L^{-1} $AgNO_3$溶液和2滴0.1 mol・L^{-1} NaCl溶液混合，观察现象，离心沉降，弃去上层清液，向沉淀中滴加2 mol・L^{-1} NH_3・H_2O溶液，观察原有沉淀是否溶解？解释上述现象。

（3）分步沉淀

在离心试管中，加入5滴0.1 mol・L^{-1} NaCl和2滴0.1 mol・L^{-1} K_2CrO_4溶液，用蒸馏水稀释至1mL，摇匀，逐滴加入0.1 mol・L^{-1} $AgNO_3$溶液，边加边振摇，当砖红色沉淀转化为白色沉淀较慢时，离心沉降，观察生成沉淀的颜色。再向清液中滴加0.1 mol・L^{-1} $AgNO_3$溶液，又有何现象？解释现象，写出相应方程式。

（4）沉淀的转化

在一支离心试管中，加入5滴0.1 mol・L^{-1} $AgNO_3$溶液和2滴0.1 mol・L^{-1} NaCl溶液混合，观察现象，离心沉降，弃去上层清液，向沉淀中滴加0.1 mol・L^{-1} KI溶液并搅拌，观察沉淀的颜色变化并写出有关反应方程式。

【注意事项】

1. 用pH试纸测定溶液的pH值时，不可将pH试纸投入待测溶液中测试。

2. 使用离心机时要注意保持平衡，转速调整不要过猛，停止时不要马上打开机盖。

3. 实验时要注意试剂用量，否则可能观察不到现象。

4. 注意固体、液体取用的正确操作，以免试剂弄混和交叉污染。

5. 试管加热时要注意管内液体体积不可过大，试管受热要均匀，试管口不要对人。

技能训练3-11 高锰酸钾的还原产物及原电池设计

【训练目标】

1. 本实验由学生自行设计实验方法，通过实验掌握$KMnO_4$在不同介质中的还原产物。

2. 利用本实验所给仪器及药品设计一原电池，并检验该电池是否能使 NaCl 溶液电解。

【主要仪器和试剂】

1. 仪器

试管，250 mL 烧杯，铜丝，盐桥，表面皿。

2. 试剂

酸：2 mol/L HCl，2 mol/L H_2SO_4，2 mol/L HNO_3。

碱：2 mol/L NaOH 溶液，6 mol/L NaOH 溶液，2 mol/L $NH_3 \cdot H_2O$，6 mol/L $NH_3 \cdot H_2O$。

氧化剂：$KMnO_4$（固体）。

还原剂：3%双氧水，0.1 mol/L Na_2SO_3 溶液。

盐：0.5 mol/L $CuSO_4$ 溶液，0.5 mol/L $ZnSO_4$ 溶液，1 mol/L NaCl 溶液。

其他：铜片，锌片，滤纸，酚酞试液。

【实验内容】

1. 设计实验方法，找出在酸性、碱性及中性介质中 $KMnO_4$ 的还原产物。

2. 设计原电池，用自行设计的原电池电解 NaCl 溶液。

【实验前应思考的问题】

1. $KMnO_4$ 在不同介质中的还原产物应该是什么？

2. 如何确定要使用的介质？

3. 所给的还原剂是否都能使用？

4. 怎样检验 NaCl 溶液是否电解？

技能训练 3-12　配位化合物的形成和性质

【训练目标】

1. 了解配合物的生成和组成。

2. 了解配合物与简单化合物、复盐的区别。

3. 了解配位平衡及其影响因素。

4. 熟悉过滤盒试管的使用等基本操作。

【实验原理】

由中心离子(或原子)与配体按一定组成和空间构型以配位键结合所形成的化合物称配合物。配位反应是分步进行的可逆反应,每一步反应都存在着配位平衡。

$$M + nR \rightleftharpoons MR_n$$

增加配体(R)或金属离子(M)浓度有利于配合物(MR_n)的形成,而降低配体和金属离子的浓度则有利于配合物的解离。如溶液酸碱性的改变,可能引起配体的酸效应或金属离子的水解等,就会导致配合物的解离;若有沉淀剂能与中心离子形成沉淀的反应发生,引起中心离子浓度的减少,也会使配位平衡朝离解的方向移动;若加入另一种配体,能与中心离子形成稳定性更好的配合物,则同样导致配合物的稳定性降低。

配位平衡与沉淀溶解平衡相互竞争,决定反应方向的是配离子的稳定常数 K_f 和沉淀的溶度积 K_{sp} 的大小,以及配位剂、沉淀剂的浓度大小。中心离子与沉淀剂生成的沉淀越难溶解,即溶度积 K_{sp} 越小,则沉淀越容易生成,配离子越容易离解;反之稳定常数 K_f 越大,则配离子越容易生成,沉淀越易溶解。

配位反应应用广泛,如利用金属离子生成配离子后的颜色、溶解度、氧化还原性等一系列性质的改变,进行离子鉴定、干扰离子的掩蔽反应等。

由两种或两种以上的简单盐类组成的同晶型化合物叫作复盐。复盐溶于水时,电离出的离子跟组成它的简单盐电离出的离子相同。

【主要仪器和试剂】

仪器:试管、离心试管、漏斗、离心机、酒精灯、白瓷点滴板。

试剂:H_2SO_4(2 mol·L^{-1}),HCl(1 mol·L^{-1}),$NH_3 \cdot H_2O$(2,6 mol·L^{-1}),NaOH(0.1,2 mol·L^{-1}),$CuSO_4$(0.1 mol·L^{-1},固体),$HgCl_2$(0.1mol·L^{-1}),KI(0.1mol·L^{-1}),$BaCl_2$(0.1 mol·L^{-1}),$K_3Fe(CN)_6$(0.1 mol·L^{-1}),$NH_4Fe(SO_4)_2$(0.1 mol·L^{-1}),$FeCl_3$(0.1 mol·L^{-1}),KSCN(0.1 mol·L^{-1}),NH_4F(2 mol·L^{-1}),$(NH_4)_2C_2O_4$(饱和),$AgNO_3$(0.1 mol·L^{-1}),NaCl(0.1 mol·L^{-1}),KBr(0.1 mol·L^{-1}),$Na_2S_2O_3$(0.1 mol·L^{-1},饱和),

Na_2S(0.1 mol·L^{-1})，$FeSO_4$(0.1 mol·L^{-1})，$NiSO_4$(0.1 mol·L^{-1})，$CoCl_2$(0.1 mol·L^{-1})，$CrCl_3$(0.1 mol·L^{-1})，EDTA(0.1 mol·L^{-1})，乙醇(95%)，CCl_4，邻菲罗啉(0.25%)，二乙酰二肟(1%)，乙醚，丙酮。

【操作步骤】

1. 配合物的生成和组成

(1) 配合物的生成

在试管中加入0.5g $CuSO_4 \cdot 5H_2O$(s)，加少许蒸馏水搅拌溶解，再逐滴加入2 mol·L^{-1}的氨水，观察现象；继续滴加氨水至沉淀溶解而形成深蓝色溶液，然后加入2 mL 95%乙醇，振荡试管，有何现象？静置2 min，过滤，分出晶体。在滤纸上逐滴加入2 mol·L^{-1}氨水使晶体溶解，在漏斗下端放一支试管承接此溶液，保留备用。写出相应离子方程式。

(2) 配合物的组成

将上述溶液分成2份，在一支试管中滴入2滴0.1 mol·L^{-1} $BaCl_2$溶液，另一支试管滴入2滴0.1 mol·L^{-1} NaOH溶液，观察现象，写出离子方程式。

另取两支试管，各加入5滴0.1 mol·L^{-1} $CuSO_4$溶液，然后分别向试管中滴入2滴0.1 mol·L^{-1} $BaCl_2$溶液和2滴0.1 mol·L^{-1} NaOH溶液，观察现象，写出离子方程式。

2. 配合物与简单化合物、复盐的区别

(1) 在一支试管中加入10滴0.1 mol·L^{-1} $FeCl_3$溶液，再滴加2滴0.1 mol·L^{-1} KSCN溶液，观察溶液呈何颜色。

(2) 用0.1 mol·L^{-1} $K_3Fe(CN)_6$)溶液代替$FeCl_3$溶液，再滴加2滴0.1 mol·L^{-1} KSCN溶液，观察现象是否与(1)相同。

(3) 如何用实验证明硫酸铁铵是复盐，请设计步骤并进行实验。

3. 配位平衡及其移动

(1) 配合物的取代反应

在一支试管中，加入10滴0.1 mol·L^{-1} $FeCl_3$溶液和1滴0.1 mol·L^{-1} KSCN溶液，观察溶液颜色。向其中滴加2 mol·L^{-1} NH_4F溶液，溶液颜色又如何？再滴入饱和$(NH_4)_2C_2O_4$溶液，溶液颜色又怎样变化？简单解释上述现象，并写出离子方程式。

(2) 配位平衡与沉淀平衡

在一支离心试管中加入2滴0.1 mol·L^{-1} $AgNO_3$溶液，按下列步骤进行实验：

① 逐滴加入0.1 mol·L^{-1}NaCl溶液至沉淀刚生成；

② 逐滴加入6 mol·L^{-1}氨水至沉淀恰好溶解；

③ 逐滴加入0.1 mol·L^{-1}KBr溶液至刚有沉淀生成；

④ 逐滴加入0.1 mol·$L^{-1}$$Na_2S_2O_3$溶液，边滴边剧烈振摇至沉淀恰好溶解；

⑤ 逐滴加入0.1 mol·L^{-1}KI溶液至沉淀刚生成；

⑥ 逐滴加入饱和$Na_2S_2O_3$溶液，至沉淀恰好溶解；

⑦ 逐滴加入0.1 mol·$L^{-1}$$Na_2S$溶液至沉淀刚生成；

写出每一步有关的离子方程式，比较几种沉淀的溶度积大小和几种配离子稳定常数大小，讨论配位平衡与沉淀平衡的关系。

(3) 配位平衡与氧化还原反应

取两支试管各加5滴0.1 mol·L^{-1}的$FeCl_3$溶液及10滴CCl_4，然后往一支试管滴入2 mol·L^{-1} NH_4F溶液至溶液变为无色，另一支试管中滴入几滴蒸馏水，摇匀后在两支试管中分别再滴入5滴0.1 mol·L^{-1}KI溶液，振荡后比较两试管中CCl_4层颜色，解释现象并写出离子方程式。

(4) 配位平衡与酸碱平衡

① 取两支试管，各加入少量自制的硫酸四氨合铜溶液，一支逐滴加入1 mol·L^{-1} HCl溶液，另一支滴加2 mol·L^{-1}NaOH溶液，观察现象，说明配离子$[Cu(NH_3)_4]^{2+}$在酸性和碱性溶液中的稳定性，写出有关的离子方程式。

② 在一支试管中，先加入10滴0.1 mol·L^{-1} $FeCl_3$溶液，再逐滴滴加2 mol·L^{-1} NH_4F溶液至溶液颜色呈无色，将此溶液分成两份，分别逐滴加入1 mol·L^{-1} HCl和2 mol·L^{-1} NaOH溶液，观察现象，说明配合物离子$[FeF_6]^{3-}$在酸性和碱性溶液中的稳定性，写出有关的离子方程式。

4. 配合物的应用

(1) 取两支试管分别加10滴自制的$[Fe(SCN)_6]^{3-}$、$[Cu(NH_3)_4]^{2+}$，

然后各滴加 0.1 mol·L^{-1} EDTA 溶液，观察现象并解释。在小试管中（或白瓷点滴板上），滴加一滴 0.1 mol·L^{-1} $FeSO_4$ 溶液及 3 滴 0.25%邻菲罗啉溶液，观察现象。

（2）在试管中加入 2 滴 0.1 mol·L^{-1} $NiSO_4$ 溶液及 1 滴 2 mol·L^{-1}氨水和 2 滴二乙酰二肟溶液，观察现象。

在白色点滴板上滴 1 滴 0.2 mol·L^{-1}硫酸镍溶液，1 滴 0.1 mol·L^{-1}氨水和 1 滴 1%二乙酰二肟溶液，观察有什么现象。

技能训练 3-13　碱金属、碱土金属及其重要化合物的性质

【训练目标】

1. 比较碱金属、碱土金属的活泼性。
2. 试验并比较碱土金属氢氧化物和盐类的溶解性。
3. 练习焰色反应并熟悉使用金属钾、钠时的安全注意事项。

【主要仪器和试剂】

仪器：烧杯、试管、小刀、镊子、坩埚、坩埚钳、离心机。

试剂：钠，钾，镁条，醋酸钠，汞，NaCl(1 mol·L^{-1})，KCl(1 mol·L^{-1})，$MgCl_2$(0.5 mol·L^{-1})，$CaCl_2$(0.5 mol·L^{-1})，$BaCl_2$(0.5 mol·L^{-1})，新配制的 NaOH 溶液(2 mol·L^{-1})，氨水(6 mol·L^{-1})，NH_4Cl(饱和)，Na_2CO_3(0.5 mol·L^{-1}、饱和)，HCl(2 mol·L^{-1})，HAc(2，6 mol·L^{-1})，HNO_3(浓)，Na_2SO_4(0.5 mol·L^{-1})，$CaSO_4$(饱和)，K_2CrO_4(0.5 mol·L^{-1})，$KSb(OH)_6$(饱和)，$(NH_4)_2C_2O_4$(饱和)，$NaHC_4H_4O_6$(饱和)，$AlCl_3$(0.5 mol·L^{-1})，铂丝(或镍铬丝)，pH 试纸，钴玻璃，滤纸，钠，钾，镁。

【操作步骤】

1. 钠与空气中氧的作用

用镊子取一小块金属钠(绿豆大小)，用滤纸吸干其表面的煤油，切去表面的氧化膜，立即置于坩埚中加热。当钠开始燃烧时，停止加热。观察反应现象和产物的颜色、状态。冷却后，往坩埚中加入 2 mL 蒸馏水使产物溶解，然后把溶液转移到一支试管中，用 pH 试纸测定溶液的酸碱性。再用

2 mol·L^{-1} H_2SO_4 酸化，滴加1～2滴0.01 mol·L^{-1} $KMnO_4$ 溶液。观察紫色是否褪去。由此说明溶液中是否有 H_2O_2，从而推知钠在空气中燃烧是否有 Na_2O_2 生成。写出以上有关反应方程式。

2. 钠、钾、镁与水的作用

用镊子取一小块金属钾和金属钠，用滤纸吸干其表面的煤油，切去表面的氧化膜，立即将它们分别放入盛水的烧杯中。可将事先准备好的合适漏斗倒扣在烧杯上，以确保安全。观察两者与水反应的现象，并进行比较。反应终止后，滴入1～2滴酚酞试剂，检验溶液的酸碱性。根据反应进行的剧烈程度，说明钠、钾的金属活泼性。写出反应式。

取一小段镁条，用砂纸擦去表面的氧化物，放入一支试管中，加入少量冷水。观察有无反应。然后将试管加热，观察反应情况。加入几滴酚酞检验水溶液的酸碱性，写出反应式。

3. 镁、钙、钡的氢氧化物的溶解性

(1) 在三支试管中，分别加入0.5 mL 0.5 mol·L^{-1} $MgCl_2$、$CaCl_2$、$BaCl_2$ 溶液，再各加入0.5mL 2 mol·L^{-1}新配制的NaOH溶液。观察沉淀的生成。然后把沉淀分成两份，分别加入6 mol·L^{-1}盐酸溶液和6 mol·L^{-1}氢氧化钠溶液，观察沉淀是否溶解，写出反应方程式。

(2) 在试管中加入0.5 mL 0.5 mol·L^{-1}氯化镁溶液，再加入等体积的0.5 mol·L^{-1}氨水，观察沉淀的颜色和状态。往有沉淀的试管中加入饱和 NH_4Cl 溶液，又有何现象？为什么？写出反应方程式。

4. 碱金属、碱土金属元素的焰色反应

取一支铂丝(或镍铬丝)，铂丝的尖端弯成小环状，蘸以6 mol·L^{-1}盐酸溶液在氧化焰中烧片刻，再浸入盐酸中，再灼烧，如此重复直至火焰无色。依照此法，分别蘸取1 mol·L^{-1} NaCl、KCl、$CaCl_2$、$SrCl_2$、$BaCl_2$ 溶液在氧化焰中灼烧，观察火焰的颜色。每进行完一种溶液的焰色反应后，均需蘸浓盐酸溶液灼烧铂丝(或镍铬丝)，烧至火焰无色后，再进行新的溶液的焰色反应。观察钾盐的焰色时，为消除钠对钾焰色的干扰，一般需用蓝色钴玻璃片滤光后观察。

技能训练 3-14 卤素及氧族重要化合物的性质

【训练目标】

1. 了解卤素及其含氧酸盐的氧化性，以及卤离子还原性强弱的变化规律。

2. 了解卤素的歧化反应。

3. 了解过氧化氢的制备、性质。

4. 了解不同氧化态硫的化合物的性质。

【主要仪器和试剂】

仪器：离心机，离心管，坩埚，滴管，玻璃棒。

试剂：H_2SO_4（3 mol·L^{-1}，浓硫酸），浓氨水，NaOH（2 mol·L^{-1}），HCl（2 mol·L^{-1}），浓盐酸，KBr（0.1 mol·L^{-1}，固体），KI（0.1 mol·L^{-1}，固体），$KClO_3$（固体），KIO_3（0.1 mol·L^{-1}），$KBrO_3$（固体），K_2CrO_4（0.1 mol·L^{-1}），$Na_2S_2O_3$（0.1 mol·L^{-1}），$AgNO_3$（0.1 mol·L^{-1}），$Pb(NO_3)_2$（0.1 mol·L^{-1}），Na_2SO_3（0.1 mol·L^{-1}），H_2O_2（3%），$SnCl_2$（0.5 mol·L^{-1}），Mn^{2+}试液（10 mg·mL^{-1}），硫代乙酰胺（5%），氯水，溴水，碘水，CCl_4，NaCl（固体），I_2（固体），Na_2O_2（固体），MnO_2（固体），硫粉，$K_2S_2O_8$（固体），淀粉碘化钾试纸，醋酸铅试纸，pH 试纸。

【操作步骤】

1. 卤素氧化性的比较

（1）氯和溴的氧化性的比较

在 1 mL 1 mol·L^{-1} KBr 溶液中，逐滴加入氯水，振荡，有何现象？再加入 0.5mL CCl_4，充分振荡，又有何现象？比较氯和溴的氧化性强弱？

（2）溴和碘的氧化性比较

在 1 mol·L^{-1} KI 溶液中，逐滴加入溴水，振荡，有何现象？再加入 0.5 mL CCl_4，充分振荡，又有何现象？

比较上面两个实验，比较氯、溴和碘的氧化性的强弱，并用电对的电极电势予以说明。

2. 卤素离子还原性的比较

(1) 往盛有少量(近似绿豆大小)氯化钠固体的试管中加入 1 mL 浓 H_2SO_4,有何现象?用玻璃棒蘸一些浓氨水移近管口以检验气体产物。

(2) 往盛有少量溴化钾固体的试管中加入 1 mL 浓 H_2SO_4,又有何现象?用湿的淀粉碘化钾试纸检验气体产物。

(3) 往盛有少量碘化钾固体的试管中加入 1 mL 浓 H_2SO_4,又有何现象?用湿的醋酸铅试纸检验产物。

写出以上三个实验反应式并加以解释。说明氯、溴、和碘离子的还原性强弱的变化规律。

3. 卤素的歧化反应

(1) 在一支小试管中加入 5 滴溴水,观察颜色,然后滴加数滴 2 mol·L^{-1} NaOH 溶液,振荡,观察现象。待溶液褪色后再滴加 2 mol·L^{-1} HCl 溶液至溶液是酸性,溶液颜色有何变化?

(2) 另取一支试管,用碘水代替溴水,重复上述实验,观察并解释所看到的实验现象。

4. 卤酸盐的氧化性

(1) 氯酸盐的氧化性

① 取少量 $KClO_3$ 晶体于试管中,加入少许浓盐酸(可稍微加热),注意逸出气体的气味,检验气体产物,写出反应式,并做出解释。

② 分别试验饱和 $KClO_3$ 溶液与 0.1 mol·L^{-1} Na_2SO_3 溶液在中性及酸性条件下的反应,用 $AgNO_3$ 验证反应产物,该实验如何说明了 $KClO_3$ 的氧化性与介质酸碱性的关系?

③ 取少量 $KClO_3$ 晶体,用 2 mL 水溶解后,加入少量 CCl_4 及 0.1 mol·L^{-1} KI 溶液数滴,振荡试管,观察试管内水相及有机相的变化。再加入 6 mol·L^{-1} H_2SO_4 酸化溶液,又有何变化?写出反应式。

(2) 碘酸盐的氧化性

将 0.1 mol·L^{-1} KIO_3 溶液用 3 mol·L^{-1} H_2SO_4 酸化后,加入几滴淀粉溶液,再滴加 0.1 mol·L^{-1} Na_2SO_3 溶液,有什么现象?若体系不酸化,又有什么现象?改变加入试剂顺序(先加 Na_2SO_3,最后滴加 KIO_3),又会有什么现象?

(3) 溴酸盐与碘酸盐的氧化性比较

往少量饱和 $KBrO_3$ 溶液中加入少量酸酸化后，再加入少量碘片，振荡试管，观察现象，写出反应式。

通过以上实验总结氯酸盐、碘酸盐和溴酸盐的氧化性的强弱。

5. 过氧化氢的制备及性质

(1) 过氧化氢的制备

在试管中加入少量 Na_2O_2 固体和 2 mL 蒸馏水，置于冰水中冷却并不断搅拌，用 pH 试纸检验溶液的酸碱性，再往试管中滴加 3 $mol \cdot L^{-1}$ H_2SO_4 溶液至溶液呈酸性，保留溶液供下面实验使用。

(2) 过氧化氢的鉴定

取上面实验制得的溶液 2 mL 于一试管中，加入 0.5 mL 乙醚和 1 mL 3 $mol \cdot L^{-1}$ H_2SO_4 溶液，然后加入 3～5 滴 0.1 $mol \cdot L^{-1}$ K_2CrO_4 溶液，观察水层和乙醚层中的颜色变化。根据实验现象证明上述实验制得的是过氧化氢溶液。

(3) 过氧化氢的性质

① 过氧化氢的氧化性

在试管中加入几滴 0.1 $mol \cdot L^{-1}$ $Pb(NO_3)_2$ 溶液和 5%硫代乙酰胺溶液，在水浴上加热，观察沉淀的生成。离心分离，弃去溶液，并用少量蒸馏水洗涤沉淀 2～3 次，然后往沉淀中加入 3% H_2O_2 溶液，观察沉淀有何变化。

② 过氧化氢的还原性

在试管中加入 0.5 $mol \cdot L^{-1}$ $AgNO_3$ 溶液，然后滴加 2 $mol \cdot L^{-1}$ NaOH 溶液至有沉淀产生，再往试管中加入少量 3% H_2O_2 溶液，有何现象？注意产物颜色有无变化，并用余烬的火柴检验有何种气体产生。

③ 过氧化氢的催化分解

取 2 支试管分别加入 2 mL 3% H_2O_2 溶液，将其中一支试管置于水浴上加热，有何现象？迅速用带余烬的火柴放在管口，有何变化？在另一支试管中加入少许 MnO_2 固体，有什么现象？迅速用带余烬的火柴放在管口，又有何变化？比较以上两种情况，MnO_2 对 H_2O_2 的分解起什么作用？写出反应式。

6. 多硫化钠的制备和性质

(1) 多硫化钠的制备

取1 g研细的硫粉，与1.5 g无水Na_2CO_3置于同一坩埚中，混合均匀，加热。先用小火，待反应物熔融后改用大火加热15 min。冷却后，加5 mL热水溶解，将溶液转移到一试管中，观察产物的颜色，写出反应式。保留溶液供下面实验使用。

(2) 多硫化钠与酸反应

取0.5 mL 0.5 mol·L^{-1} $SnCl_2$溶液，加入1 mL 5%硫代乙酰胺溶液，水浴加热，有何变化？离心分离，弃去溶液，往沉淀中加入上面(1)制得的溶液2 mL，水浴加热，有何变化？如何解释？

(3) 取1 mL上面(1)制得的溶液，加6 mol·L^{-1} HCl溶液至溶液呈酸性，观察现象。有无气体放出？如何检验？

7. 硫代硫酸盐的性质

(1) 硫代硫酸钠与Cl_2的反应

取1 mL 0.1 mol·L^{-1} $Na_2S_2O_3$溶液于一试管中，加入2滴2 mol·L^{-1} NaOH溶液，再加入2 mL氯水，充分振荡，检验溶液中有无SO_4^{2-}生成。

(2) 硫代硫酸钠与I_2的反应

取1 mL 0.1 mol·L^{-1} $Na_2S_2O_3$溶液于一试管中，滴加碘水，边滴边振荡，有何现象？此溶液中能否检出SO_4^{2-}？

(3) 硫代硫酸钠的配位反应

在一支试管中加入0.5 mL 0.1 mol·L^{-1} $AgNO_3$溶液，然后连续滴加0.1 mol·L^{-1} $Na_2S_2O_3$溶液，边滴边振荡，直至生成的沉淀完全溶解，观察现象并解释。

8. 过二硫酸盐的氧化性

取2滴Mn^{2+}试液，加入5 mL 3 mol·L^{-1} H_2SO_4和5 mL蒸馏水，混匀后，把该溶液分成两份装入两支试管中。在两支试管中均加入等量的少许$K_2S_2O_8$固体，且在其中一支试管中加入1滴0.1 mol·L^{-1} $AgNO_3$溶液，然后把两支试管都放在水浴中加热，观察溶液颜色有何变化？

第4章 定量分析化学实验技术

CHAPTER 4

分析化学主要进行结构分析、形态分析、能态分析，有极高的实用价值，广泛应用于化学工业、农业、医药、冶金、能源、临床化验、环境保护、商品检验等领域。分析化学的发展和当代科学技术的发展同步进行，并广泛地吸取当代各种科学技术的最新成就，如化学、物理、数学与信息学、生命科学、计算机科学、材料科学、医学等，完善和建立新的表征、测定方法和技术，并更广泛地应用和服务于各个科学领域。

4.1 质量的称量技术

4.1.1 电子天平及其分类

电子天平实际上是测量地球对放在称盘上的物体的引力即重力的仪器。由于地球经纬度的不同，各地的重力加速度并不相同，其称量准确度取决于是否进行了正确的校正和校正砝码的精度，假如发现经校正的天平称重有一定误差，这并不表示天平有任何故障，按各型号电子天平说明书上介绍的方法用计量部门认可的标准砝码进行校正，即可进行准确称量。

电子天平的心脏——重力电磁传感器簧片（一般共有 6～8 片）细而薄，极易受损，且天平的精度越高，其重力传感簧片也越薄，所以在使用中应特别注意加以保护，不要在天平上加载质量超过其称量范围的物体，绝不能用手压称盘或使天平跌落地下，以免损坏天平或使重力传感器的性能发生变化。另外，称量一个物体（特别是较重的物体）一般不要超过 30 s，搬动和运输时应将称盘及其托盘取下来。

电子天平的校正机构一般分三大类：① 全自动校正，内含标准砝码和电机伺服机构，只需按一个功能键即可在数十秒内完成校正，一般新型的万分之一克精度以上的电子天平均采用全自动校正机构；② 半自动校正，内装标准砝码但无伺服机构，在进入校正程序后，需要手动加载和卸下校正码；③ 手动校正，天平内没有标准砝码和伺服机构，需要手动进入校正程序并外加标准砝码进行校正，一般精度较低的天平采用手动校正。

有人认为在电子天平量程范围内称量的物体越重对天平的损害也就越大。这种认识是不完全正确的。一般衡器最大安全载荷是它所能够承受的、不致使其计量性能发生永久性改变的最大静载荷。由于电子天平采用了电磁力自动补偿电路原理，当秤盘加载时(注意不要超过称量范围)，电磁力会将秤盘推回到原来的平衡位置，使电磁力与被称物体的重力相平衡，只要在允许范围内称量，大小对天平的影响是很小的，不会因长期称重而影响电子天平的准确度。

电子天平是常量天平、半微量天平、微量天平和超微量天平的总称。其特点是称量准确可靠、显示快速清晰，具有自动检测系统、简便的自动校准装置及超载保护等装置。按电子天平的精度可分为以下几类：

① 超微量电子天平　最大称量是 2～5 g。

② 微量天平　称量范围为 3～50 g。

③ 半微量天平　称量范围为 20～100 g。

④ 常量电子天平　此种天平的称量范围一般为 100～200 g。

实验室常用的有电子台秤(图 4-1)和电子分析天平(图 4-2)。

图 4-1　电子台秤

图 4-2　电子分析天平

4.1.2 电子天平的维护与保养

① 将天平置于稳定的工作台上，避免振动、气流及阳光照射。电子天平室内应保持清洁、整齐、干燥，不得在室内洗涤、就餐、吸烟等。

② 电子天平应由专人保管和维护保养，设立技术档案袋，用以存放使用说明书、检定证书、测试记录，定期记录维护保养及检修情况。

③ 应定期对天平的计量性能进行检测，如发现天平不合格应立即停用，并送交专业人员修理。天平经修理、检定合格后，方可使用。

④ 电子天平应按说明书的要求进行预热，在使用前调整水平仪气泡至中间位置。称量易挥发和具有腐蚀性的物品时，要盛放在密闭的容器中，以免腐蚀和损坏电子天平。

⑤ 应经常清洗秤盘、外壳和风罩，一般用清洁绸布醮少许乙醇轻擦，不可用强溶剂。天平清洁后，框内应放置无腐蚀性的干燥剂，并定期更换。

⑥ 电子天平开机后如果发现异常情况，应立即关闭天平，并对电源、连线、保险丝、开关、移门、被称物、操作方法等做相应的检查。总之，在对电子天平的维护保养中，使用人员应慎重，以保证设备的完好性。

⑦ 操作天平不可过载使用以免损坏天平，若长期不用电子天平时应暂时收藏为好。

4.1.3 电子天平的正确使用

(1) 选择合适的电子天平

选择电子天平，主要是考虑天平的称量和灵敏度应满足称量的要求，天平的结构应适应工作的特点。选择的原则：既要保证天平不致超载而损坏，也要保证称量达到必要的相对准确度，要防止用准确度不够的天平来称量，以免准确度不符合要求；也要防止滥用高准确度的天平而造成浪费。

(2) 正确安装

首先，要选防尘、防震、防潮、防止温度波动的房间作为天平室，对准确度较高的天平还应在恒温室中使用。其次，天平应安放在牢固可靠的工作台上，并选择适当的位置安放，以便于操作。天平安装前，应根据天平的成套性清单清点各部件是否齐全、完好；对天平的所有部件进行仔细清洁。安装时，应参照天平的说明书，正确装配天平，并校正水平，安装完毕后应再次检查各部分安装是否正常，然后检查电源电压是否符合天平的要求，最后插好电源插头。

(3) 预热

在开始使用电子天平之前，要求预先开机，即要预热半小时到一小时。如果一天中要多次使用，最好保持开着的状态。这样，电子天平内部能有一个恒定的操作温度，有利于称量过程的准确。

(4) 校准

电子天平从首次使用起，应对其定期校准。如果连续使用，大致每周校准一次。校准时必须用标准砝码，有的天平内藏有标准砝码，可以用其校准天平。校准前，电子天平必须开机预热1小时以上，并校对水平。校准时应按规定程序进行，否则将起不到校准的作用。

(5) 正确操作

电子天平称量操作时，应正确使用各控制键及功能键；选择最佳的积分时间，正确掌握读数和打印时间，以获得最佳的称量结果。当用去皮键连续称量时，应注意天平过载。在称量过程中应关好天平门。电子天平使用完毕后，应关好天平和门罩，切断电源，罩上防尘罩。

4.2 体积的测量技术

滴定分析又叫容量分析，这种分析方法是将一种已知准确浓度的标准溶液滴加到一定量的待测物质的溶液中，直到待测物质与所加的标准溶液定量反应完全，然后根据标准溶液的浓度和所消耗体积及化学反应的计量关系，计算出待测物质的含量。

液体体积的精密测量，是滴定分析的重要操作，常用的准确度量液体体积的玻璃量器有滴定管、移液管、吸量管和容量瓶等，其中滴定管、移液管和吸量管是用来测量流出的液体体积，而容量瓶是用来测量容纳的液体体积。

要准确地测量液体体积，必须满足以下三个条件：

① 有刻度准确的量器，或经过校准的量器；

② 正确准备量器和正确使用量器；

③ 具有实事求是的科学作风。

4.2.1 滴定管

4.2.1.1 滴定管的构造及其准确度

滴定管是容量分析中最基本的测量仪器，它是由具有准确刻度的细长玻璃管及开关组成。在滴定时用来测定自管内流出溶液的体积。

常量分析用的滴定管为 50 mL 或 25 mL，最小刻度为 0.1 mL，读数可估计到 0.01 mL，一般有±0.02 mL 的读数误差，所以每次滴定所用溶液体积最好大于 20 mL，若滴定所用体积过小，则滴定管刻度读数误差影响增大。例如：所用体积为 10 mL，读数误差为±0.02 mL，则其相对误差为 $\pm 0.02/10\times 100\% = \pm 0.2\%$，如所用体积为 20 mL，则其相对误差即减小至±0.1%。10 mL 滴定管的最小刻度一般为 0.1 mL、0.05 mL，用于半微量分析区分小至 0.02 mL，可以估读到 0.005 mL。在微量分析中，通常采用微量滴定管，其容量为 1～5 mL，最小刻度为 0.01 mL，可估读到0.002 mL。在容量分析滴定时，若消耗滴定液大于 25 mL，可选用 50 mL 滴定管；大于 10 mL，可用 25 mL 滴定管；小于 10 mL，宜用 10 mL 或 10 mL 以下滴定管，以减少滴定时体积测量的误差。一般标化时用 50 mL 滴定管；常量分析用 25 mL 滴定管；非水滴定用 10 mL 滴定管。

4.2.1.2 滴定管的种类

常见的滴定管分为酸式滴定管和碱式滴定管，如图 4-3 所示。

(1) 酸式滴定管(玻塞滴定管)

酸式滴定管的玻璃活塞是固定配合该滴定管的，所以不能任意更换。要注意活塞是否旋转自如，通常是取出活塞，拭干，在活塞两端沿圆周抹一薄层凡士林作润滑剂(或真空活塞油脂)，然后将活塞插入，顶紧，旋转几下使凡士林分布均匀(几乎透明)即可，再在活塞尾端套一橡皮圈，使之固定。注意凡士林不要涂得太多，否则易使活塞中的小孔或滴定管下端管尖堵塞。一般的滴定液均可用酸式滴定管，但因碱性滴定液常使玻塞与玻孔粘合，以至难以转动，故碱性滴定液宜用碱式滴定管。但只要碱性滴定液使用时间不长，用毕后立即用水冲洗，亦可使用酸式滴定管。在使用前均应试漏。

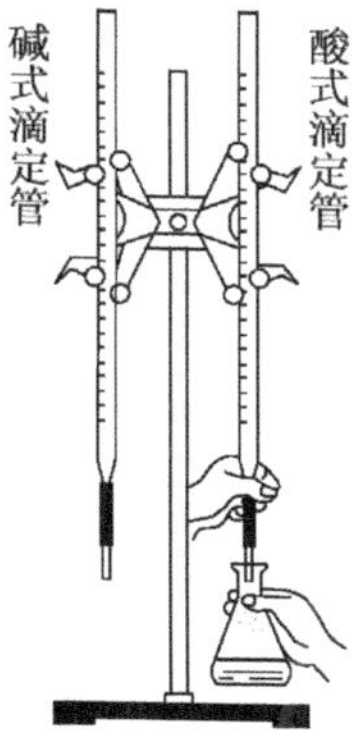

图 4-3　常见滴定管

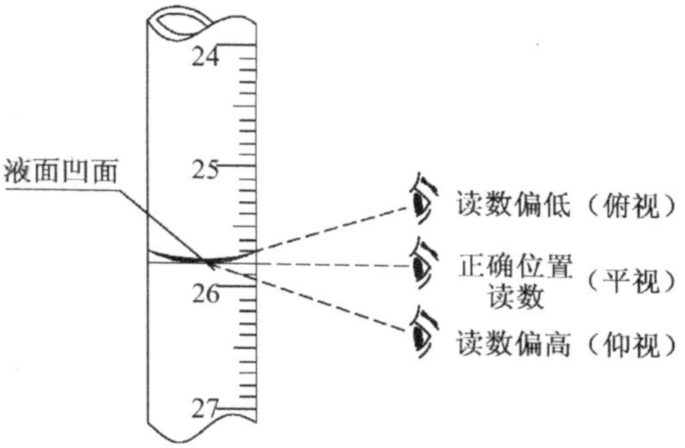

图 4-4　滴定管读数

（2）碱式滴定管

碱式滴定管的管端下部连有橡皮管，管内装一玻璃珠控制开关，一般用作碱性滴定液的滴定。其准确度不如酸式滴定管，主要由于橡皮管的弹性会造成液面的变动。具有氧化性的溶液或其他易与橡皮起作用的溶液，如高锰酸钾、碘、硝酸银等不能使用碱式滴定管。在使用前，应检查橡皮管是否破裂或老化，以及玻璃珠大小是否合适，无渗漏后才可使用。

（3）读数

如图 4-4 所示，滴定管读数时，视线应与液面凹面实线的最低点相切。

4.2.2　容量瓶的使用方法

容量瓶是具有细长的颈和磨口玻塞（亦有塑料塞）的瓶子，在瓶颈上有环状刻度，塞与瓶应编号配套或用绳子相连接，以免出错（见图 4-5）。向容量瓶中加入溶液时，必须注意弯月面最低处要恰与瓶颈上的刻度相切，观察时眼睛位置也应与液面和刻度同水平面上，否则会引起测量体积不准确。容量瓶有无色、棕色两种，应注意选用。容量瓶是用来精密配制一定体积的溶液的，配好后的溶液如需保存，应转移到试剂瓶中，容量瓶不能用于贮存溶液。容量瓶不能在烘箱中烘烤。

4.2.3 移液管的使用方法

移液管有各种形状，最普通的是中部吹成圆柱形，圆柱形以上及以下为较细的管颈，下部的管颈拉尖，上部的管颈刻有环状刻度（见图 4-6）。移液管用于精密转移一定体积的溶液，使用方法如下：

① 使用时，应先将移液管洗净，自然沥干，并用待量取的溶液少许荡洗 3 次。

② 然后以右手拇指及中指捏住管颈标线以上的地方，将移液管插入所取溶液液面下约 1 cm，不应伸入太多，以免管尖外壁粘有溶液过多，也不应伸入太少，以免液面下降后而吸空。这时，左手拿橡皮吸球（一般用 60 mL 洗耳球）轻轻将溶液吸上，眼睛注意正在上升的液面位置，移液管应随容器内液面下降而下降，当移液管液面上升到刻度标线以上约 1 cm 时，迅速用右手食指堵住管口，取出移液管，用滤纸条拭干移液管下端外壁，并使之与地面垂直，稍微松开右手食指，使液面缓缓下降，此时视线应平视标线，直到弯月面与标线相切，立即按紧食指，使液体不再流出，并使出口尖端接触容器外壁，以除去尖端外残留溶液。

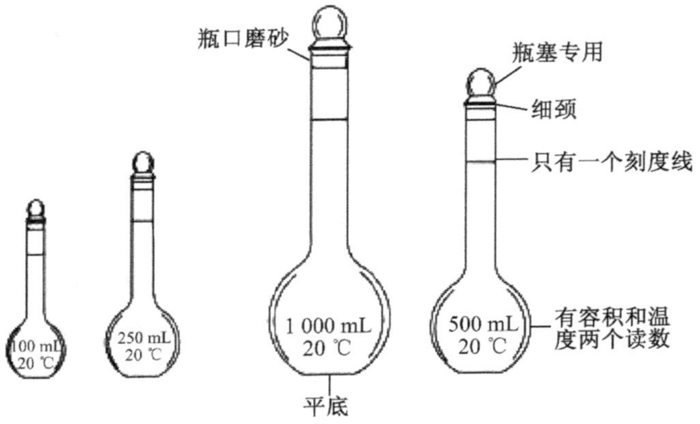

图 4-5 容量瓶

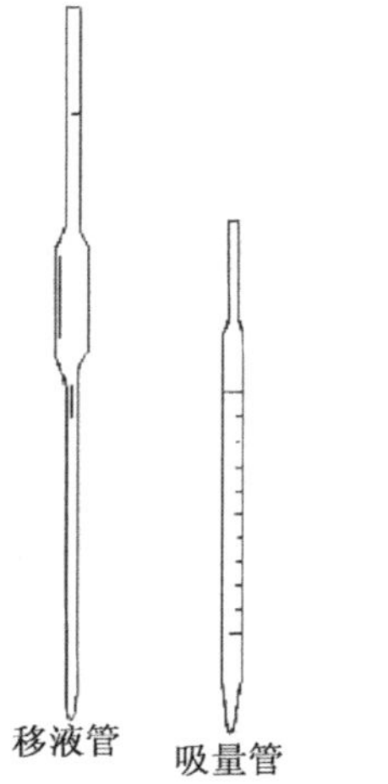

图 4-6 移液管和吸量管

③ 再将移液管移入准备接受溶液的容器中，使其出口尖端接触器壁，使容器微倾斜，而使移液管直立，然后放松右手食指，使溶液自由地顺壁流

下，待溶液停止流出后，一般等待 15 s 后拿出。

④ 注意此时移液管尖端仍残留有一滴液体，不可吹出。

4.2.4　刻度吸管的使用方法

刻度吸管是由上而下（或由下而上）刻有容量数字，下端拉尖的圆形玻璃管，又称为吸量器（见图 4-6）。用于量取体积不需要十分准确的溶液。

刻度吸管有"吹""快"两种形式。使用标有"吹"字的刻度吸管时，溶液停止流出后，应将管内剩余的溶液吹出；使用标有"快"字的刻度吸管时，待溶液停止流出后，一般等待 15 s 拿出。

量取时，最好选用略大于量取量的刻度吸管，这样溶液可以不放至尖端，而是放到一定的刻度（读数的方法与移液管相同）。

4.2.5　容量仪器使用的注意事项

移液管及刻度吸管一定用橡皮吸球（洗耳球）吸取溶液，不可用嘴吸取。

滴定管、量瓶、移液管及刻度吸管均不可用毛刷或其他粗糙物品擦洗内壁，以免造成内壁划痕，容量不准而损坏。每次用毕应及时用自来水冲洗，再用洗衣粉水洗涤（不能用毛刷刷洗），用自来水冲洗干净，再用纯化水冲洗 3 次，倒挂，自然沥干，不能在烘箱中烘烤。如内壁挂水珠，先用自来水冲洗，沥干后，再用重铬酸钾洗液洗涤，用自来水冲洗干净，再用纯化水冲洗 3 次，倒挂，自然沥干。

需精密量取 5，10，20，25，50 mL 等整数体积的溶液，应选用相应大小的移液管，不能用两个或多个移液管分取相加的方法来精密量取整数体积的溶液。

使用同一移液管量取不同浓度溶液时要充分注意荡洗（3 次），应先量取较稀的一份，然后量取较浓的。在吸取第一份溶液时，高于标线的距离最好不超过 1 cm，这样吸取第二份不同浓度的溶液时，可以吸得再高一些荡洗管内壁，以消除第一份的影响。

容量仪器（滴定管、量瓶、移液管及刻度吸管等）需校正后再使用，以确保测量体积的准确性。

4.3 定量分析概述

4.3.1 定量分析的意义及过程

4.3.1.1 分析化学的任务和作用

分析化学是人们获取物质的化学组成与结构信息的科学，即表征和测量的科学。分析化学的任务是对物质进行组成分析和结构鉴定，研究获取物质化学信息的理论和方法。

物质组成的分析，主要包括定性与定量两个部分。定性分析的任务是确定物质由哪些组分（元素、离子、基团或化合物）组成；定量分析的任务是确定物质中有关组分的含量。结构分析的任务是确定物质各组分的结合方式及其对物质化学性质的影响。

分析化学在工农业生产及国防建设中有着更重要的作用。工业生产中作为质量管理手段的产品质量检验和工艺流程控制离不开分析化学，分析化学被称为工业生产的"眼睛"；农业生产中的水土成分调查，农药、化肥残留物的影响，农产品的品质检验等方面都需要分析化学；在国防建设中，分析化学对核武器、航天材料及化学试剂等的研究和生产起着重要的作用；在实行依法治国的基本国策中，分析化学又是执法取证的重要手段。

分析化学是一门以实验为基础的科学，在学习过程中一定要理论联系实际，加强实验训练。通过学习，掌握分析化学的基本原理和测定方法，树立准确的"量"的概念；培养严谨的科学态度；提高分析问题和解决问题的能力。

4.3.1.2 定量分析过程

定量分析一般要经过以下几个步骤：

（1）取样

样品或试样是指在分析工作中被用来进行分析的物质体系，它可以是固体、液体或气体。分析化学要求被分析试样在组成和含量上具有一定的代表性，能代表被分析的总体。否则分析工作将毫无意义，甚至可能导致错误的结论，给生产或科研带来很大的损失。

通常的采样方法：从大批物料中的不同部分、深度选取多个取样点采样，然后将各点取得的样品粉碎之后混合均匀，再从混合均匀的样品中取少量物质作为分析试样。

(2) 试样的分解

定量分析中，除使用特殊的分析方法可不需要破坏试样外，大多数分析方法需要将干燥好的试样分解后转入溶液中，然后进行测定。分解试样的方法很多，主要有溶解法和熔融法。实际工作中，应根据试样性质和分析要求选用适当的分解方法。如测定补钙药物中钙含量，试样需要先用酸溶解转变成溶液后再进行；沙子中硅含量的测定，试样则需要先进行碱熔，然后再将其转变成可溶解产物，溶解后进行测定。

(3) 消除干扰

复杂物质中常含有多种组分，在测定其中某一组分时，若共存的其他组分对待测组分的测定有干扰，则应设法消除。采用加入试剂(称掩蔽剂)来消除干扰的方法操作简便易行。但在多数情况下合适的掩蔽方法不易寻找，此时需要将被测组分与干扰组分进行分离。目前常用的分离方法有沉淀分离、萃取分离、离子交换和色谱法分离等。

(4) 测定

各种测定方法在灵敏度、选择性和适用范围等方面有较大的差别，因此应根据被测组分的性质、含量和对分析结果准确度要求，选择合适的分析方法进行测定。如常量组分通常采用化学分析方法，而微量组分需要使用分析仪器进行测定。

(5) 分析结果计算及评价

根据分析过程中有关反应的计量关系及分析测量所得数据，计算试样中有关组分的含量。应用统计学方法对测定结果及其误差分布情况进行评价。

应该指出的是，分析是一个复杂的过程，是从未知、无序走向确定、有序的过程，试样的多样性也使分析过程不可能一成不变，上述的基本步骤，只是各种定量分析过程中的共性部分，只能进行一般性指导。

4.3.2 定量分析的方法

根据测定原理、分析对象、待测组分含量、试样用量的不同，定量分析方法有不同的分类方法。

（1）化学分析法

化学分析法是以物质的化学反应为基础的分析方法。主要有滴定分析法和重量分析法。

① 滴定分析法　通过滴定操作，根据所需滴定剂的体积和浓度，以确定试样中待测组分含量的一种方法。滴定分析法分为酸碱滴定法、沉淀滴定法、配位滴定法和氧化还原滴定法。

② 重量分析法　通过称量操作测定试样中待测组分的质量，以确定其含量的一种分析方法。重量分析法分为沉淀重量法、电解重量法和气化法。

（2）仪器分析法

仪器分析法是以物质的物理性质和物理化学性质为基础的分析方法。由于这类分析需要使用特殊的仪器设备，所以一般称为仪器分析法。常用的仪器分析方法如下。

① 光学分析法　它是根据物质的光学性质建立起来的一种分析方法。主要有分子光谱（如比色法、紫外一可见分光光度法、红外光谱法、分子荧光及磷光分析法等）、原子光谱法（如原子发射光谱法、原子吸收光谱法等）、激光拉曼光谱法、光声光谱法、化学发光分析法等。

② 电化学分析法　它是根据被分析物质溶液的电化学性质建立起来的一种分析方法。主要有电位分析法、电导分析法、电解分析法、极谱法和库仑分析法等。

③ 色谱分析法　它是一种分离与分析相结合的方法。主要有气相色谱法、液相色谱法（包括柱色谱、纸色谱、薄层色谱及高效液相色谱）、离子色谱法。

随着科学技术的发展，近年来，质谱法、核磁共振波谱法、X 射线、电子显微镜分析及毛细管电泳等大型仪器分析法已成为强大的分析手段。仪器分析由于具有快速、灵敏、自动化程度高和分析结果信息量大等特点，备受人们的青睐。

(3) 无机分析和有机分析

若按物质的属性来分，分析方法主要分为无机分析和有机分析。无机分析的对象是无机化合物；有机分析的对象是有机化合物。另外还有药物分析和生化分析等。

(4) 常量分析、半微量分析和微量分析

按被测组分的含量来分，分析方法可分为常量组分分析(含量>1%)、微量组分分析(含量为 0.01%～1%)、痕量组分分析(含量<0.01%)；按所取试样的量来分，分析方法可分为常量试样分析(固体试样的质量>0.1 g，液体试样体积 10 mL)，半微量试样分析(固体试样的质量为 0.01 g～0.1 g，液体试样体积为 1～10 mL)，微量试样分析(固体试样的质量<0.01 g，液体试样体积<1 mL)和超微量试样分析(固体试样的质量<0.1 mg，液体试样体积<0.01 mL)。

常量分析一般采用化学分析法，微量分析一般采用仪器分析法。

4.3.3 定量分析结果的表示

根据分析实验数据所得的定量分析结果一般用下面方法来表示。

4.3.3.1 待测组分的化学表示形式

分析结果通常以待测组分的实际存在形式的含量表示。例如测得试样中的含磷量后，根据实际情况以 P、P_2O_5、PO_4^{3-}、HPO_4^{2-}、$H_2PO_4^-$ 等形式的含量来表示分析结果。

如果待测组分的实际存在形式不清楚，则分析结果最好以氧化物或元素形式的含量表示。例如，在矿石分析中，各种元素的含量常以其氧化物形式(如 K_2O、CaO、MgO、Fe_2O_3、Al_2O_3、P_2O_5 和 SiO_2 等)的含量表示；在金属材料和有机分析中常以元素形式(Fe、Al、Cu、Zn、Sn、Cr、W、C、H、O、N、S 等)的含量表示。

电解质溶液的分析结果常以所存在的离子的含量表示。

4.3.3.2 待测组分含量的表示方法

不同状态的试样其待测组分含量的表示方法也有所不同。

(1) 固体试样

固体试样中待测组分的量通常以质量分数表示。若试样中待测组分的质量以 m_B 表示，试样质量以 m_S 表示，它们的比称为物质 B 的质量分数，以符号 w_B 表示，即

$$w_B=\frac{m_B}{m_S}$$

计算结果数值以“%”表示。例如测得某水泥试样中 CaO 的质量分数可表示为 $w_{CaO}=59.82\%$。

若待测组分含量很低，可采用 μg/g(或 10^{-6})、ng/g(或 10^{-9})和 pg/g(或 10^{-12})来表示。

(2) 液体试样

液体试样中待测组分的含量通常有如下表示方式。

① 物质的量浓度　表示待测组分的物质的量 n_B 除以试液的体积 V_s，以符号 c_B 表示。常用单位为 mol/L。

② 质量分数　待测组分的质量 m_B 除以试液的质量 m_S，以符号 w_B 表示。

③ 体积分数　待测组分的体积 V_B 除以试液的体积 V_s，以符号 φ_B 表示。

④ 质量浓度　单位体积试液中被测组分 B 的质量，以符号 ρ_B 表示，单位为 g/L、mg/L、μg/L 或 μg/mL、ng/mL、pg/mL 等。

(3) 气体试样

气体试样中的常量或微量组分的含量常以体积分数 φ_B 表示。

4.3.4 定量分析中的误差

在日常分析过程中，同一个分析方法测定同一个样品，虽然经过多次的测定，但是测定结果总不会是完全一致。这说明在测定值和真实值之间总是存在着一定的偏离，这种偏离就是误差。因此，我们必须了解误差的表示方法及分析可能产生误差的原因，尽可能地减小误差，从而提高分析结果的准确度。

4.3.4.1 误差的来源

根据误差产生的原因和性质，可将误差分为系统误差和偶然误差两大类。

(1) 系统误差

系统误差是由某种确定的原因造成的，一般有固定的方向和大小，重复测定时重复出现，也称为可测误差或恒定误差。系统误差大致分为如下三类。① 方法误差：是由分析方法本身造成的。如滴定分析中反应不完全等量点和终点并不完全一致，M3 法测定土壤有效磷含量时，磷浓度过高会产生沉淀，使测定结果偏低。② 仪器和试剂误差：由仪器的精度和试剂的纯度不够引起。如容量瓶和移液管的精度不够或未校准，仪器本身不够精密或者试剂不纯、蒸馏水含有微量杂质等产生的误差均属此类。③ 操作误差：在正常操作情况下，由于分析工作者个人的习惯和技术水平等原因，操作规范或控制反应条件有出入而引起的操作误差。如滴定管读数偏高或偏低，对某种颜色变化的观察不够敏锐等等。

系统误差的特点：① 重现性，在同一条件下进行重复测定时会重复出现；② 单向性，以固定的大小和方向出现，大小正负可测，能以设法减免或加校正值的方法消除；③ 可消除性，采取校正实验仪器、改进实验方法，以及空白实验和较正实验等进行检验或消除。

(2) 偶然误差

偶然误差是由一些偶然的、不可避免的原因造成的误差，也称随机误差。如在测定过程中，温度、压强、湿度、电压等实验条件微小变化的干扰，以及随测定而来的其他偶然因素等，会使测定结果在一定范围内波动，其大小和方向都是不固定的。偶然误差无法测量，也不能校正，所以又称不可测误差，它是客观存在的，是不可避免的。

偶然误差的特点：从表面上看，偶然误差似乎没有规律，但是在同样条件下，进行反复多次测定，可以发现偶然误差还是有规律的，它遵从正态分布规律。绝对值相等的正误差和负误差出现的概率相同，呈对称性；绝对值小的误差出现的概率大，绝对值大的误差出现的概率小。随着测量次数的增加，偶然误差的算术平均值趋近于零，所以多次测量结果的算术平均值将更接近于真值。

4.3.4.2 误差的减免方法

(1) 空白试验

由试剂(包括蒸馏水)和器皿引入的杂质所造成的系统误差,一般可做空白试验加以检验和校正。空白试验是指在不加样品的情况下,在同样的操作条件下进行测定,所得结果称空白值。从试样的分析结果扣除空白值后,就得到比较准确的分析结果。如测定碱解氮和有效磷等都进行空白测定。

(2) 对照试验

常用的对照试验有 3 种:① 用组成与待测样品相近、已知准确含量的标准样品,按所选的方法测定,将对照实验的测定结果与标样的已知含量相比,所得的比值称为校正系数。被测试样的组分含量等于测得含量乘以校正系数。② 用标准方法对照试验,此法就是使用国家有关部门制定的或公认的权威分析法与所选用的方法,对同一样品进行测试。如果所得结果符合误差允许范围,表明选用方法是可靠的。③ 用加标回收率的方法检验,即取相同的两份试样,在一份中加入一定量待测组分的纯物质,用相同的方法进行测定,计算测定结果和加入纯物质的回收率,以检测分析方法的准确性。

(3) 校准仪器

分析测定中,当允许的相对误差大于 1%时,一般可不必校准仪器。但具有准确体积和质量的仪器,如滴定管、移液管、容量瓶和天平等,必须进行校准。测量时按照校准后的数值进行计算,以消除仪器带来的误差。增加平行测定的次数可以减小偶然误差。

(4) 选择合适的分析方法

不同的分析方法其准确度是不相同的。化学分析法对高含量组分的测定能获得较为准确的结果,相对误差一般在千分之几以内,如化学肥料中氮、磷、钾等养分的测定。仪器分析法由于灵敏度高,可以测出低含量的组分,如土壤中磷、钾及微量元素的测定。

在称量过程中,为减小称量误差,被称物的质量数不能小于 0.2 g,因为分析天平的称量误差为±0.000 2 g。只有被测物大于 0.2 g 时,称量的相对误差才不超过 0.1%。同样的道理,在滴定分析中,量取滴定管体积的误差为±0.02 mL，溶液的体积数需大于20 mL，其测量体积的相对误差才小于0.1%。

4.3.4.3 误差的表示方法

(1) 准确度与误差

准确度表示分析结果与真值的接近程度。准确度的高低用误差来表示。误差越小，表示分析结果的准确度越高；反之，准确度越低。误差的表示方法有两种，即绝对误差和相对误差。测量值与真值之差称为绝对误差。绝对误差与真值的比值称为相对误差。在分析工作中，常用相对误差来衡量分析结果的准确度。若以 x 表示测量值，以 μ 表示真实值，则：

$$绝对误差 = x - \mu$$

$$相对误差 = 绝对误差/真实值 = (x - \mu)/\mu$$

例1 在标定 NaOH 溶液时，称取一份邻苯二甲酸氢钾的质量为0.2175 g，其真实质量为0.2176 g。称取另一份邻苯二甲酸氢钾的质量为2.1750 g，其真实质量为2.1751 g。求它们的绝对误差和相对误差。

解： 称取第一份，绝对误差＝0.2175－0.2176＝－0.0001(g)

相对误差＝－0.0001/0.2176×100%＝－0.05%

称取第二份，绝对误差＝2.1750－2.1751＝－0.0001(g)

相对误差＝－0.0001/2.1751×100%＝－0.005%

由此可见，两次称量的绝对误差相同，相对误差不同。称量的质量较大时，相对误差较小，准确度也较高。注意：误差是有正负值的，正值表示分析结果偏高，负值表示分析结果偏低。

(2) 精密度与偏差

精密度表示平行测量的各测量值之间相互接近的程度。它表现了测定结果的再现性。各测量值之间越接近，精密度就越高；反之，精密度越低。精密度的大小用偏差来表示。

测量值与平均值之差称为偏差，分为绝对偏差和相对偏差。绝对偏差是指单次测定值与平均值的偏差。相对偏差是指绝对偏差在平均值中所占的百分率。

若以 $\bar{x}$ 表示一组平行测定的平均值，则单个测量值 x_i 的绝对偏差 d：

$$d = x_i - \bar{x}$$

$$相对偏差\ R_d=\frac{d}{\bar{x}}$$

(3) 准确度与精密度的关系

准确度是指观测值或其均值与真值接近的程度，而精密度是指一组观测值彼此接近的程度，而不能说明与真值得接近程度。因此精密度是保证准确度的先决条件。精密度差，所测结果不可靠，就失去了衡量准确度的意义。精密度好，不一定准确度高。只有在消除了系统误差的前提下，精密度好，准确度才会高。

如图 4-7 所示，A 的系统误差小，随机误差大，精密度、准确度都不好；B 说明系统误差大，随机误差小，精密度好，但准确度不好；C 系统误差和随机误差都很小，精密度和准确度都很好。

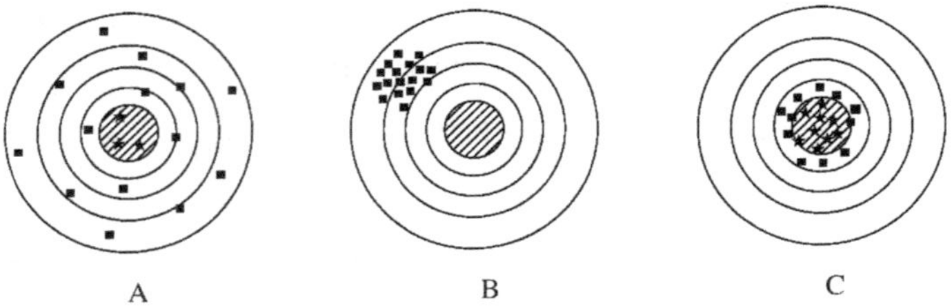

图 4-7 准确度与精密度的关系

4.3.4.4 可疑测定值的取舍

每一组平行测定所得到的数据中，常常会有个别测定值与其他数据相差较远，这一数据称为可疑测定值，又称为离群值或逸出值。初学者多倾向于随意舍弃这一可疑值以获得精密度较好的分析结果，这样做是不妥的。一位分析工作者只有在确知实验过程中有错误时才能舍弃该次的测得结果，否则就要根据误差理论的规定，决定可疑值的取舍。下面介绍常用的 Q 检验法。

Q 检验法是由迪安和狄克逊于 1951 年提出的，该法适用于测定次数为 3～10 时的检验，其具体处理步骤如下：

① 将测得的数据由小至大排列为 x_1、x_2、x_3、……、x_n，设其中的 x_1 或 x_n 为可疑数据；

② 求出最大与最小数据之差(极差) x_n-x_1；

③ 算出可疑数据与其最临近数据之差 x_n-x_{n-1} 或 x_2-x_1；

④ 求出统计量 $Q_{计}$：

$$Q_{计}=\frac{x_n-x_{n-1}}{x_n-x_1} \quad 或 \quad Q_{计}=\frac{x_2-x_1}{x_n-x_1};$$

⑤ 根据测定次数和要求的置信度查看表 4-1，得出 $Q_{表}$；

⑥ 将 $Q_{计}$ 与 $Q_{表}$ 相比较，若 $Q_{计}$ 大于或等于 $Q_{表}$，则弃去可疑数据，否则予以保留。

Q 检验法符合数理统计原理，具有直观性和计算方法简便的优点。但是，在上式中分母是 x_n-x_1，由此可以看出，数据的离散性愈大，x_n-x_1 愈大，可疑数据愈不能舍去。因此，Q 检验法的准确性较差。如果测定的次数比较少时（如 $n=3$），使用 Q 检验法时，计算所得的 $Q_{计}$ 值恰好与查表所的得 $Q_{0.90}$ 值相等，按规定应舍去该可疑数据，但这样做较为勉强，如果可能的话，最好是再补测 1 或 2 次。

表 4-1　不同置信度下取舍可疑数据的 Q 值表

测定次数	置信度		
	90%($Q_{0.90}$)	96%($Q_{0.96}$)	99%($Q_{0.99}$)
3	0.94	0.98	0.99
4	0.76	0.85	0.93
5	0.64	0.73	0.82
6	0.56	0.64	0.74
7	0.51	0.59	0.68
8	0.47	0.54	0.63
9	0.44	0.51	0.60
10	0.41	0.48	0.57

例 2　用 Q 检验法判断实验数据 0.504 2，0.505 0，0.505 1，0.506 3，0.506 4，0.508 6 中，0.508 6 是否应该舍去（置信度为 90%）？

解： 6 次测定结果递增的顺序为

0.504 2，0.505 0，0.505 1，0.506 3，0.506 4，0.508 6

$$Q_{计}=(0.508\,6-0.506\,4)/(0.508\,6-0.504\,2)=0.50$$

查表可知 $Q_{0.90}=0.56$，$Q_{计}<Q_{0.90}$ 这个数据应该保留。

4.3.5 有效数字及运算规则

4.3.5.1 有效数字的一般概念

(1) 有效数字

有效数字是指实际上能测量到的数值，在该数值中只有最后一位是可疑数字，其余的均为可靠数字。它的实际意义在于能反映出测量时的准确程度。如果用以毫米为刻度的米尺测量物长时，假使物体的一端与米尺的零点对齐，另一端不是恰好与某一刻度线对齐，而是在两刻度线之间。这时，毫米整数刻度可以准确读出，两刻线之间的读数只能估读。由刻度尺直接读得的显然是可靠的，就是说它是有效的，而估读的准确度是可疑的，所以把测量结果中可靠的几位数字加上可疑的一位数字统称为测量结果的有效数字。有效数字的位数标志着仪器的准确程度，即反映绝对误差的大小。使用准确度不同的仪器测量时，可以得到不同位数的有效数字。

例如，用最小刻度为 0.1 cm 的直尺量出某物体的长度为 1.23 cm，显然这个数值的前两位数是准确的，而最后一位数字就不是那么可靠，因为它是测试者估计出来的，这个物体的长度可能是 1.24 cm，也可能是 1.22 cm，测量的结果有±0.01 cm 的误差。这个数值是三位有效数字；当用准确度为 0.01 cm的卡尺量同一物长时得到 $L=1.235$ cm，即得到四位有效数字。

(2) 关于有效数字的几点说明

① 在确定有效数字位数时，特别需要指出的是数字“0”表示实际测量结果时，它便是有效数字。“0”在数字中间或数字后面都是有效数字，不能随意省略，例如 1.0 和 1.00 在数学上是等效的，在物理实验中则有完全不同的意义，1.0 是两位有效数字，而 1.00 是三位有效数字，两者的误差不同，准确度也不同。再如，分析天平称得的物体质量为 7.156 0 g，滴定时滴定管读数为 20.05 mL，这两个数值中的“0”都是有效数字。

② 如果用“0”来表示小数点的位置，即小数点前面的“0”和紧接小数点后面的“0”不算作有效数字，数据中的“0”只起到定位作用。如 0.123 cm，0.012 3 dm，0.001 23 m 等的有效数字都是三位。由此可见，在十进制单位中，进行单位换算时，有效数字的位数不变。

③ 当结果的数值很大或很小，且有效数字位数较少时，常用 10 的指数形式来表示。例如太阳的质量 $M=1.989\times10^{30}$ kg，有效数字是指系数部分，即四位有效数字。

④ 在计算中常会遇到下列两种情况：一是化学计量关系中的分数和倍数，这些数不是测量所得，它们的有效数字位数可视为无限多位；另一种情况是关于 pH、pK 和 lg$K$ 等对数值，其有效数字的位数仅取决于小数部分的位数，因为整数部分只与该真数中的 10 的方次有关。

4.3.5.2　有效数字的运算法则

在分析实验中，涉及大量的间接测量，求间接测量需要将直接测得量进行各种运算。为了不致因运算引入误差，并尽量简化运算过程，在滴定分析中，实验数据的记录应只保留一位可疑数字，结果的计算和数据处理均应按有效数字的计算规则进行。下面通过例题来学习有效数字的运算法则。

(1) 加减法(以加法为例)

在进行加减运算时，有效数字取舍以小数点后位数最少的数值为准。例如，0.023 1，24.57 和 1.168 32 三个数相加，24.57 的数值小数点后位数最少(即取绝对误差最大的)，故其他数值也应取小数点后两位，其结果是 $0.02+24.57+1.17=25.76$。

例 3　设 $y=x_1\pm x_2\pm x_3\pm x_6$，当 $x_1=(1\,321.0\pm0.2)$cm，$x_2=(235.44\pm0.01)$cm，$x_3=(3.139\pm0.002)$cm，$x_4=(0.128\,3\pm0.000\,1)$m 时，$y$ 等于多少？

计算步骤如下：

① 找出各分量中具有最大绝对误差的量，如例中的 x_1。

② 以该量的最后一位作标准，将其余各量按四舍五入法简化。

③ 运算。为清楚起见列成竖式。

$$\begin{array}{r} 1\,321.0 \\ 235.4 \\ 3.1 \\ +\quad 0.1 \\ \hline 1\,559.6 \end{array}$$

④ 结果的有效数字位数由它的绝对误差来定。

绝对误差 $\Delta x=(0.2+0.01+0.002+0.0001)\approx0.2$ cm，最后结果可以写成 $y=(1559.7\pm0.2)$cm。

（2）乘除法

在乘除运算中，应以有效数字最少的为准。例如，0.023 1，24.57 和 1.168 32三个数相乘，0.023 1 的有效数字最少，只有三位，故其他数字也只取三位。运算的结果也保留三位有效数字，$0.0231\times24.6\times1.17=0.665$。

几个数据相乘除时，依相对误差最大的数据为依据（取有效数字位数最少的）。

$$\frac{0.0325\times5.103\times60.06}{139.8}=0.0712$$

例 4 设 $y=x_1x_2x_3$，当 $x_1=(0.0211\pm0.0001)$cm，$x_2=(31.52\pm0.01)$cm，$x_3=(1.25361\pm0.00001)$cm 时，求 y。

计算步骤如下：

① 找出分量中具有最少有效数字的量，此例中为 $x_1=0.0211$。

② 以该量的有效数字位数为标准，将其他各分量中数字位数字简化到与 x_1 有效位数位数一样，即 $x_2=31.5$，$x_3=1.25$。

③ 运算。将步骤②中的 x_1、x_2、x_3 代入公式计算得到其平均值

$$y=0.0211\times31.5\times1.25=0.831\text{ cm}$$

④ 计算绝对误差。最后结果的有效数字由它的绝对误差决定。

$$\begin{aligned}\text{绝对误差}\ \Delta\bar{y}&=\left(\frac{0.0001}{0.0211}+\frac{0.01}{31.52}+\frac{0.00001}{1.25361}\right)\times0.831\\&=(0.0047+0.00032+0.0000080)\times0.831\\&=0.0042\approx0.004\end{aligned}$$

最后结果可写成 $y=0.831\pm0.004$ cm。

正确运用有效数字规则进行运算，不但能够反映出计算结果的可信程度，而且能大大简化计算过程。在滴定分析中一般常采用四位有效数字。

4.3.5.3 数字的修约规则

在运算过程中通常需对数据多余的位数进行取舍。为了避免舍入误差，现在通常采用的是“四舍六入五成双”规则，即欲舍去数字的最高位为 4

或 4 以下的数，则“舍”；若为 6 或 6 以上的数，则“入”；被舍去数字的最高位为 5 时，前一位数为奇数，则“入”，前一位数为偶数，则“舍”，即通过取舍，总是把前一位凑成偶数。其目的在于使“入”和“舍”的机会均等，以避免用“四舍五入”规则处理较多数据时，因入多舍少而引入计算误差。

例如：1.535　　取三位有效数字为　1.54

12.405　　取四位有效数字为　12.40

2.036　　取两位有效数字为　2.0

0.076　　取一位有效数字为　0.08

有效数字运算规则和数字取舍规则的采用，目的是保证测量结果的准确度不致因数字取舍不当而受到影响。同时，也可以避免因保留一些无意义的不准确数字而做无用功，浪费时间和精力。现在由于计算器的应用已十分普及，计算过程多取几位数字也并不花费多少精力，不会给计算带来什么困难。但是，实验结果的正确表达仍然是值得重视的，实验者应该能正确判断实验结果是几位有效数字，正确结果该怎么表示。

4.4　滴定分析法

4.4.1　滴定分析的基本原理

滴定分析法是化学分析中的重要方法之一。使用滴定管将一种已知准确浓度的试剂溶液即标准溶液，滴加到待测物的溶液中，直到待测组分恰好完全反应，即加入标准溶液的物质的量与待测组分的物质的量符合反应式的化学计量关系，然后根据标准溶液的浓度和所消耗的体积，计算出待测组分的含量，这一类分析方法通称为滴定分析法（或称容量分析法）。滴加标准溶液的操作过程称为滴定。滴加的标准溶液与待测组分恰好反应完全的这一点，称为化学计量点。在化学计量点时，反应往往没有易为人察觉的任何外部特征，因此一般是在待测溶液中加入指示剂（如酚酞等），利用指示剂颜色的突变来判断，当指示剂变色时停止滴定，这时称为滴定终点。实际分析操作中滴定终点与理论上的化学计量点不一定能恰好符合，它们之间往往存在很小的差别，由此而引起的误差称为终点误差或滴定误差。终点误差的大小，取决于滴定反应和指示剂的性能及用量，是滴定分析误差的主要来源之一。根据所利用的化学反应不同，滴定分析法一般可分为酸碱滴定法、沉淀滴定法、配位滴定法、氧化还原滴定法四种。

滴定分析特点：适用于常量组分的测定，有时也可以测定微量组分；该法快速、准确、仪器设备简单、操作简便，可用于多种化学反应类型的测定；分析准确度较高，相对误差约为0.1%。因此，该方法在生产实践和科学研究方面具有很高的实用价值，常作为标准方法，应用比较广泛。

滴定分析对化学反应的要求：

① 反应定量地完成，即被测物与标准溶液之间的反应按一定的化学方程式进行，无副反应的发生，而且进行完全（>99.9%），这是定量计算的基础。

② 反应速率要快。滴定反应要求在瞬间完成，对于速率慢的反应，应采取适当措施（如加热、加催化剂等）提高其反应速率。

③ 能用比较简便的方法确定其滴定终点。

4.4.2 标准溶液及其配制

4.4.2.1 定义

标准溶液（standard solution）是具有准确浓度的试剂溶液，在滴定分析中常做滴定剂。

基准物质（primary standard）是用于直接配制标准溶液或标定标准溶液浓度的物质。基准物质必须符合以下要求：

① 物质的组成和化学式应完全符合，若含结晶水，如 $H_2C_2O_4 \cdot 2H_2O$ 等，其结晶水的含量也应与化学式完全相符；

② 物质必须具有足够的纯度，即主要成分含量在99.9%以上，所含杂质不影响滴定反应的准确度；

③ 试剂在一般情况下很稳定；

④ 最好具有较大摩尔质量，以减小称量误差。

4.4.2.2 标准溶液的配制

(1) 直接法

准确称量一定量的基准物质，用适当溶剂溶解后，定量地转移到容量瓶中，稀释至刻度，根据称取的物质的质量和溶液的体积，计算出该标准溶液的浓度，这种方法称为直接配制法。只有基准物质才能用直接法配制其标准溶液。例如，称取 4.903 0 g 基准物质 $K_2Cr_2O_7$，置于烧杯中，用水溶解后，转移到1 L容量瓶中，用水稀释至刻度，摇匀，即得 0.016 67mol・L^{-1} $K_2Cr_2O_7$ 溶液。

但是用来配制标准溶液的物质大多不是基准物质，如酸碱滴定法中所用的盐酸，除了恒沸点的盐酸外，一般市售盐酸中的 HCl 含量有一定的波动；又如 NaOH 极易吸收空气中的 CO_2 和水分，称得的质量不能代表纯 NaOH 的质量。因此，对这一类物质不能用直接法配制标准溶液，而需要用间接法配制。

(2) 间接法(也称标定法)

很多试剂不符合基准物质的条件，不适于直接配制标准溶液。但可以将其配制成接近所需要浓度的溶液，用基准物或已经标定过的另一种物质的标准溶液来确定它的准确浓度，这种确定浓度的操作称为标定(standardization)。例如，欲配制 0.1 mol・L^{-1} NaOH 标准溶液，先配成大约为 0.1 mol・L^{-1} 的 NaOH 溶液，然后准确称取一定量的邻苯二甲酸氢钾，用该 NaOH 溶液滴定，根据两者完全作用时 NaOH 溶液的用量和邻苯二甲酸氢钾的质量，即可计算出 NaOH 溶液的准确浓度，或者用已知准确浓度的 HCl 标准溶液进行标定，这样便可求得 NaOH 溶液的准确浓度。

在上述标定过程中，邻苯二甲酸氢钾和草酸($H_2C_2O_4 \cdot 2H_2O$)都可用作标定 NaOH 的基准物，但前者的摩尔质量大于后者，为了降低称量误差，因此邻苯二甲酸氢钾更适合用作基准物。

4.4.2.3 标准溶液浓度表示方法

(1) 物质的量浓度(简称浓度)

物质的量浓度是指单位体积溶液中所含溶质的物质的量(n)。如 B 物质的量浓度以符号 c_B 表示，即

$$c_B=\frac{n_B}{V_B},\ n_B=\frac{m_B}{M_B}\quad 故\ c_B=\frac{m_B}{V_BM_B}$$

配制滴定液时的计算举例：

例 5 配制高锰酸钾滴定液(0.02 mol/L)2 000 mL，应取 $KMnO_4$ 多少克？

解： $m=c_{KMnO_4}V_{KMnO_4}M_{KMnO_4}=0.02\times2\ 000/1\ 000\times158.03=6.321\ g$

例 6 加多少毫升水到 1 000 mL 0.105 6 mol/L 氢氧化钠液中，才能得到 0.100 0 mol/L 的氢氧化钠液？

解： 设 x 为所加水的体积

$$0.105\ 6\times100\ 0/1\ 000=0.100\ 0\times(1\ 000/1\ 000+x)$$

$$x=0.056\ L=56.0\ mL$$

(2) 滴定度

在常规分析中，由于测定对象比较固定，常使用同一标准溶液测定同种物质，因此采用滴定度(titer)表示标准溶液的浓度会使结果的计算简便快速。滴定度是指与每毫升标准溶液相当的被测组分的质量，常以 $T_{A/B}$ 表示，A 为滴定液，B 为被测物质的化学式，单位为 g/mL。

例如，用来测定铁含量的 $KMnO_4$ 标准溶液，其浓度可用 $T_{KMnO_4/Fe}$ 表示。若 $T_{KMnO_4/Fe}=0.005\ 682$ g/mL，即表示 1 mL $KMnO_4$ 标准溶液相当于 0.005 682 g 铁，也就是说，1 mL 的 $KMnO_4$ 标准溶液能把 0.005 682 g Fe^{2+} 氧化成 Fe^{3+}。如果已知滴定中消耗 $KMnO_4$ 标准溶液的体积为 V，则被测定铁的质量 $m_{Fe}=TV$。

例 7 试计算用硫酸滴定液(0.1 mol/L)滴定氢氧化钠时的滴定度。

$$2NaOH+H_2SO_4 = Na_2SO_4+2H_2O$$

$$2\quad:\quad1$$

选取 NaOH 和 $1/2H_2SO_4$ 作为特定基本单元。

$$NaOH+\frac{1}{2}H_2SO_4 = \frac{1}{2}Na_2SO_4+H_2O$$

$$1\quad:\quad1$$

$$T_{\frac{1}{2}H_2SO_4/NaOH}=c_{\frac{1}{2}H_2SO_4}\times M_{NaOH}=0.100\ 0\times2\times\frac{40.00}{1\ 000}$$

$$=0.008\ g/mL=8.00\ mg/mL$$

滴定度还可以用每毫升标准溶液相当于被测组分的质量分数来表示，这种表示方法的应用范围并不广泛。

4.4.3 指示剂的选择

中和滴定是利用中和反应原理来测定酸或碱溶液的浓度的方法，在反应过程中，由于溶液的 pH 发生突变而引起指示剂变色，由此来判断滴定终点。中和滴定通常使用的指示剂有酚酞和甲基橙，由于酸碱类型（强弱）不同，使用的指示剂具有选择性。中和滴定时选择指示剂应考虑以下几个方面。

① 指示剂的变色范围越窄越好，pH 稍有变化，指示剂就能改变颜色。石蕊溶液由于变色范围较宽，且在等当点时颜色的变化不易观察，所以在中和滴定中不采用。

② 溶液颜色的变化由浅到深容易观察，而由深变浅则不易观察。因此应选择在滴定终点时使溶液颜色由浅变深的指示剂。强酸和强碱中和时，尽管酚酞和甲基橙都可以用，但用酸滴定碱时，甲基橙加在碱里，达到等当点时，溶液颜色由黄变红，易于观察，故选择甲基橙。用碱滴定酸时，酚酞加在酸中，达到等当点时，溶液颜色由无色变为红色，易于观察，故选择酚酞。

③ 强酸和弱碱、强碱和弱酸中和达到滴定终点时，前者溶液显酸性，后者溶液显碱性，对后者应选择碱性变色指示剂（酚酞），对前者应选择酸性变色指示剂（甲基橙）。

④ 为了使指示剂的变色不发生异常而导致误差，中和滴定时指示剂的用量不可过多，温度不宜过高，强酸或强碱的浓度不宜过大。

常见酸碱指示剂的变色范围见表 4-2。

表 4-2 常见酸碱指示剂的变色范围

指示剂	pH 变色范围	酸色	碱色
甲基橙	$3.1 \xrightarrow{\text{橙色}} 4.4$	红色(pH<3.1)	黄色(pH>4.4)
甲基红	$4.4 \xrightarrow{\text{橙色}} 6.2$	红色(pH<4.4)	黄色(pH>6.2)

续表

指示剂	pH 变色范围	酸色	碱色
石蕊	$5.0 \xrightarrow{\text{紫色}} 8.0$	红色(pH<5.0)	蓝色(pH>8.0)
酚酞	$8.2 \xrightarrow{\text{粉红色}} 10.0$	无色(pH<8.2)	红色(pH>10.0)

4.4.4 滴定分析中的计算

(1) 被测组分的物质的量 n_A 与滴定剂的物质的量 n_B 的关系

在直接滴定法中，设被测组分 A 与滴定剂 B 间的反应为

$$aA + bB = cC + dD$$

当滴定到达化学计量点时，a mol A 恰好与 b mol B 作用完全，即

$$n_A : n_B = a : b$$

于是

$$n_A = \frac{a}{b} n_B \quad n_B = \frac{b}{a} n_A$$

若被测物是固体，其质量为 m_A，摩尔质量为 M_A，到达化学计量点时用去浓度为 c_B 的滴定剂的体积为 V_B，则

$$c_B V_B = \frac{b}{a} \cdot \frac{m_A}{M_A}$$

例如，用 Na_2CO_3 作基准物标定 HCl 溶液的浓度时，其反应式为

$$2HCl + Na_2CO_3 = 2NaCl + H_2O + CO_2 \uparrow$$

滴定到达化学计量点时，则

$$n_{HCl} = 2n_{Na_2CO_3}$$

$$c_{HCl} \cdot V_{HCl} = \frac{2m_{Na_2CO_3}}{M_{Na_2CO_3}}$$

$$c_{HCl} = \frac{2m_{Na_2CO_3}}{V_{HCl} \cdot M_{Na_2CO_3}}$$

若被测物是溶液，其体积为 V_A，浓度为 c_A，到达化学计量点时用去浓度为 c_B 的滴定剂的体积为 V_B，则

$$c_A V_A = \frac{a}{b} c_B V_B$$

例如，用已知浓度的 NaOH 标准溶液测定 H_2SO_4 溶液浓度，其反应式为

$$H_2SO_4 + 2NaOH = Na_2SO_4 + 2H_2O$$

滴定达到化学计量点时，则

$$c_{H_2SO_4} \cdot V_{H_2SO_4} = \frac{1}{2} c_{NaOH} \cdot V_{NaOH}$$

$$c_{H_2SO_4} = \frac{c_{NaOH} \cdot V_{NaOH}}{2V_{H_2SO_4}}$$

在有关溶液稀释的计算中，溶液稀释后，浓度虽然降低了，但所含的物质的量没有改变，所以

$$c_1V_1 = c_2V_2$$

式中，c_1、V_1 分别为稀释前溶液的浓度和体积；c_2、V_2 分别为稀释后溶液的浓度和体积。

间接法滴定涉及两个或两个以上反应，应从总的反应中找出实际参加反应物质的量之间的关系。

如用 $KMnO_4$ 法滴定 Ca^{2+}，经过如下几步：

$$Ca^{2+} \xrightarrow{C_2O_4^{2-}} CaC_2O_4 \downarrow \xrightarrow{H^+} HC_2O_4^- \xrightarrow{MnO_4^-} 2CO_2 \uparrow$$

此处 Ca^{2+} 与 $C_2O_4^{2-}$ 的反应摩尔比是 1∶1，而 $C_2O_4^{2-}$ 与 $KMnO_4$ 是按 5∶2的摩尔比相互反应的。

$$5C_2O_4^{2-} + 2MnO_4^- + 16H^+ = 2Mn^{2+} + 10CO_2 \uparrow + 8H_2O$$

故

$$n_{Ca} = \frac{5}{2} n_{KMnO_4}$$

(2) 物质的量浓度 c 与滴定度 T 之间的关系

对于一个化学反应：

$$aA + bB = cC + dD$$

A 为被测组分，B 为标准溶液，若以 V_B 表示反应完成时标准溶液消耗的体积(mL)，m_A 和 M_A 分别代表物质 A 的质量(g)和摩尔质量。当反应达到计量点时：

$$\frac{c_BV_B}{1\,000b} = \frac{\frac{m_A}{M_A}}{a}$$

移项得

$$\frac{m_A}{V_B}=\frac{ac_B M_A}{1\,000b}$$

由滴定度定义 $T_{A/B}=m_A/V_B$ 得到

$$T_{A/B}=\frac{a}{b}\cdot\frac{c_B M_A}{1\,000}$$

(3) 被测组分质量分数的计算

在滴定分析中，若准确称取试样的质量为 m_S，测得被测组分 A 的质量为 m_A，则被测组分在试样中的质量分数 ω_A 为

$$\omega_A=\frac{m_A}{m_S}\times 100\%$$

被测组分的物质的量 n_A 是由滴定剂的浓度 c_B、体积 V_B，以及被测组分与滴定剂反应的摩尔比 $a:b$ 求得的，即

$$n_A=\frac{a}{b}n_B=\frac{a}{b}c_B V_B$$

被测组分的质量 m_A：

$$m_A=n_A\cdot M_A=\frac{a}{b}c_B\cdot V_B\cdot M_A$$

于是

$$\omega_A=\frac{\frac{a}{b}c_B\cdot V_B\cdot M_A}{m_S}\times 100\%$$

这是滴定分析中计算被测组分的质量分数的一般通式。

例 8 有一 KOH 溶液，24.59 mL 该溶液能中和草酸($H_2C_2O_4\cdot 2H_2O$)0.300 0 g。求该 KOH 溶液的浓度。

解： 此滴定的反应为

$$H_2C_2O_4+2OH^-=\!=\!=C_2O_4^{2-}+2H_2O$$

$$n_{KOH}=2n_{H_2C_2O_4\cdot 2H_2O}$$

$$c_{KOH}=\frac{n_{KOH}}{V_{KOH}}=\frac{2n_{H_2C_2O_4\cdot 2H_2O}}{V_{KOH}}=\frac{2m_{H_2C_2O_4\cdot 2H_2O}}{M_{H_2C_2O_4\cdot 2H_2O}\cdot V_{KOH}}$$

$$=\frac{2\times 0.300\,0}{126.1\times 24.59\times 10^{-3}}\text{mol/L}=0.193\,5\text{ mol/L}$$

4.4.5 四类滴定分析法简介

(1) 直接滴定法

凡是滴定剂与被测物的反应满足滴定反应的要求，就可以用标准溶液直接滴定被测的物质，这种滴定方式称为直接滴定法。直接滴定法是滴定分析法中最常用和最基本的滴定方法，其滴定方式操作简便、准确度高，分析结果的计算也较简单。

(2) 返滴定法

当反应速率较慢或待测物是固体时，待测物中加入符合计量关系的标准溶液(或称滴定剂)后，反应常常不能立即完成。此种情况下可于待测物中先加入一定量的过量的滴定剂，使之充分反应。待反应完成后，再用另一种标准溶液滴定剩余的滴定剂，这种滴定方式称为返滴定法。如固体 $CaCO_3$ 含量的测定，可先加入过量的 HCl 标准溶液，待反应完成后，用 NaOH 标准溶液滴定剩余的 HCl。

(3) 置换滴定法

对于没有定量关系或伴有副反应的反应，可以先用适当的试剂与待测物反应，置换出一定量能被定量滴定的物质，然后再用适当的标准溶液进行滴定，这种滴定方式称为置换滴定法。例如 $Na_2S_2O_3$ 不能直接滴定 $K_2Cr_2O_7$。

(4) 间接滴定法

对于不能与滴定剂直接起反应的物质，有时可以通过转化为其他的化学反应间接进行滴定。例如 Ca^{2+} 不能直接用氧化还原法滴定，但若将 Ca^{2+} 沉淀为 CaC_2O_4，过滤并洗净后溶解于硫酸中，再用 $KMnO_4$ 标准溶液滴定与 Ca^{2+} 结合的 $C_2O_4{}^{2-}$，从而可以间接测定 Ca^{2+} 的含量。

由于间接法的广泛使用，从而拓展了滴定分析的应用范围。

技能训练 4-1　电子天平的使用及维护

【训练目标】

1. 了解电子天平的构造，掌握电子天平的使用规则。

2. 熟悉电子天平的标准操作规程，掌握电子天平的零点调节及平常保养、维护。

3. 熟练掌握电子天平的各种称量方法（直接称量法，固定质量称量法，差减称量法），做到快而准。

4. 熟知天平称量成绩评定标准，培养准确、整齐、简明的记录实验原始数据的习惯。

【实验原理】

电子天平的构造原理：据电磁力平衡原理直接称量。

特点：性能稳定、操作简便、称量速度快、灵敏度高。能进行自动校正、去皮及质量电信号输出。

【主要仪器和试剂】

NaCl、万分之一天平、表面皿、台秤、称量瓶、50 mL 小烧杯、药匙。

【操作步骤】

(1) 电子天平的使用方法

① 水平调节　调整地脚螺栓高度，使水平仪内空气气泡位于圆环中央。

② 开机　接通电源，打开开关键，按开关键直至全屏自检。显示器亮，并显示称量模式 0.000 0 g。

③ 预热　天平在初次接通点源或长时间断电之后，至少需要预热 20～30 min。为取得理想的测量结果，天平应保持在待机状态。

④ 清零后，将称量物放入盘中央，待读数稳定后，该数字即为所称物体的质量。

⑤ 去皮称量　将空容器放在盘中央，按 TAR 键清零即去皮。将称量物放入空容器中，待读数稳定后，此时天平所示读数即为所称物体的质量。

(2) 称量方法

① 直接称量法　对于一些性质稳定、不沾污天平的物品，如表面皿、坩埚等容器，称量时，直接将其放在天平盘上称量其质量。

② 固定质量称量法　对于一些在空气中性质稳定而又要求称量某一指定质量的试样，通常采用此法称量。其步骤是先用直接称量法准确称出盛放试样的容器的质量，用药匙取试样在称盘的容器上方，轻轻震动，使试

样慢慢落入容器。

③ 差减称量法 若称量的质量是要求在一定质量范围内，这时可采用差减称量法。此法适用于易吸水、易氧化或易与 CO_2 作用的物质。通常将这类物质盛放在称量瓶中进行称量，其操作步骤如下：

将适量 NaCl 试样装入称量瓶中（拿放称量瓶及其瓶盖均要用洁净的纸条，不用手直接接触瓶盖），在台称天平上粗称其质量，然后在天平上称得其准确质量。取出称量瓶，然后在盛放称出试样的容器上方，将称量瓶倾斜，打开瓶盖，轻轻敲瓶口上部，使试样慢慢落入容器中。当倾出的试样已接近所需质量时，慢慢将瓶竖起，再用瓶盖轻敲瓶口上部，使粘在瓶口的试样落回瓶中，盖好瓶盖，再将称量瓶放回盘上称量，此时，称得的准确质量为 m_1，两次质量之差（m_1-m_2），即为所称试样的质量。如果第一次称得的质量未达到所需的质量范围，可再重复 1～2 次上述操作，直至达到要求。数据记录在表 4-4 中。

差减称量法节省时间，称量准确且可以很方便地同时称量数份同一试样。

(3) 电子天平的维护保养

① 在对天平清洗之前，将天平与工作电源断开；

② 用刷子小心去除称量废弃物；

③ 在清洗时，不能使用强力清洁剂（溶剂类等），应使用中性清洁剂（肥皂）浸湿的清洁布擦拭（擦拭时不要让液体渗到天平内部），然后使用干净的清洁布拭干。

天平的常见故障、原因及排除见表 4-3。

表 4-3 天平的常见故障、原因及排除

故障	原因	排除
显示器上无任何显示	无工作电压； 未接变压器	检查供电线路及仪器； 将变压器接好
在调整校正之后，显示器无显示	放置天平的表面不稳定； 未达到内校稳定	确保放置天平的场所稳定； 防止震动对天平支撑面的影响； 关闭防风罩

续表

故障	原因	排除
显示器显示"H"	超载	天平御载
显示器显示"L"或"Err54"	未装秤盘或底盘	依据电子天平的结构类型，装上秤盘或底盘
称量结果不断改变	震动太大，天平暴露在无防风措施的环境中； 防风罩未完全关闭； 在秤盘与天平壳体之间有一杂物； 下部称量开孔封闭盖板被打开； 被测物质量不稳定(吸收潮气或蒸发)； 被测物带静电电荷	通过"电子天平工作菜单"采取相应措施； 完全关闭防风罩； 清除杂物； 关闭下部称量开孔
称量结果明显错误	电子天平未经校正； 称量之前未清零	对天平进行调校； 称量前清零

【数据记录与处理】

表 4-4　实验数据记录

项目 \ 次数	Ⅰ	Ⅱ	Ⅲ
(NaCl＋称量瓶)重/g			
倾出 NaCl 后的 m/g			
m_{NaCl}/g			
m_{NaCl} 平均值/g			
相对平均偏差%			

【天平使用成绩评定】

表 4-5 天平使用成绩评定

项目	考核内容	配分	得分
称量前的准备	① 清扫天平，检查并调整天平水平 ② 接通电源，检查和调整天平的零点	10	
天平使用	① 取放物体，是否做到轻、慢、稳 ② 天平左右侧门是否在取放称量物后随时关上 ③ 读数是否正确 ④ 能否排除称量中天平的故障	20	
称量后的检查	① 天平盘内有无脏物 ② 电源是否切断，天平罩是否罩好 ③ 是否填写天平使用记录卡	10	
差减法称量练习	① 按步骤进行，称量姿势正确 ② 认真填写记录表 ③ 随意抽查一份试样，检查其称量结果是否准确可靠	30	
固定质量称量法练习	① 按步骤进行，称量姿势正确 ② 认真填写记录表 ③ 随意抽查一份试样，检查其称量结果是否准确可靠	20	
文明安全操作	遵守天平室的规章制度，不出事故	10	
总分		100	

【思考与讨论】

1. 称量结果应记录至几位有效数字？为什么？

2. 你认为电子天平的常见故障有哪些？是什么原因引起的？如何避免和排除？

3. 什么情况下用直接称量法？什么情况下用减量称量法？

4. 产生称量误差的原因有哪些？应任何消除？

5. 反复练习在规定时间内保质保量完成指定的任务，你能做到吗？你是怎么做的？

技能训练4-2　滴定分析仪器基本操作

【训练目标】

1. 巩固滴定分析容器的正确洗涤方法。

2. 掌握酸式滴定管、碱式滴定管的正确使用方法，并能熟练按照要求进行滴定操作。

3. 掌握移液管和吸量管的使用方法，能准确而熟练地移取一定体积的溶液。

4. 掌握容量瓶的正确使用方法。

【操作要点】

1. 滴定管的准备和使用

(1) 使用酸式滴定管前的准备

① 先检查玻璃活塞是否配合紧密，如不紧密将会出现严重的漏液现象，则不宜使用。其次，应进行充分的清洗，按照有关洗涤要求进行认真洗涤直到达到标准。

② 玻璃活塞涂油，为了使玻璃活塞转动灵活并防止漏液现象，需在活塞上涂油。

取下活塞处的皮筋，取出活塞。用滤纸片将活塞和活塞套擦干，将酸式滴定管平放擦拭，以防滴定管背上的水进入活塞套中。活塞涂油的方法：将玻璃塞和滴定管下端洗净擦干，沿塞粗径的一侧涂一圈凡士林，再在滴定管放塞处细径的一端内壁涂一少量凡士林即可，油脂不要涂的太多，否则活塞孔被堵住，但也不能涂的太少，太少达不到转动灵活和防止漏水的目的。

③ 试漏。用自来水充满滴定管，将其放在滴定管架上直立静置 2 min，观察有无水滴漏下。然后，将活塞旋转 180°，再在滴定管架上直立静置 2 min，观察有无水滴漏下，如果漏水，则应重新进行涂油操作。

(2) 使用碱式滴定管前的准备

首先检查橡皮管是否老化、变质，检查玻璃珠是否适当，玻璃珠过大则不便操作，过小则会漏水，如不合要求，须重新更换；然后按有关洗涤要求进行洗涤。

(3) 装溶液和赶气泡

准备好滴定管即可装标准滴定溶液。

① 先将盛装标准滴定溶液的试剂瓶摇匀,使凝结在瓶内壁的水混入溶液。

② 除去滴定管内残留的水分,以确保标准滴定溶液的浓度不变。先用此标准滴定溶液润洗滴定管2至3次,每次约用10 mL,从下口放出少量(约1/3)以洗涤尖嘴部分,然后关闭活塞横持滴定管并慢慢转动,使溶液与管内壁处接触,最后将溶液从管口倒出弃去。尽量倒空后再洗第二次,每次都要冲洗尖嘴部分。

③ 将标准滴定溶液倒入管中,直至充满至"0"刻度以上,标准滴定溶液应直接倒入滴定管中,不得用其他容器(如烧杯,漏斗等)来转移。

④ 滴定管充满标准滴定溶液后,应检查管的出口下部尖嘴部分是否充满溶液,是否留有气泡。酸管的气泡,一般容易看出来,当有气泡时,右手拿滴定管上部无刻度处,并使滴定管倾斜30°,左手迅速打开活塞,使溶液冲出管口,反复数次,一般可达到排出酸管出口气泡的目的。碱管中气泡的排除,是将碱管垂直地夹在滴定管架上,左手拇指和食指捏住玻璃球部位,使胶管向上弯曲翘起,并捏挤胶管,使溶液从管口喷出,即可排出气泡。碱式滴定管的气泡一般是藏在玻璃珠附近,必须对光检查胶管内气泡是否完全赶尽。

⑤ 赶尽气泡后再调节液面至0.00 mL处或计下初读数,最好是调在0.00 mL处。

(4) 滴定管的使用

使用滴定管时,应将滴定管垂直地夹在滴定管架上。

① 活塞及玻璃珠的控制

使用酸管时,左手握滴定管,其无名指和小指向手心弯曲,轻轻地贴着出口部分,用其余三指控制活塞的转动,转动时手指轻轻用力把活塞向里扣住,以防把活塞顶出造成漏液(图4-8a)。

使用碱管时,用左手拇指和食指捏住玻璃珠稍上方的部位,无名指和中指夹住出口管,使出口管垂直而不摆动,用拇指和食指向右边挤橡皮管,使玻璃珠移至手心一侧,形成玻璃珠旁边的空隙,使溶液从空隙中流出。必须指出:不要用力捏玻璃珠,也不要使玻璃珠上下移动,不要捏玻璃珠下部的橡皮管，以免松手后空气进入尖嘴而形成气泡，影响读数(图 4-8b)。

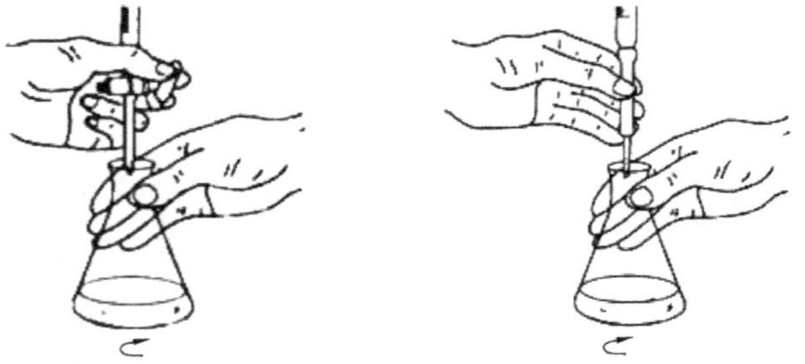

(a) 酸式滴定管使用方法　　(b) 碱式滴定管使用方法

图 4-8　滴定管的使用

按下列三种滴液的方法反复进行练习：

a. 连续滴加的方法，即一般的滴定速度，“见滴成线“的方法；

b. 控制一滴一滴加入的方法，做到需要一滴就能只加一滴；

c. 使液滴悬而不落，只加半滴，甚至不到半滴的方法。

② 读数

滴定管读数不准确是容量分析误差的主要来源之一，为了正确读数应遵守下列规则。

a. 在管装满溶液或放出溶液后，必须等 1～2 min，待附着在内壁上的溶液流下后，再读数；

b. 读数时，滴定管可以夹在滴定管架上，也可以用手拿滴定管上部无刻度处，不管用哪一种方法读数时，均应使滴定管保持垂直。

c. 由于水的附着力和内聚力的作用，滴定管内的液面呈弯月形，无色和浅色溶液的弯月面比较清晰，读数时，应读弯月面下缘实线的最低点。因此，读数时视线应与弯月面下缘实线的最低点相切，即视线应与弯月面下缘实线的最低点在同一水平线上。对于有色溶液，由于弯月面不够清晰，读数时应使视线与液面两侧的最高点相切，初读和终读应用同一方法。

d. 有一种蓝线衬背的滴定管，它的读数方法与上述不同，无色溶液有两个弯月面相交于滴定管蓝线的某一点，读数时视线应与此点在同一水平面上，对有色溶液读数方法与上述普通滴定管相同。

e. 采用读数卡协助读数，读数卡用黑纸或涂有黑长方形的白纸制成，读数时，将读数卡放在滴定管背后，使黑色部分在弯月面下约 1 mm 处，此时即可看到弯月面的反射层成为黑色，然后读此黑色弯月面下缘的最低点。

f. 读数要求读到小数点后第二位，即要估计到 0.01 mL(注意，估计读数时，应考虑到刻度线本身的宽度)。

(5) 滴定操作

滴定时，滴定操作可在锥形瓶或烧杯内进行。

① 在锥形瓶中进行时，用右手的拇指、食指和中指拿住锥形瓶，其余两指辅助在下侧，使瓶底高出滴定台 2～3 cm，使滴定管下端伸入瓶口内 1～2 cm 处，左手握住滴定管按前述方法，边滴加溶液，边用右手摇动锥形瓶，边滴边摇动。

② 在烧杯中滴定时，将烧杯放在滴定台上，调节滴定管的高度，使其下端伸入烧杯内 1～2 cm 处，而滴定管下端应在烧杯中心约左后方处，不要离杯壁过近，左手滴加溶液，右手持玻璃棒搅拌溶液，搅拌应做圆周运动，不要碰到烧杯壁和底部，当滴定至接近终点只滴加半滴溶液时，用搅棒下端承接悬挂的半滴溶液于烧杯中，但要注意，搅拌只能接触液滴，不能接触管尖，其他操作同前所述。

(6) 滴定管用后的处理

滴定结束后，滴定管内的剩余溶液应弃去，不要倒回原瓶中，以免沾污标准滴定溶液。随后，洗净滴定管，用蒸馏水充满全管，并用盖子盖住管口，或用水洗净后倒置在滴定管架上。

2. 容量瓶的准备和使用

(1) 容量瓶的检查

检查瓶塞是否漏水，检查标度刻线位置距离瓶口是否太近，如果容量瓶漏水或标度刻线离瓶口太近，则不宜使用。检查瓶塞是否漏水的方法：在瓶中加自来水至标线，塞紧磨口塞，用左手食指按住塞子，右手托住瓶底边缘，将瓶倒立 2 min，观察瓶口是否有水渗出，如不漏水，将瓶直立后转动瓶塞 180°，再倒立一次，如不漏水，即可使用。为使瓶塞不被沾污和拿错，可用橡皮筋将塞子系在瓶颈上。磨口塞与瓶子是配套的，错用后会引起漏水。

(2) 洗涤

认真对所用容量瓶进行洗涤。

(3) 定量转移溶液

用容量瓶配制标准滴定溶液时，最常用的方法是将待溶固体称量后置于小烧杯中，用水或其他溶剂溶解后再定量转移到容量瓶中。定量转移溶液的方法：一手拿玻璃棒，一手拿烧杯，使烧杯嘴紧靠玻璃棒，而玻璃棒则悬空伸入容量瓶口中，棒的下端应靠着瓶颈内壁(不要太接近瓶口以免有溶液溢出)，使溶液沿玻璃棒和内壁流入容量瓶中。待溶液倒完后，将烧杯沿玻璃棒轻轻上提，同时将烧杯直立，使附在玻璃棒和烧杯嘴之间的液滴回到烧杯中，并将玻璃棒放回烧杯。然后，用洗瓶吹洗玻璃棒和烧杯内壁，将残留在烧杯中的少许溶液定量地转移到容量瓶中。如此吹洗定量转移溶液的操作，一般应重复5次以上，以保证转移干净。如果是浓溶液稀释，则用移液管吸取一定体积的浓溶液，放入容量瓶中，再按下述方法稀释。

(4) 稀释

溶液转移至容量瓶后，加蒸馏水稀释至容积的2/3处，将容量瓶拿起，按同一方向摇动几周(切勿倒转摇动)，使溶液初步混匀，这样也避免混合后体积的改变。然后继续加蒸馏水至距离标度刻线约1 cm处，等1～2 min，使附在瓶颈内壁的溶液流下后，再用细长滴管(或洗瓶)滴加蒸馏水至弯月面下沿与标度刻线相切(注意，勿使滴管接触溶液)，盖紧塞子。

(5) 摇匀

以食指压住瓶盖，其余手指拿住瓶颈标线以上部分，用另一只手手指尖托住瓶底边缘，然后将容量瓶倒转并摇动，再倒转过来，仍使气泡上升到顶，如此反复15～20次即可混匀(图4-9)。

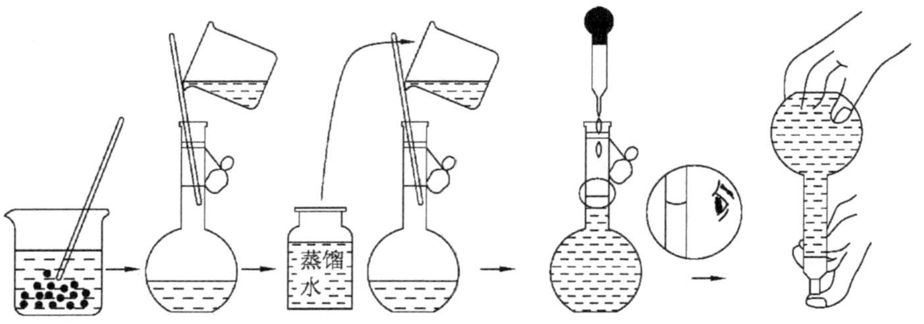

图4-9　容量瓶的使用

3. 移液管和吸量管的准备和使用

(1) 洗涤

移液管和吸量管均可用自来水洗涤，再用蒸馏水洗净，较脏时(内壁挂水珠时)，需用铬酸洗液洗净。

(2) 移液管和吸量管的润洗

用待吸溶液润洗移液管、吸量管的目的是保证管内壁及有关部位与待吸溶液处于同一体系浓度状态，以提高分析结果的可靠性。润洗具体方法：先用吸水纸将管的尖端内外的水除去，将待吸液吸至球部的 1/4 处(注意，勿使溶液流回，以免稀释溶液)，如此反复荡洗 3 次，润洗过的溶液应从尖口放出、弃去。吸量管的润洗操作与此相同。

(3) 移取溶液

用右手的拇指和中指捏住移液管或吸量管的上端，将管的下口插入待吸液液面下 1～2 cm 深处(见图 4-10a)。管尖不应伸入太浅或太深，太浅会产生吸空，把溶液吸到洗耳球内弄脏溶液，太深又会在管外粘附溶液过多。左手拿洗耳球，把球内空气压出，接在管的上口，将洗耳球慢慢放松，管中的液面徐徐上升，当液面上升至标线以上时，迅速移去洗耳球，并立即用右手的食指按住管口(右手的食指应稍带潮湿，便于调节液面)。

(4) 调节液面

将移液管或吸量管向上提升离开液面，使管尖端靠着盛溶液器皿的内壁，略微放松食指并用拇指和中指轻轻转动移液管或吸量管，让溶液慢慢流出，使液面平稳下降，直到溶液的弯月面与标线相切时，立刻用食指压紧管口，将尖端的液滴靠壁去掉，移出移液管或吸量管，插入承接溶液的器皿中。

(5) 放出溶液

将承接溶液的器皿倾斜，移液管或吸量管直立，管尖靠着器皿内壁呈 45°左右，然后松开食指，让溶液沿器壁流下(见图 4-10b)；溶液流完后再等待 10～15 s，取出移液管或吸量管；残留在管末端的少量溶液，不可用外力强使其流出，因校准移液管或吸量管时已考虑末端保留溶液的体积，只有管上注有“吹”字的，才将

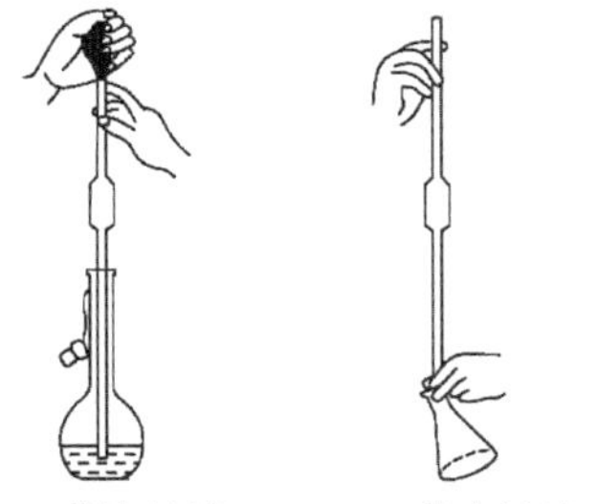

(a) 移取溶液　　(b) 放出溶液

图 4-10　移液管的使用

其末端的溶液吹出。

【主要仪器和试剂】

仪器：500 mL 容量瓶，50 mL 或 25 mL 酸式、碱式滴定管各一支，20 mL移液管。

试剂：浓盐酸、浓氢氧化钠、甲基红或甲基橙指示剂、酚酞指示剂。

【实验内容及步骤】

1. 练习移液管的洗涤：用自来水练习吸液、放液操作。

2. 练习容量瓶的洗涤与试漏。

3. 练习滴定管的洗涤、试漏和涂油。

【注意事项】

1. 在使用容量器皿时，要注意区分“容纳”和“放出”溶液体积这两个不同的概念。

滴定管、移液管和吸量管的刻度是按“放出”溶液体积标示的，容量瓶的刻度是按“容纳”溶液体积标示的，所以若将溶液充满到容量瓶标线后，再从瓶中倒出溶液，由于瓶壁留有一层液体，倒出液体的体积就不会与上标示的体积相等，使用时应注意这一点。

2. 移液管、吸量管和容量瓶都是有刻度的精密玻璃量器，均不宜放在烘箱中烘烤，容量瓶不能放在电炉等加热器上加热。

3. 酸式滴定管长期不用时，活塞部分应垫上纸，否则，塞子不易打开；碱式滴定管不用时胶管应拔下，蘸些滑石粉保存。

4. 在滴定时，左手不能离开活塞，任溶液自流；右手摇动锥形瓶时，应微动腕关节，使溶液向同一方向旋转(左或右旋转均可)，不能前后振动，以免溶液溅出。不要因摇动使瓶口碰在管口上，而造成事故。摇动时，一定要使溶液旋转产生旋涡，因此要求有一定的速度，不能摇得太慢，影响化学反应的进行。

5. 使用容量瓶时，不要将其玻璃磨口塞随便取下放在桌面上，以免沾污和弄错。

6. 容量瓶不宜长期保存试剂溶液。如配好的溶液需要保存时，应转移至磨口试剂瓶中，不可将容量瓶当用试剂瓶使用。

7. 容量瓶使用完毕应立即用水冲洗干净。如长期不用，磨口处应洗净擦干，并用纸片将磨口隔开。

8. 容量瓶中的热溶液应冷却至室温后，再稀释至标线，否则会造成体积误差。需避光的溶液应以棕色瓶配制。

9. 熟悉这些滴定容量器皿的规范操作程序，做到心中有数。

10. 练习使用滴定容量器皿，使操作熟练、准确、规范。

【思考与讨论】

1. 用简练的语言概括出酸式滴定管的使用方法。

2. 你认为在使用酸式滴定管、碱式滴定管、容量瓶、移液管和吸量管这些容量器皿时，哪些操作最容易因为操作不规范而引起人为误差？

技能训练4-3 NaOH标准溶液的标定

【训练目标】

1. 掌握滴定管的使用方法，包括使用前的准备和标准溶液的装入。

2. 掌握滴定操作。

3. 掌握半滴的滴法。

【实验原理】

(1) 标定酸的基准物常用无水碳酸钠或硼砂。以无水碳酸钠为基准标定物时，应采用甲基橙为指示剂，反应式如下：

$$Na_2CO_3+2HCl \xlongequal{} 2NaCl+H_2CO_3$$

以硼砂 $Na_2B_4O_7 \cdot 10H_2O$ 为基准物时，反应产物是硼酸($K_a=5.7\times10^{-10}$)，溶液呈微酸性，因此选用甲基红为指示剂，反应如下：

$$Na_2B_4O_7+2HCl+5H_2O \xlongequal{} 2NaCl+4H_3BO_3$$

本实验用无水碳酸钠为基准物。

(2) NaOH溶液采用间接配制法配制，采用基准物质进行标定。常用标定NaOH溶液的基准物有邻苯二甲酸氢钾(KHP)、草酸。本实验采用邻苯二甲酸氢钾(KHP)作为基准物质标定NaOH溶液。其标定反应为

$$KHP+NaOH \xlongequal{} KNaP+H_2O$$

反应产物KNaP为二元弱碱，在溶液中显弱碱性，可选用酚酞作指示剂。

滴定终点颜色变化为溶液由无色变微红色，且半分钟内不褪色。

【主要仪器和试剂】

仪器：分析天平，50 mL 酸、碱式滴定管，250 mL 锥形瓶。

试剂：0.1 mol·L^{-1} HCl 标准溶液，0.1 mol·L^{-1} NaOH 标准溶液，邻苯二甲酸氢钾（分析纯），无水碳酸钠（分析纯），0.1% 甲基橙水溶液，0.2% 酚酞乙醇溶液。

【操作步骤】

（1）盐酸溶液浓度的标定

用减量法准确称取 Na_2CO_3 三份，每份 0.15 g 左右（称准至 0.000 1 g），分别置于 250 mL 锥形瓶中，各加蒸馏水 50 mL，使之溶解，加甲基橙 1～2 滴。用欲标定的 HCl 溶液滴定，接近终点时，应逐滴或半滴加入，直至被滴定的溶液由黄色恰变为橙色。正确读取并记录读数。重复上述操作，滴定其余两份基准物质。根据 Na_2CO_3 的质量和消耗 HCl 溶液的体积，按下式计算 HCl 标准溶液的浓度：

$$c_{HCl}=\frac{m\times 2\,000}{M\cdot V}$$

式中，m 为基准无水碳酸钠的质量，g；M 为碳酸钠的摩尔质量，g·mol^{-1}；V 为滴定消耗盐酸溶液的体积，mL。

每次标定的结果与平均值的相对偏差不得大于±0.2%，否则应重新标定。

（2）碱溶液的标定

用减量法准确称取邻苯二甲酸氢钾 0.5 g 左右（称准至 0.000 1 g），置于锥形瓶中，同时称三份。各加 50 mL 蒸馏水溶解，必要时可小火温热溶解，冷却后加酚酞指示剂 2 滴，用欲标定的 NaOH 标准溶液滴定，接近终点时要逐滴或半滴加入，直至被滴定溶液由无色变成粉红色，且摇动后半分钟内不褪色。

根据邻苯二甲酸氢钾的质量 m 和消耗 NaOH 标准溶液的体积，按下式计算 NaOH 标准溶液的浓度：

$$c_{NaOH}=\frac{m\times 1\,000}{M\cdot V}$$

式中，m 为基准邻苯二甲酸氢钾的质量，g；M 为邻苯二甲酸氢钾的摩尔质量，$g \cdot mol^{-1}$；V 为消耗氢氧化钠溶液的体积，mL。

每次标定的结果与平均值的相对偏差不大于±0.2%，否则必须重新标定。

【数据记录与处理】

将实验数据记录在相应的表格中。

表 4-6　盐酸标准溶液的标定

编号	1	2	3
碳酸钠质量/g			
HCl 初读数/mL HCl 终读数/mL V_{HCl}/ mL			
c_{HCl}/($mol \cdot L^{-1}$)			
c_{HCl}平均值/($mol \cdot L^{-1}$)			
相对平均偏差/%			

表 4-7　NaOH 标准溶液的标定

编号	1	2	3
邻苯二甲酸氢钾质量/g			
NaOH 初读数/mL NaOH 终读数/mL V_{NaOH}/ mL			
c_{NaOH}/($mol \cdot L^{-1}$)			
c_{NaOH}平均值/($mol \cdot L^{-1}$)			
相对平均偏差/%			

【思考与讨论】

1. 如何计算称取基准物 Na_2CO_3 和邻苯二甲酸氢钾的质量？称量太多或太少对标定有何影响？

2. 标定用的基准物质应具备哪些条件？

3. 溶解基准物时加入 50 mL 蒸馏水应使用移液管还是量筒？为什么？

4. 用邻苯二甲酸氢钾标定 NaOH 溶液时，为什么选用酚酞指示剂？能否用甲基橙？

5. 配制 250 mL 0.10 mol·L^{-1} NaOH 溶液，应称取 NaOH 多少克？用台秤还是用分析天平称取？为什么？

6. 分别以邻苯二甲酸氢钾（$KHC_8H_4O_4$）、二水草酸为基准物标定 0.10 mol·L^{-1} NaOH 溶液时，实验原理如何？选用何种指示剂？为什么？颜色变化如何？

7. 分别以邻苯二甲酸氢钾（$KHC_8H_4O_4$）、二水草酸为基准物标定 0.10 mol·L^{-1} NaOH 溶液时，应称取的邻苯二甲酸氢钾（$KHC_8H_4O_4$）、二水草酸的质量如何计算？

8. 能否采用已知准确浓度的 HCl 标准溶液标定 NaOH 浓度？应选用哪种指示剂？为什么？滴定操作时哪种溶液置于锥形瓶中？HCl 标准溶液应如何移取？

技能训练 4-4 食醋中总酸度的测定

【训练目标】

1. 熟练掌握滴定管、容量瓶、移液管的使用方法和规范的滴定操作技术。

2. 掌握 NaOH 标准溶液的配制和标定方法。

3. 学习运用酸碱滴定法测定食醋中总酸量的原理和方法。

4. 掌握指示剂的选择原则及滴定终点的准确判断。

【实验原理】

食醋是我们日常生活中重要的调味品之一（它以酸味柔和，回味绵长，无异味为佳品）。食醋的主要成分是醋酸（HAc），此外还含有少量其他弱酸如乳酸等，国家制定的食醋总酸量的要求（以乙酸计）≥3.50 g/mL。用 NaOH 标准溶液滴定，在化学计量点时溶液呈弱碱性。选用酚酞作指示剂，测得的总酸度分析结果多用 HAc 表示，常以醋酸的质量浓度 g/mL 来表示。

1. 氢氧化钠标准溶液的标定

$$KHP + NaOH \xlongequal{\quad} KNaP + H_2O$$

$$m(KHP)/M(KHP) = c(NaOH) \cdot V(NaOH)$$

2. 食用白醋含量的测定

$$HAc+NaOH=NaAc+H_2O$$

由于是强碱滴定弱酸，滴定突跃在碱性范围内，根据计算，终点的 pH 在 8.7 左右，通常选用酚酞作指示剂。

【主要仪器和试剂】

仪器：台秤，分析天平，50 mL 碱式滴定管，25 mL 移液管，250 mL 锥形瓶，250 mL 容量瓶。

试剂：氢氧化钠（分析纯），食醋试样，2 g·L^{-1} 酚酞乙醇溶液，0.1 mol·L^{-1} NaOH 标准溶液。

【操作步骤】

1. 0.1 mol/L NaOH 溶液的配制

在台秤上称取 2～2.5 g 分析纯的固体 NaOH。放入小烧杯中用少量新煮沸并冷却的蒸馏水溶解，倒入容积为 500 mL 的试剂瓶内，加新煮沸并冷却的蒸馏水稀释至 500 mL。NaOH 易吸收空气中的 CO_2 生成 Na_2CO_3，所以不要暴露在空气中，瓶口要用橡皮塞塞紧，充分摇匀，贴上标签。

2. NaOH 标准溶液的标定

在分析天平上准确称取 3 份 KHP，每份 0.4～0.6 g，分别倒入 250 mL 锥形瓶中，加入 40～50 mL 蒸馏水，待试剂完全溶解后，加入 2～3 滴酚酞作指示剂，用待标定的 NaOH 溶液滴定至微红色。并保持 30 s 不褪色即为终点，计算 NaOH 溶液的浓度和各次标定结果的相对平均偏差，浓度取平均值。

3. 食醋中酸度的测定

准确吸取醋样 10.00 mL 于 250 mL 容量瓶中，以新煮沸并冷却的蒸馏水稀释至刻度，摇匀。用移液管吸取 25.00 mL 稀释过的醋样于 250 mL 锥形瓶中，加入 25 mL 新煮沸并冷却的蒸馏水，加酚酞指示剂 2～3 滴，用已标定的 NaOH 标准溶液滴定至溶液呈粉红色，并在 30 s 内不褪色，即为终点。根据 NaOH 溶液的用量，计算食醋的总酸度。平行测定 3 次。

【数据记录与处理】

1. NaOH 标准溶液的标定

表 4-8　数据记录

项目	第一份	第二份	第三份
倾出前(称量瓶+KHP)质量/g			
倾出后(称量瓶+KHP)质量/g			
KHP 的质量/g			
NaOH 的终读数/mL			
NaOH 的始读数/mL			
V(NaOH)/mL			
c(NaOH)/(mol/L)			
c(NaOH)的平均值/(mol/L)			
相对平均偏差			

2. 食醋中酸度的测定

表 4-9　数据记录

项目	第一份	第二份	第三份
取样量 V/mL			
NaOH 的终读数/mL			
NaOH 的始读数/mL			
V(NaOH)/mL			
c(NaOH)/(mol/L)			
食醋中醋酸的含量/(g/mL)			
HAc/(g/mL)(平均)			
相对平均偏差			

【注意事项】

1. 食醋中醋酸的含量一般为 3%～5%，浓度较大，滴定前要适当地稀释，同时也使食醋本身颜色变浅，便于观察终点颜色的变化。

2. 测定醋酸含量时，所用的蒸馏水不能含有 CO_2，CO_2 溶于水生成

H_2CO_3，将同时被滴定。

【思考与讨论】

1. 用 NaOH 标准溶液标定食醋中总酸量时，选用酚酞作指示剂的依据是什么？

2. 用 NaOH 标准溶液滴定稀释后的食醋试液以前，还要加入大量的不含 CO_2 的蒸馏水，为什么？

3. 酚酞作指示剂由无色变为微红时，溶液的 pH 为多少？变红的溶液在空气中放置后又会变为无色的原因是什么？

技能训练 4-5　工业烧碱中氢氧化钠和碳酸钠含量的测定

【训练目标】

1. 掌握双指示剂滴定法的原理、操作及计算。

2. 熟练掌握用甲基橙、酚酞指示剂判断滴定终点的方法。

【实验原理】

双指示剂法是指用盐酸标准滴定溶液滴定混合碱时，有两个差别较大的化学计量点，利用两种指示剂在不同化学计量点时的颜色变化，分别指示两个滴定终点的测定方法。

用双指示剂法测定烧碱中 NaOH 和 Na_2CO_3 的含量时，先以酚酞为指示剂，用 HCl 标准滴定溶液滴定至溶液由红色变为无色，这时溶液中的 NaOH 完全被中和，碳酸钠被中和到 $NaHCO_3$，其反应为

$$NaOH + HCl \xlongequal{} NaCl + H_2O$$

$$Na_2CO_3 + HCl \xlongequal{} NaCl + NaHCO_3$$

再加入甲基橙指示剂，继续用 HCl 标准滴定溶液滴定至溶液由黄色变为橙色，表示溶液中的 $NaHCO_3$ 完全被中和。其反应为

$$NaHCO_3 + HCl \xlongequal{} NaCl + H_2O + CO_2\uparrow$$

根据到达各滴定终点时 HCl 标准滴定溶液的用量，计算 NaOH 和 Na_2CO_3 的含量。

计算公式为

$$w(NaOH)=\frac{c_{HCl}(V_1-V_2)\times 0.04000}{m_{样}}$$

$$w(Na_2CO_3)=\frac{c_{HCl}\times 2V_2\times 0.05299}{m_{样}}$$

式中，c_{HCl}为盐酸标准滴定溶液的浓度(mol/L)；V_1 为以酚酞为指示剂，滴定至终点时盐酸标准滴定溶液的用量(mL)；V_2 为以甲基橙为指示剂，滴定至终点时盐酸标准滴定溶液的用量(mL)；0.040 00 为氢氧化钠的毫摩尔质量(g/mmol)；0.052 99 为碳酸钠的毫摩尔质量(g/mmol)；$m_{样}$ 为混合碱试样的质量(g)。

【主要仪器和试剂】

仪器：分析天平，50 mL 酸式滴定管，250 mL 锥形瓶，250 mL 容量瓶，小烧杯，25 mL 移液管。

试剂：0.1 mol·L^{-1} HCl 标准溶液，混合碱，0.1%甲基橙水溶液，0.2%酚酞乙醇溶液。

【操作步骤】

用分析天平精确称取 2 g(称准至 0.000 2 g)混合碱试样，放入小烧杯中，用少量蒸馏水溶解，必要时可微微加热(如有不溶性残渣应过滤除去)。将溶液移入 250 mL 容量瓶中(如用过滤纸过滤，应以少量蒸馏水将过滤纸洗涤 2～3 次，洗涤液并入容量瓶中)。最后用蒸馏水稀释至刻度，摇匀。

用移液管吸取上述试液 25 mL 于 250 mL 锥形瓶中，加入酚酞指示液 2～3 滴，用 0.1 mol/L HCl 标准滴定溶液滴定至粉红色恰好消失为止，记下 HCl 标准滴定溶液的用量 V_1。再加入甲基橙指示液 1～2 滴，继续用 HCl 标准滴定溶液滴定至溶液由黄色变为橙色为止，记下 HCl 标准滴定溶液的用量 V_2。平行测定 3 次。

【注意事项】

1. 试样和试液不宜在空气中放置太久，以免吸收空气中的二氧化碳而影响分析结果。

2. 以酚酞为指示剂进行滴定时，滴定速度不宜太快，应不断地摇动，以防止局部酸的浓度过大，使碳酸钠直接转化为二氧化碳而逸出，造成碳酸钠的分析结果偏低。

【数据记录与处理】

将数据记录在表4-10中，并计算结果。

表4-10 混合碱的测定数据记录

项目 \ 编号	1	2	3
倾出前(称量瓶+混合碱)质量/g			
倾出后(称量瓶+混合碱)质量/g			
混合碱质量/g			
HCl标准滴定溶液的浓度/($mol \cdot L^{-1}$)			
HCl标准滴定溶液的初读数/mL			
HCl标准滴定溶液的用量V_1/mL			
HCl标准滴定溶液的用量V_2/mL			
氢氧化钠的百分含量/%			
氢氧化钠的平均百分含量/%			
氢氧化钠百分含量的相对平均偏差			
碳酸钠的百分含量/%			
碳酸钠的平均百分含量/%			
碳酸钠百分含量的相对平均偏差			

【思考与讨论】

1. 用双指示剂测定混合碱组成的原理是什么？

2. 若测定总碱度以氧化钠表示，计算公式怎样表示？

3. 测定一批混合碱试样时，若分别出现① $V_1<V_2$；② $V_1>V_2$；③ $V_1\neq0,V_2=0$；④ $V_1=V_2$ 五种情况时，各试样的组成有何差异？

技能训练4-6 硫代硫酸钠标准溶液的标定

【训练目标】

1. 掌握标定 $Na_2S_2O_3$ 溶液浓度的原理和方法。

2. 了解碘量法的基本反立，学会用碘量瓶。

3. 熟悉用淀粉指示剂正确判断滴定终点。

4. 掌握碱式滴定管的正确操作。

【实验原理】

以氧化还原反应为基础的化学滴定分析方法，称为氧化还原滴定法。此法适用于测定氧化剂、还原剂及能与氧化剂或还原剂定量反应的物质。氧化还原滴定法通常根据滴定剂（氧化剂）分类和命名，如高锰酸钾法、重铬酸钾法、碘量法、溴酸盐法和铈量法等。

硫代硫酸钠含有5个结晶水（$Na_2S_2O_3 \cdot 5H_2O$），容易风化潮解，且易受空气和微生物的作用而分解，并含有少量杂质。因此不能直接称量配置成标准溶液，而且配好的 $Na_2S_2O_3$ 溶液会与水中的 CO_2、微生物及空气中的氧气发生作用而使其浓度逐渐改变，因此必须标定其浓度。

$Na_2S_2O_3$ 溶液常用 $K_2Cr_2O_7$ 基准试剂标定。在酸性溶液中 $K_2Cr_2O_7$ 与 KI 作用析出等量 I_2，然后用 $Na_2S_2O_3$ 溶液滴定析出碘，其反应如下：

$$Cr_2O_7^{2-} + 6I^- + 14H^+ = 2Cr^{3+} + 3I_2 + 7H_2O$$

$$I_2 + 2S_2O_3^{2-} = 2I^- + S_4O_6^{2-}$$

根据 $K_2Cr_2O_7$ 质量及 $Na_2S_2O_3$ 溶液用量即可算出 $Na_2S_2O_3$ 溶液的准确浓度。

【主要仪器和试剂】

仪器：电子天平，500 mL 烧杯，50 mL 碱式滴定管，250 mL 碘量瓶，500 mL棕色试剂瓶。

试剂：$Na_2S_2O_3 \cdot 5H_2O$ 固体 ，KI 固体，固体基准物 $K_2Cr_2O_7$（GR 或 AR），1：1 HCl 溶液，0.5%淀粉指示剂。

【操作步骤】

精确称取 0.10～0.12 g 预先干燥过的 $K_2Cr_2O_7$ 基准物质 3 份，分别置于 250 mL 碘量瓶中，加入 10～15 mL 蒸馏水使溶解，然后加入 2 g KI，10 mL 2 mol · L^{-1} HCl 溶液，盖上瓶塞，充分摇动使溶液混合均匀，然后置于暗处放置 5 min（以使 $K_2Cr_2O_7$ 反应完全）。加 50 mL 蒸馏水稀释，立即用待标定的 $Na_2S_2O_3$ 溶液滴定至浅黄色时，加入 2 mL 0.5%淀粉指示剂，继续用 $Na_2S_2O_3$ 溶液滴定至蓝色刚好消失而出现 Cr^{3+} 的亮绿色即为终点，记录所消耗 $Na_2S_2O_3$ 溶液的体积，计算 $Na_2S_2O_3$ 溶液的准确浓度。平行测定 3 份，取平均值作为所标定的 $Na_2S_2O_3$ 溶液的浓度。

【思考与讨论】

1. 写出用 $K_2Cr_2O_7$ 标准溶液标定 $Na_2S_2O_3$ 溶液浓度时的反应式。

2. 标定 $Na_2S_2O_3$ 溶液浓度时，加入 KI 的量要很精确吗？当 I_2 析出后，为什么要加入 50 mL 水稀释？

【数据记录与处理】

表 4-11　$Na_2S_2O_3$ 溶液的标定数据记录

编号 / 项目	1	2	3
倾出前（称量瓶＋$K_2Cr_2O_7$）质量/g			
倾出后（称量瓶＋$K_2Cr_2O_7$）质量/g			
$K_2Cr_2O_7$ 质量/g			
$Na_2S_2O_3$ 溶液终读数/mL			
$Na_2S_2O_3$ 溶液初读数/mL			
消耗 $Na_2S_2O_3$ 溶液体积/mL			
$Na_2S_2O_3$ 溶液的浓度/($mol \cdot L^{-1}$)			
$Na_2S_2O_3$ 的平均浓度/($mol \cdot L^{-1}$)			
相对平均偏差			

技能训练 4-7　自来水的硬度测定

【训练目标】

1. 掌握 EDTA 滴定法测定水总硬度的原理和方法。
2. 熟练掌握水的硬度测定条件的控制。
3. 了解硬度的表示和计算。

【实验原理】

水的硬度主要是指水中可溶性钙盐和镁盐含量的多少，其他金属离子如铁、铝、锰、锌等离子也形成硬度，但一般含量甚少。水的硬度大小是以 Ca、Mg 总量折算成 CaO 的量来衡量的，各国对水的硬度表示不同，我国沿用的硬度表示方法有两种：一种以度(°)计，1 硬度单位表示 10 万份水中含 1 份 CaO(即每升水中含 10 mg CaO)，即 1°=10 mg · L^{-1} CaO；另一种以 CaO mmol · L^{-1}表示。经过计算，每升水中含有 1 mmol CaO 时，其硬度为 5.6°。

硬度(°)计算公式为：硬度(°)$=C_{EDTA} \cdot V_{EDTA} \cdot M_{CaO}/V_{水} \times 100$

本实验测定水的硬度采用 EDTA 标准溶液测定 Ca^{2+}、Mg^{2+} 总量。在 pH 约为 10 的氨性缓冲溶液中，用铬黑 T 作指示剂进行滴定，由于 $K_{CaY} > K_{MgY} > K_{Mg.EBT} > K_{Ca \cdot EBT}$，铬黑 T 先与部分 Mg 络合为 Mg-EBT(酒红色)。当 EDTA 滴入时，EDTA 与 Ca^{2+}、Mg^{2+} 络合，终点时 EDTA 夺取 Mg-EBT 中的 Mg^{2+}，将 EBT 置换出来，溶液由酒红色转为纯蓝色即为终点。

测定钙硬度，可控制 pH 为 12～13，用铬黑 T 指示剂进行测定。镁硬度可由总硬度减去钙硬度求出。

【主要仪器和试剂】

仪器：酸式滴定管、分析天平、锥形瓶、表面皿、烧杯(100 mL)、容量瓶(250 mL)、移液管(25 mL)。

试剂：EDTA 标准溶液(0.02 mol/L)、$NH_3 \cdot H_2O$-NH_4Cl 缓冲溶液(pH=10)、NaOH(10%)、钙指示剂、铬黑 T 指示剂。

【操作步骤】

1. 总硬度的测定

准确吸取水样 50 mL 于 250 mL 锥形瓶中，加入 5 mL $NH_3 \cdot H_2O$-NH_4Cl 缓冲溶液，摇匀。再加入约 0.01 g 铬黑 T 指示剂，再摇匀，此时溶液成酒红色，以 0.02 mol/L EDTA 标准溶液滴定成纯蓝色，即为终点，记下所用 EDTA 标准溶液的体积 V_1。平行测定 3 次。

2. 钙硬度的测定

准确量取澄清的水样 100 mL 于 250 mL 锥形瓶中，加 4 mL NaOH 溶液，摇匀，再加入约 0.01 g 钙指示剂，再摇匀，此时溶液呈淡红色。用 0.02 mol/L EDTA标准溶液滴定成纯蓝色，即为终点，记下所用 EDTA 标准溶液的体积 V_2。平行测定 3 次。

3. 镁硬度的测定

由总硬度减去钙硬度即得镁硬度。

【数据记录与处理】

1. 总硬度测定

表 4-12　数据记录

项目	1	2	3
EDTA 标准溶液的浓度/($mol \cdot L^{-1}$)			
EDTA 体积终读数/mL			
EDTA 体积初读数/mL			
所耗 EDTA 的体积/mL			
自来水总硬度(以 $CaCO_3$ 计)/($mg \cdot L^{-1}$)			
平均值			
相对平均偏差			

2. 钙硬度的测定

表 4-13　数据记录

项目	1	2	3
EDTA 标准溶液的浓度/($mol \cdot L^{-1}$)			
EDTA 体积终读数/mL			
EDTA 体积初读数/mL			
所耗 EDTA 的体积/mL			
自来水钙硬度(以 $CaCO_3$ 计)/($mg \cdot L^{-1}$)			
平均值			
相对平均偏差			

【思考与讨论】

1. 在水的硬度测定中，要求水的数据保留两位有效数字，应如何量取 100 mL 水样？

2. 用 EDTA 法怎么测定水的总硬度？用什么指示剂？产生什么反应？终点变色如何？试液的 pH 值应控制在什么范围？如何控制？如何测定钙

硬度？

3. 用 EDTA 法测定水的硬度时，哪些离子的存在有干扰？如何消除？

4. 当水样中镁离子含量低时，以铬黑 T 作指示剂测定水中钙和镁离子的总量，终点不明晰，因此常在水样中先加入少量 MgY^{2-} 配合物，再用 EDTA 滴定，终点就敏锐。这样做对测定结果有无影响？说明其原理。

技能训练 4-8　硝酸银标准溶液的制备和水中氯化物的测定

【训练目标】

1. 学习银量法测定氯的原理和方法。
2. 了解莫尔法的实验条件和应用范围。
3. 掌握沉淀滴定的基本操作。
4. 准确判断 K_2CrO_4 作指示剂的滴定终点。

【实验原理】

沉淀滴定法是以沉淀反应为基础的滴定分析方法。本次实验采用莫尔法测定氯化物中氯的含量，此法在近中性溶液中，以 K_2CrO_4 为指示剂，利用 $AgNO_3$ 标准溶液直接滴定试液中的 Cl^-。其反应如下：

$$Ag^+ + Cl^- = AgCl\downarrow \text{（白色）}$$

$$2Ag^+ + CrO_4^{2-} = Ag_2CrO_4\downarrow \text{（砖红色）}$$

根据分步沉淀原理，由于 AgCl 沉淀的溶解度（1.3×10^{-5} mol/L）小于 Ag_2CrO_4 沉淀的溶解度（7.9×10^{-5} mol/L），所以在滴定过程中，首先生成 AgCl 沉淀，随着 $AgNO_3$ 标准溶液的继续加入，AgCl 沉淀不断产生，溶液中的 Cl^- 浓度越来越小，Ag^+ 浓度越来越大。直至 $[Ag^+]^2[CrO_4^{2-}] > K_{sp}(Ag_2CrO_4)$ 时，便出现砖红色 Ag_2CrO_4 沉淀，此时溶液略呈淡红色，即为终点。

【主要仪器和试剂】

仪器：酸式滴定管、锥形瓶、表面皿、烧杯（100 mL）、容量瓶（250 mL）、移液管（25 mL）。

试剂：硝酸银（s）、5% K_2CrO_4 溶液（$50\ g\cdot L^{-1}$）、水样。

【操作步骤】

1. 0.1 mol/L 的 $AgNO_3$ 标准溶液的配制

称取 8.5 g $AgNO_3$ 溶于 500 mL 不含氯离子的蒸馏水中，贮存于带玻璃塞的棕色试剂瓶中，摇匀，置于暗处，待标定。

2. $AgNO_3$ 标准溶液的标定

准确称取基准物质 NaCl 0.12～0.15 g，放入锥形瓶中，加 50 mL 水溶解，加 K_2CrO_4 溶液 1 mL 为指示剂，在充分摇动下，用配好的硝酸银标准溶液滴定直至溶液微呈砖红色为终点，记下消耗的硝酸银标准溶液的体积。平行测定 2 次。

3. 自来水中氯离子含量的测定

准确吸取水样 25 mL 于 250 mL 锥形瓶中，加入 K_2CrO_4 溶液 2 mL，在充分摇动下，以 0.1 mol/L 的硝酸银标准溶液滴定至溶液微呈砖红色，即为终点，记下消耗的硝酸银标准溶液的体积。平行测定 2 次。

【注意事项】

1. $AgNO_3$ 极易污染地面、桌面，在使用过程中一定要严格按照操作规范进行。

2. 先产生的 AgCl 沉淀易吸附溶液中的 Cl^-，使终点提早。因此，滴定时必须剧烈摇动。

3. 加入 1 mL 5% K_2CrO_4 指示剂量一定要尽量准确，精确(可用吸量管)。因为终点出现的早晚与溶液中 CrO_4^{2-} 的浓度大小有关。若 CrO_4^{2-} 的浓度过大，则终点提早出现，使分析结果偏低，若 CrO_4^{2-} 的浓度过小，则终点推迟，使结果偏高。

【数据记录与处理】

数据记录在表 4-14 中。

表 4-14　自来水中氯化钠含量的测定

$AgNO_3$ 标准溶液的标定		
试样编号	1	2
倾出前(称量瓶＋试样的质量)/g		
倾出后(称量瓶＋试样的质量)/g		

续表

试样编号	1	2	
$m(NaCl)$/g			
$AgNO_3$ 终读数/mL			
$AgNO_3$ 初读数/mL			
所消耗 $AgNO_3$ 溶液体积 V/mL			
$c(AgNO_3)$/(mol/L)			
$c(AgNO_3)$平均值/(mol/L)			
相对平均偏差			
自来水中 NaCl 含量的测定			
试样编号	1	2	3
量取自来水的量 V/mL			
$AgNO_3$ 的终读数/mL			
$AgNO_3$ 的初读数/mL			
所消耗 $AgNO_3$ 溶液的体积 V/mL			
自来水中 NaCl 的含量 ω/($mg \cdot L^{-1}$)			
平均值			
相对平均偏差			

技能训练 4-9 碘标准溶液的配制和标定

【训练目标】

1. 熟悉碘的物理性质和化学性质。

2. 掌握碘标准滴定溶液的配制和保存方法。

3. 掌握碘标准滴定溶液的标定方法、基本原理、反应条件、操作步骤和计算。

【实验原理】

碘可以通过升华法制得纯试剂,但因其升华及对天平有腐蚀性,故不宜用直接法配制碘标准溶液而采用间接法。

对于要求严格的检验，必须用基准物质 As_2O_3 来标定碘溶液。但由于 As_2O_3 为剧毒物，实际工作中常用已知浓度的硫代硫酸钠标准滴定溶液标定碘溶液（用 $Na_2S_2O_3$ 标准溶液“比较 I_2”），即用 I_2 溶液滴定一定体积的 $Na_2S_2O_3$ 标准溶液。

以淀粉为指示剂，终点由无色到蓝色。

【主要仪器和试剂】

仪器：100 mL 烧杯，50 mL 棕色滴定管，25 mL 移液管，250 mL 锥形瓶 3 个。

试剂：固体试剂 I_2(AR)，固体试剂 KI(AR)，淀粉指示液($5\ g \cdot L^{-1}$)，硫代硫酸钠标准滴定溶液($0.1\ mol \cdot L^{-1}$)

【操作步骤】

1. 碘溶液的配制

配制浓度为 $0.05\ mol \cdot L^{-1}$ 的碘溶液 500 mL。称取 6.5 g 碘放于小烧杯中，再称取 17 g KI，准备蒸馏水 500 mL，将 KI 分 4～5 次放入装有碘的小烧杯中，每次加水 5～10 mL，用玻璃棒轻轻研磨，使碘逐渐溶解，溶解部分转入棕色试剂瓶中，如此反复直至碘片全部溶解为止。用水多次清洗烧杯并转入试剂瓶中，剩余的水全部加入试剂瓶中稀释，盖好瓶盖，摇匀，待标定。

2. 碘溶液的标定

用移液管移取已知浓度的 $Na_2S_2O_3$ 标准溶液 25 mL 于锥形瓶中，加水 25 mL，加 5 mL 淀粉溶液，用待标定的碘溶液滴定至溶液呈稳定的蓝色，即为终点。记录消耗碘标准滴定溶液的体积。自拟表格，记录测定过程的滴定数据与计算结果，平行测定 3 次，要求 3 次平行测定结果与平均值的相对平均偏差不大于±0.2%。

【思考与讨论】

1. 碘溶液应装在何种滴定管中？为什么？

2. 配制碘溶液时为什么要加 KI？

3. 配制碘溶液时，为什么要在溶液非常浓的情况下将 I_2 与 KI 一起研磨，当 I_2 和 KI 溶解后才能用水稀释？如果过早地稀释会发生什么情况？

第5章 综合实训

CHAPTER 5

实训 5-1　氢氧化钠质量检测

【目标】

1. 知识目标

（1）学会试样的制备方法。

（2）掌握酸碱滴定法、配位滴定法、光度测定法等的原理及方法。

（3）掌握有关标准溶液的配制及标定方法。

（4）掌握各种废液尤其是含汞废液的处理方法。

2. 能力目标

（1）能恰当处理各种废液。

（2）能正确进行相关分析操作，并能正确处理测定的数据。

（3）能查阅和参照相关标准正确表达结果。

（4）能与组员团结协作。

【质量指标】

固体烧碱应符合表 5-1 所列指标之要求。

表 5-1　固体烧碱质量指标

指标名称	水银法			苛化法			隔膜法		
	优等品	一等品	合格品	优等品	一等品	合格品	优等品	一等品	合格品
$NaOH\% \geqslant$	99.5	99.5	99.0	97.0	97.0	96.0	96.0	96.0	95.0
$Na_2CO_3\% \leqslant$	0.40	0.45	0.90	1.5	1.7	2.5	1.3	1.4	1.6
$NaCl\% \leqslant$	0.06	0.08	0.15	1.2	1.2	1.4	2.7	2.8	3.2

续表

指标名称	水银法			苛化法			隔膜法		
	优等品	一等品	合格品	优等品	一等品	合格品	优等品	一等品	合格品
Fe_2O_3 %≤	0.003	0.004	0.005	0.008	0.01	0.01	0.008	0.01	0.02
钙镁 %≤	0.02	0.03	0.04						
SiO_2 %≤	0.02	0.03	0.04	0.50	0.55	0.60			
颜色	主体白色许可带浅色光泽								

【质量检测】(仅供参考)

固体烧碱试样溶液的制备：

用已知质量的称量瓶，迅速称取固体烧碱试样(38±1)g(精确到0.001克)，用新煮沸并冷却的不含二氧化碳的蒸馏水溶解，转移至1 000 mL容量瓶中，待溶液冷却到室温后，加蒸馏水稀释到刻度，摇匀后作为溶液甲。

氢氧化钠定性检验

本品为熔制的白色干燥颗粒、块、棒或薄片；质坚脆，折断面显结晶性；吸湿性强，在空气中易吸收二氧化碳。

本品在水中极易溶解，在乙醇中易溶。

① 外观检验　固体烧碱为白色，允许带浅色光头的颗粒；

② 样品水溶液加硝酸银溶液($17\ g\cdot L^{-1}$)，有棕色沉淀产生(有氢氧根)；

③ 取铂丝，用盐酸处理润湿后，蘸取少许样品，在无色火焰检验钠离子。

氢氧化钠定量检验

1. 氢氧化钠含量测定

(1) 原理

在样品溶液中加入氯化钡溶液，使与样品中的碳酸盐生成白色碳酸钡沉淀，留在溶液中的氢氧化钠用盐酸标准溶液中和滴定，以酚酞作指示剂。

$$Na_2CO_3 + BaCl_2 = 2NaCl + BaCO_3 \downarrow$$

$$NaOH + HCl = NaCl + H_2O$$

(2) 应用试剂和仪器(仅供参考)

水(不含二氧化碳);酚酞指示液(10 g·L^{-1}乙醇溶液);甲基橙指示液(1 g·L^{-1}溶液);氯化钡溶液(100 g·L^{-1},使用前以酚酞做指示液,用氢氧化钠溶液调制微红色);1 mol·L^{-1}盐酸标准滴定溶液。

(3) 盐酸标准溶液的标定

用称量瓶按递减称量法称取在 270~300 ℃灼烧至恒重的基准无水碳酸钠 1.6 g(称准至 0.000 2 g),放入 250 mL 锥形瓶中,以 50 mL 蒸馏水溶解,加溴甲酚绿-甲基红混合指示剂 10 滴(或以 25 mL 蒸馏水溶解,加甲基橙指示剂 1~2 滴),用盐酸溶液滴定至溶液由绿色变为暗红色(若用甲基橙则黄色变为橙色),加热煮沸 2 min,冷却后继续滴定至溶液呈暗红色(若用甲基橙,为橙色)为终点。平行测定 3 次,同时做空白试验。以上平行测定 3 次的算术平均值为测定结果。

$$c_{HCl} = \frac{m_1 \times 1\,000}{(V_1 - V_2) \times M(HCl)}$$

式中,m_1 为基准无水碳酸钠的质量,g;V_1 为盐酸溶液的用量,mL;V_2 为空白试验中盐酸溶液的用量,mL。

(4) 测定步骤

准确吸取溶液甲 50.00 mL,注入 250 mL 锥形瓶中,加入 20 mL 氯化钡溶液(100 g·L^{-1}),再加入 2~3 滴酚酞试液,在摇动下用 1 mol·L^{-1}盐酸标准溶液滴定至溶液由微红色变为无色为终点。

(5) 结果的表示和计算(测量结果允许误差:±0.15%)

氢氧化钠含量的质量分数按下式计算

$$w(NaOH) = \frac{c_{HCl} \cdot V_3 \times 0.400}{m_3 \times \frac{50}{1\,000}} \times 100$$

式中,c_{HCl}为盐酸标准滴定液的实际浓度,mol·L^{-1};V_3 为盐酸标准滴定液的体积,mL;m_3 为试样的质量,g。

(6) 要点

① 加入氯化钡溶液后用盐酸标准溶液滴定,滴定速度不宜过快,在滴定过程中要不停地摇动,因为局部过浓能溶解 $BaCO_3$ 沉淀,影响结果的准

确性。

② 氢氧化钠极易吸潮及 CO_2，所以称取样品时必须迅速放入称量瓶中，立即盖好瓶盖后称重。

2. 碳酸钠含量测定

(1) 原理

氢氧化钠和碳酸钠均呈碱性，可以用盐酸标准溶液中和滴定。因为碳酸钠为二元酸的弱酸盐，所以用甲基橙作指示剂，从总碱量中减去氢氧化钠，求得碳酸钠含量。

$$NaOH + HCl = NaCl + H_2O$$

$$Na_2CO_3 + 2HCl = 2NaCl + H_2O + CO_2\uparrow$$

(2) 应用试剂(仅供参考)

水(不含二氧化碳)；1 mol·L^{-1} 盐酸标准滴定溶液；甲基橙指示液(1 g·L^{-1}溶液)。

(3) 测定步骤

准确吸取 50.00 mL NaOH 溶液(溶液甲)，注入 250 mL 锥形瓶中，加入 2～3 滴甲基橙指示液，在摇动下用 1 mol·L^{-1} 盐酸标准液滴定至溶液呈橙色为终点。

(4) 结果表示和计算(测量结果允许误差：±0.05%)

碳酸盐(以 Na_2CO_3 计)含量的质量分数按下式计算

$$w(Na_2CO_3) = \frac{c_{HCl} \cdot (V_4 - V_3) \times 0.105\ 98}{m_s \times \frac{50}{1\ 000}} \times 100$$

式中，V_3 为以酚酞为指示剂滴定时，消耗盐酸标准滴定液的体积，mL；V_4 为以甲基橙为指示剂滴定时，消耗盐酸标准滴定液的体积，mL；c_{HCl} 为盐酸标准滴定液的实际浓度，mol·L^{-1}；m_s 为试样的质量，g。

2 次平行测定结果之差的绝对值不超过下列数值：

苛化法固体氢氧化钠和氢氧化钠水溶液、隔膜法固体氢氧化钠为 0.05%；水银法固体氢氧化钠和氢氧化钠水溶液、隔膜法氢氧化钠水溶液为 0.02%。测定结果取其平均值。

3. 钙、镁总量测定

(1) 原理

将样品溶液调至 pH=10,以铬黑 T 为指示剂,用 EDTA 标准滴定溶液滴定至蓝色。在此反应中 EDTA 与钙、镁离子以 1∶1 络合。

(2) 应用试剂(仅供参考)

盐酸、氨水、乙醇;氨-氯化铵缓冲溶液(pH=10);铬黑 T 指示液($5\ g \cdot L^{-1}$乙醇溶液)或固体指示剂;$0.05\ mol \cdot L^{-1}$乙二胺四乙酸二钠标准滴定溶液。

(3)乙二胺四乙酸二钠溶液的配制及标定

① 配制　台秤上称取约 10 g 乙二胺四乙酸二钠(AR),溶解于约 200 mL温水中,转入试剂瓶中加水稀释至 500 mL,充分摇匀,待标定。

② 标定　称取 1 g 于 800 ℃灼烧至恒重的基准氧化锌,精确至 0.000 1 g。用少量水湿润,加盐酸溶液(20%)至样品溶解,移入 250 mL 容量瓶中,稀释至刻度,摇匀。取 30.00～35.00 mL,加 70 mL 水,用氨水溶液(10%)调节 pH 值至 7～8,加 10 mL 氨-氯化铵缓冲溶液(pH=10)及 5 滴铬黑 T 指示液($5\ g \cdot L^{-1}$),用配制好的乙二胺四乙酸二钠溶液滴定至溶液由紫色变为纯蓝色。同时作空白试验。

③ 计算　乙二胺四乙酸二钠标准滴定溶液浓度按下式计算

$$c_{EDTA}=\frac{m_4 \times 1\,000}{(V_5-V_6)\times 81.38}$$

式中,c_{EDTA}为乙二胺四乙酸二钠标准滴定溶液的浓度,$mol \cdot L^{-1}$;m_4 为基准氧化锌的质量,g;V_5 为基准氧化锌消耗乙二胺四乙酸二钠溶液的体积,mL;V_6 为空白试验消耗乙二胺四乙酸二钠溶液的体积,mL;81.38 为基准氧化锌的摩尔质量[$M(ZnO)$],$g \cdot mol^{-1}$。

$0.005\ mol \cdot L^{-1}$乙二胺四乙酸二钠标准滴定溶液:准确移取一定量的 $0.05\ mol \cdot L^{-1}$乙二胺四乙酸二钠标准滴定溶液用水稀释 10 倍。

$0.243\ 2\ g \cdot L^{-1}$镁标准溶液:称取 0.243 2 g(精确至 0.000 2 g),预先用乙醇洗涤、干燥好的金属镁(99.9%)置于烧杯中,加数滴盐酸溶液,至无气泡发生,加热使反应完全,冷却移入 1 000 mL 容量瓶中,稀释至刻度,摇匀。

(4) 测定步骤

称取 10 g 固体氢氧化钠(精确至 0.01 g),置于 250 mL 锥形瓶中,加 100 mL 水溶解。冷却后用浓盐酸调节 pH 值至 5～6(用 pH 试纸检查),再过量 3 mL。冷却至室温用氨水调至 pH 值 9～10 后,加 10 mL 氨-氯化铵缓冲溶液(pH≈10),5 mL 镁标准溶液(0.243 2 g・L^{-1}),5～6 滴铬黑 T 指示液(5 g・L^{-1}乙醇溶液),用 0.005 mol・L^{-1}乙二胺四乙酸二钠标准滴定溶液滴定至蓝色为终点。

空白试验于 150 mL 水中加 10 mL 氨-氯化铵缓冲溶液(pH≈10),5 mL镁标准溶液(0.243 2 g・L^{-1}),5～6 滴铬黑 T 指示液(5 g・L^{-1}乙醇溶液),用 0.005 mol・L^{-1}乙二胺四乙酸二钠标准滴定溶液滴定至蓝色为终点。

(5) 计算

钙镁总和(以钙计)含量的质量分数按下式计算

$$w(\mathrm{Ca})=\frac{c_{\mathrm{EDTA}}\cdot(V_7-V_8)\times 0.040\,0}{m_5}\times 100$$

式中,V_8 为滴定空白溶液时,乙二胺四乙酸二钠标准滴定溶液的体积,mL;V_7 为滴定试样溶液时,乙二胺四乙酸二钠标准滴定溶液的体积,mL;c_{EDTA} 为乙二胺四乙酸二钠标准滴定溶液的浓度,mol・L^{-1};m_5 为试样的质量,g;0.040 为钙的毫摩尔质量[M(Ca)],g・$mmol^{-1}$。

2 次平行测定结果之差不超过 0.000 7%,取其算术平均值为测定结果。

4. 氯化钠含量的测定

(1) 原理

在 pH=2～3 的溶液中,用强电离的硝酸汞标准溶液将氯离子转化为弱电离的氯化汞,用二苯偶氮碳酰肼指示剂与稍过量的二价汞离子生成紫红色络合物来判断终点。反应如下:

$$Hg^{2+}+2Cl^{-}=\!=\!=HgCl_2$$

$$C_6H_5NHNH{-}\underset{\underset{O}{\|}}{C}{-}NNC_6H_5+Hg^{2+}=[C_6H_5NH\underset{\underset{Hg}{|}}{N}{-}\underset{\underset{O}{\|}}{C}{-}NN_6H_5]^{+}+H^{+}$$

(2) 仪器和试剂

① 微量滴定管 2 mL、5 mL

② 硝酸(1+1)溶液

③ 硝酸溶液 $c(HNO_3)=2\ mol \cdot L^{-1}$

④ 氢氧化钠溶液 $c(NaOH)=2\ mol \cdot L^{-1}$

⑤ 氯化钠(基准试剂)标准溶液,$c(NaCl)=0.05\ mol \cdot L^{-1}$　将氯化钠基准试剂于 500～600 ℃温度下灼烧至恒重,称取 2.9～3 g(称准至 0.000 2 g),置于烧杯中,用少量水溶解,将溶液全部移入 1 000 mL 容量瓶中,用水稀释至刻度,摇匀。

⑥ 溴酚蓝指示液 $1\ g \cdot L^{-1}$乙醇溶液。

⑦ 二苯偶氮碳酰肼指示液 $5\ g \cdot L^{-1}$乙醇溶液。

⑧ 硝酸汞标准溶液,$c[1/2Hg(NO_3)_2]=0.05\ mol \cdot L^{-1}$　称取(5.43±0.01)g 氧化汞(HgO),置于烧杯中,加 20 mL 硝酸溶液(1+1),再加少量水(必要时过滤),将溶液全部移入 1 000 mL 容量瓶中,加水稀释至刻度,摇匀。

如果用硝酸汞[$Hg(NO_3)_2 \cdot H_2O$],则称取 8.56 g 置于烧杯中,加8 mL $2\ mol \cdot L^{-1}$硝酸溶液,加少量水,将溶液全部移入 1 000 mL 容量瓶中,用水稀释至刻度,摇匀。

对配制好的标准溶液进行标定,吸取 25.0 mL 氯化钠标准溶液,置于 250 mL 三角瓶中,加 40 mL 水、3 滴溴酚蓝指示液($1\ g \cdot L^{-1}$),滴加硝酸溶液至溶液由蓝色变为黄色,再过量 3 滴,加 1 mL 二苯偶氮碳酰肼指示液($5\ g \cdot L^{-1}$),用待标定的硝酸汞溶液滴定至溶液由黄色变成紫红色为终点。同时以水做空白试验。

硝酸汞标准溶液的浓度按下式计算

$$c[1/2Hg(NO_3)_2]=\frac{m_6 \times \frac{25}{1\ 000}}{(V_9-V_{10}) \times 0.058\ 44}$$

式中,$c[1/2Hg(NO_3)_2]$为硝酸汞标准溶液的实际浓度,$mol \cdot L^{-1}$;m_6 为氯化钠基准试剂的质量,g;V_9 为滴定消耗硝酸汞标准溶液的体积,mL;V_{10}为空白试验消耗硝酸汞标准溶液的体积,mL;0.058 44 为氯化钠的毫摩尔质量[$M(NaCl)$]，g・mmol^{-1}。

⑨ 硝酸汞标准溶液，$c[1/2Hg(NO_3)_2]=0.005\ mol \cdot L^{-1}$ 吸取上一步标定的硝酸汞标准溶液，置于500 mL容量瓶中，加水稀释[稀释时应补加适量的硝酸溶液(1+1)，以防止硝酸汞水解]至刻度，摇匀。

(3) 操作步骤

吸取测定溶液甲50.0 mL，置于250 mL三角瓶中，加入40 mL水，缓慢地加入硝酸溶液(1+1)(测定固体试样时加6 mL，测定液体试样时加3 mL)，冷却至室温。加3滴溴酚蓝指示液(1 g・L^{-1})，则溶液呈蓝色，再小心地滴加硝酸溶液(1+1)至溶液由蓝色变为黄色；滴加氢氧化钠溶液，使溶液由黄色变为蓝色；滴加硝酸溶液，使溶液由蓝色变为黄色，再过量3滴，加1 mL二苯偶氮碳酰肼指示剂溶液(5 g・L^{-1})，用0.05 mol・L^{-1}硝酸汞标准溶液滴定至溶液由黄色变为紫红色为终点。

注意：滴定后的含汞废液保留，按相关规定进行处理；NO_2^- 含量高时对终点有明显干扰，当发现终点变化不明显时，硝酸溶液(1+1)需重新配制。

(4) 结果的表示和计算(测量结果允许误差：±0.04%)

隔膜法氯化钠含量的质量分数按下式计算

$$w(NaCl)=\frac{c[1/2Hg(NO_3)_2]\times V_{11}\times 0.058\,44}{m_7\times\frac{50}{1\,000}}\times 100$$

式中，$c[1/2Hg(NO_3)_2]$为硝酸汞标准溶液的实际浓度$c[1/2Hg(NO_3)_2]$，mol・L^{-1}；V_{11}为滴定消耗硝酸汞标准溶液的体积，mL；m_7为试样的质量，g；0.058 44为氯化钠的毫摩尔质量，[$M(NaCl)$]，g・mmol^{-1}。

测定结果取其平均值。

(5) 处理废液的方法

为了防止含汞废液的污染，应将汞量法测定氯化钠后所得的废液进行处理。

5. 铁含量的测定(邻菲啰啉光度法)

(1) 原理

用抗坏血酸把三价铁还原成二价铁，在pH=4～4.5缓冲溶液体系中，

二价铁同邻菲啰啉生成橘红色络合物，用分光光度法测定，相关反应如下

$$2Fe^{3+}+C_6H_8O_6 = 2Fe^{2+}+C_6H_6O_6+2H^+$$

$$Fe^{2+}+3C_{12}H_8N_2 = [Fe(C_{12}H_8N_2)_3]^{2+}$$

(2) 仪器和试剂

① 分光光度计。

② 盐酸溶液 $c(HCl)=6\ mol \cdot L^{-1}$。

③ 氨水。

④ 硫酸 20%。

⑤ 对硝基酚指示液 $2.5\ g \cdot L^{-1}$。

⑥ 乙酸-乙酸钠缓冲溶液(pH=4.5)。

⑦ 抗坏血酸溶液 $20\ g \cdot L^{-1}$。

⑧ 邻菲啰啉溶液 $2\ g \cdot L^{-1}$。

⑨ 铁标准溶液，0.1 mg Fe_2O_3/mL　称取 0.603 9 g 硫酸铁铵 $[NH_4Fe(SO_4)_2 \cdot 12H_2O]$，置于 200 mL 烧杯中，加 100 mL 水、10 mL 硫酸，全部移入 1 000 mL 容量瓶中，稀释至刻度，摇匀。

⑩ 铁标准溶液，0.01 mg Fe_2O_3/mL　移取铁标准溶液(0.1 mg Fe_2O_3/mL)稀释 10 倍，该溶液要在使用前配制。

(3) 操作步骤

① 标准曲线的绘制

配制：依次取 0.0，2.0，4.0，6.0，8.0，10.0，15.0，20.0，30.0，40.0，50.0 mL铁标准溶液(0.01 mg Fe_2O_3/mL)于 100 mL 容量瓶中，然后加入 2.5 mL抗坏血酸($20\ g \cdot L^{-1}$)、10 mL 乙酸-乙酸钠缓冲溶液(pH=4.5)、5 mL邻菲啰啉溶液($2\ g \cdot L^{-1}$)，用水稀释至刻度，摇匀。

吸光度的测定：以不加标准铁溶液的参比液调整仪器的吸光度为零，在波长 510 nm 处按表 5-2 给出的 Fe_2O_3 的含量范围选用比色皿，测定标准参比液的吸光度。

表 5-2 比色皿的选择

Fe_2O_3 含量/%	比色皿/cm
<0.005	5
0.005～0.01	2 或 3
0.01～0.015	2 或 1
0.015～0.03	1

以 100 mL 标准参比液所含 Fe_2O_3 的毫克数为横坐标，与其相应的吸光度为纵坐标绘制标准曲线。

② 测定铁含量

试样溶液的制备：用称量瓶称取 10 g 样品，准确至 0.1 g，置于 400 mL 烧杯中，加入水约 100 mL，再加入 2～3 滴对硝基酚指示液（2.5 g·L^{-1}），用盐酸溶液中和到黄色消失为止，再过量 2 mL，加热煮沸 5 min，冷却后移入 250 mL 容量瓶中，用水稀释至刻度，摇匀。

空白试验：在 400 mL 烧杯中，加入 25 mL 水和与中和样品等量的盐酸溶液，加 40 mL 氨水，加入 2～3 滴对硝基酚指示液（2.5 g·L^{-1}），滴加盐酸溶液，中和至黄色消失后再过量 2 mL，加热煮沸 5 min，冷却后移入 250 mL 容量瓶中，用水稀释至刻度，摇匀。然后按“显色”所述进行处理。

显色：吸取 50.0 mL 试样溶液，注入 100 mL 容量瓶中，然后加入 2.5 mL抗坏血酸溶液（20 g·L^{-1}）、10 mL 乙酸-乙酸钠缓冲溶液（pH＝4.5）、5 mL 邻菲啰啉溶液（2 g·L^{-1}），用水稀释至刻度，摇匀。

试样吸光度的测定：按“标准曲线绘制”所述测定溶液吸光度，测定前用空白溶液调整仪器吸光度为零。

（4）结果的表示和计算（测量结果允许误差：±0.001%）

从标准曲线上查出与测得的吸光度相对应的 Fe_2O_3 质量（mg），Fe_2O_3 含量的质量分数按下式计算

$$w(Fe_2O_3)=\frac{m_8}{m_9\times\frac{50}{250}\times 1\,000}\times 100$$

式中，m_8 是与试液的吸光度相对应的 Fe_2O_3 的质量，mg；m_9 为试样的质量，g。

测定结果取其平均值。

6. 硅含量的测定(还原硅钼酸盐分光光度法)

(1) 方法概述

在盐酸存在的介质中,氟化钠溶液能使聚合态硅解聚,加入硼酸溶液能使其消除氟离子干扰,加入钼酸钠,当 pH 为 1.1±0.2 时,生成黄色硅钼杂多酸。继续加入草酸和硫酸时,消除磷酸盐干扰,在强酸介质中,黄色硅钼杂多酸被还原剂选择性还原,生成了蓝色硅钼杂多酸,可在最大吸收波长为 800 nm 处进行吸光度测定。

(2) 仪器和试剂

① 铂坩埚。

② 酸度计　配有玻璃电极与甘汞参比电极,在 pH=1.1 处,用 0.1 mol·L^{-1} 盐酸溶液进行校正。

③ 分光光度计　配有 1,2,5 cm 的吸收池。

④ 二氧化硅,纯度>99.99%。

⑤ 400 g·L^{-1} 硫酸溶液　量取 240 mL 硫酸,在搅拌下,缓慢注入 500 mL 水中,再用水稀释至1 000 mL,混匀。

⑥ 150 g·L^{-1} 盐酸溶液　量取 340 mL 盐酸,用水稀释至 1 000 mL。

⑦ 48 g·L^{-1} 硼酸溶液。

⑧ 100 g·L^{-1} 草酸溶液。

⑨ 20 g·L^{-1} 氟化钠溶液(贮存于聚乙烯瓶中)。

⑩ 140 g·L^{-1} 二水钼酸钠溶液　称取 35 g 二水钼酸钠置于聚乙烯杯中,加入 200 mL 150 ℃的水,使其溶解,冷却至室温后移入 250 mL 容量瓶中,用水稀释至刻度,摇匀。立即移至聚乙烯瓶中,备用。该溶液 1 周更换 1 次。

⑪ 1-氨基-2-萘酚-4-磺酸。

⑫ 无水亚硫酸钠。

⑬ 无水偏重亚硫酸钠。

⑭ 还原溶液。

磺酸还原溶液:称取 1.5 g 1-氨基-2-萘酚-4-磺酸和 7 g 无水亚硫酸钠,溶于 50 mL 水中;称取 90 g 无水偏重亚硫酸钠溶于 900 mL 水中。将两种溶液混合均匀，置于1 000 mL容量瓶中，用水稀释至刻度，摇匀，立即移至聚乙烯瓶中，于避光处储存备用。该溶液2～3周更换1次。

25 g·L^{-1} *L*-抗坏血酸溶液：称取2.5 g *L*-抗坏血酸，置于100 mL聚乙烯杯中，加入少量水溶解，移至100 mL容量瓶中，稀释至刻度，摇匀，立即移至聚乙烯瓶中，备用。该溶液1周更换1次。

⑮ 0.500 g·L^{-1}二氧化硅标准溶液　称取0.500 g预先经1 000 ℃灼烧1 h的二氧化硅(99.99%)置于铂坩埚中，加5 g无水碳酸钠，混匀，缓慢加热，升温至950～1 000 ℃，使其熔化，到熔融物清彻透明为止，冷却。用热水将熔融物全部转移至聚乙烯杯中，加热使其溶解，冷却后，再全部移至1 000 mL容量瓶中，用水稀释至刻度，摇匀，立即将溶液移至聚乙烯瓶中，备用。溶液保留期不能超过1个月。

⑯ 0.010 g·L^{-1}二氧化硅标准溶液　吸取20.0 mL二氧化硅标准溶液(0.500 g·L^{-1})，置于1 000 mL容量瓶中，用水稀释至刻度，摇匀后立即将溶液移至聚乙烯瓶中。该溶液只限当日使用。

⑰ 70 g·L^{-1}氯化钠溶液。

(3) 操作步骤

按有关规定制备试样溶液，立即移至聚乙烯瓶中，备用。

① 空白试验

空白试验与试样测定同时进行，其手续和所用试剂量均与测定试样时相同，只是用10 mL氯化钠溶液(70 g·L^{-1})代替试样溶液。

② 标准曲线的绘制

标准比色溶液的配制：依次吸取0，1.0，2.0，3.0，4.0，5.0，6.0，8.0 mL二氧化硅标准溶液(0.010 g·L^{-1})，分别置于8个100 mL聚乙烯杯中；将每个烧杯中的溶液用水稀释至20 mL，加入4.0 mL盐酸溶液(150 g·L^{-1})、1.0 mL氟化钠溶液(20 g·L^{-1})，摇匀，放置5 min；边搅拌边再加入20.0 mL硼酸溶液(48 g·L^{-1})，放置5 min，加入10.0 mL钼酸钠溶液(140 g·L^{-1})，摇匀，放置10 min；此时，溶液的pH值应是1.1±0.2。边搅拌边加入5 mL草酸溶液(100 g·L^{-1})，放置5 min，将溶液全部移至100 mL容量瓶中，然后再加入20 mL硫酸溶液(400 g·L^{-1})，摇匀，加入2 mL磺酸还原溶液[或者加入30 mL硫酸溶液(400 g·L^{-1})，摇匀，加入

2 mL抗坏血酸还原溶液(25 g·L^{-1})]。用水稀释至刻度,摇匀。

标准比色溶液吸光度的测定:将标准比色溶液放置 10 min,选用 2 cm 吸收池,在 800 nm 处,以蒸馏水调整分光光度计零点,然后分别测定标准比色溶液的吸光度。

标准曲线的绘制:从标准比色溶液吸光度中扣除试剂空白试验的吸光度,以 100 mL 标准比色溶液中二氧化硅的质量(μg)为横坐标,用与其对应的吸光度为纵坐标绘制标准曲线。

当用 2 cm 的吸收池,标准溶液中含二氧化硅 50 μg 时,最大吸光度为 0.34(仅供参考)。

③ 试样吸光度的测定

称取(13.0±0.1)g 试样溶液,称准至 0.01 g,置于 100 mL 聚乙烯杯中,在酸度计控制下,用盐酸溶液(150 g·L^{-1})中和至 pH 值为 7.0±0.5,用水稀释至 20 mL;再依次加入 4.0 mL 盐酸(150 g·L^{-1})、1.0 mL 氟化钠溶液(20 g·L^{-1}),摇匀,放置 5 min;边搅拌边加入 20.0 mL 硼酸溶液(48 g·L^{-1}),放置 5 min;再加入 10.0 mL 钼酸钠溶液(140 g·L^{-1}),摇匀,放置 10 min,此时,溶液 pH 值应为 1.1±0.2。继续搅拌加入 5.0 mL 草酸溶液(100 g·L^{-1}),放置 5 min,将全部溶液移至 100 mL 容量瓶中,再加入 20 mL 硫酸溶液(400 g·L^{-1}),摇匀,加入 2.0 mL 磺酸还原溶液[或者加入 30 mL 硫酸溶液(400 g·L^{-1})],摇匀,加入 2.0 mL 抗坏血酸还原溶液(25 g·L^{-1})]。用水稀释至刻度,摇匀,放置 10 min。选用 2 cm 吸收池,在 800 nm 处,以蒸馏水调整分光光度计零点,测定溶液的吸光度。

另外,吸取 10.0 mL 试样溶液,称其质量(g),以便将上述称取的试样溶液的质量(g)转换为体积(m_1)。

(4) 计算

从标准曲线上查出与所测试样吸光度相对应的二氧化硅质量(μg)。

二氧化硅(SiO_2)含量的质量分数按下式计算

$$w(SiO_2)=\frac{(m_{11}-m_{12})\times10^{-6}}{\dfrac{10m_{13}}{m_{14}}\times\dfrac{m_{10}}{1\ 000}}\times100$$

式中,m_{10} 为制备试样溶液时,称取的试样质量,g;m_{11} 为与试样溶液吸光度相对应的二氧化硅质量，μg；m_{12}为与空白试验溶液吸光度相对应的二氧化硅质量，μg；m_{13}为在试样吸光度测定操作中称取试样溶液的质量，g；m_{14}为10.0 mL试样溶液的质量，g。

2次平行测定结果之差的绝对值不应超过0.000 5%。取其平均值为测定结果。

【思考与讨论】

1. 称量氢氧化钠样品时应注意哪些问题？应如何操作？

2. 在用氧化锌作为基准物标定EDTA溶液时，如何保证氧化锌的无损转移？

3. 含汞废液应如何处理？

4. 光度法测定铁和硅含量时为何要做空白试验？

实训5-2　食盐质量检测

【目标】

1. 知识目标

(1) 了解直接干燥法测定水分含量的方法。

(2) 掌握水中不溶物测定的方法。

(3) 掌握沉淀滴定法、配位滴定法、光度测定法等的原理及方法。

2. 能力目标

(1) 学会样品的溶解、水浴加热、过滤分离及烘干等操作。

(2) 学会进行各种测定方法结果的计算。

(3) 能查阅和参照相关标准正确表达结果。

(4) 能与组员团结协作。

【质量指标】

(1) 感官指标

白色，味咸，无异味，无明显的与盐无关的外来异物。

(2) 理化指标

理化指标如表5-3所示。

表 5-3　理化指标

指标		精制盐			粉碎洗涤盐		日晒盐	
		优级	一级	二级	一级	二级	一级	二级
物理指标	白度　度≥	80	75	67	55		55	45
	粒度　%≥	0.15～0.85 mm			0.5～2.5 mm		0.5～2.5 mm	1.0～3.5 mm
		85	80	75	80		85	70
化学指标（湿基）%	氯化钠≥	99.10	98.50	97.00	97.00	95.50	93.20	91.00
	水分≤	0.30	0.50	0.80	2.10	3.20	5.10	6.40
	水不溶物≤	0.05	0.10	0.20	0.10	0.20	0.10	0.20
	水溶性杂质≤	—	—	2.00	0.80	1.10	1.60	2.40
卫生指标 mg/kg	铅（以Pb计）≤	1.0						
	砷（以As计）≤	0.5						
	氟（以F计）≤	5.0						
	钡（以Ba计）≤	15.0						

【质量检测】（仅供参考）

感官检查

① 将样品撒在一张白纸上，观察其颜色，应为白色，或白色带淡灰色或淡黄色，加有抗结剂铁氰化钾的为淡蓝色，因其来源而异，不应含有肉眼可见的外来机械杂质。

② 约取 20 g 样品于瓷乳钵中研碎后，立即检查，不应有气味。

③ 约取 5 g 样品，用 100 mL 温水溶解，其水溶液应具有纯净的咸味，无其他异味。

理化检验

1. 水分

(1) 仪器和设备

扁形铝制或玻璃制称量瓶、电热恒温干燥箱、干燥器(内附有效干燥剂)、天平(感量为 0.1 mg)。

(2) 分析步骤

取洁净铝制或玻璃制的扁形称量瓶,置于 101～105 ℃干燥箱中,瓶盖斜支于瓶边,加热 1.0 h,取出盖好,置干燥器内冷却 0.5 h,称量,并重复干燥至前后 2 次质量差不超过 2 mg,即为恒重。将混合均匀的试样迅速磨细至小于 2 mm,不易研磨的样品尽可能切碎,称取 2～10 g 试样(精确至 0.000 1 g),放入此称量瓶中,试样厚度不超过 5 mm,如为疏松试样,厚度不超过 10 mm,加盖,精密称量后,置于 101～105 ℃干燥箱中,瓶盖斜支于瓶边,干燥 2～4 h 后,盖好取出,放入干燥器内冷却 0.5 h 后再称量。并重复以上操作至前后 2 次质量差不超过 2 mg,即为恒重。

注:2 次恒重值在最后计算中,取最后一次的称量值。

(3) 计算

$$x_1=\frac{m_1-m_2}{m_1-m_3}\times 100$$

式中,x_1 为试样中水分的含量,g/100 g;m_1 为称量瓶和试样的质量,g;m_2 为称量瓶和试样干燥后的质量,g;m_3 为称量瓶干燥后的质量,g。

水分≥1 g/100 g 时,计算结果保留三位有效数字;水分<1 g/100 g 时,结果计算保留三位有效数字。

2. 水不溶物

(1) 试剂

硝酸银溶液(50 g · L^{-1})。

(2) 分析步骤

① 预先取 ϕ12.5 cm(或 9 cm)新华快速定量滤纸,折叠后置高型称量瓶中,滤纸连同称量瓶在(100±5)℃烘至恒量。

② 称取 25.00 g 样品,置于 400 mL 烧杯中,加约 200 mL 水,置沸水浴

上加热，不停用玻璃棒搅拌，使全部溶解。

③ 将上步溶液通过恒重滤纸过滤，滤液收集于 500 mL 容量瓶中，用热水反复冲洗沉淀及滤纸至无氯离子反应为止(即加 1 滴硝酸银溶液检查，若未发现白色混浊，则无氯离子)。加水至刻度，混匀，此液留作其他项目测定用。

④ 将沉淀和称量瓶干燥至恒重，首次干燥 1 h，以后每次为 0.5 h，取出放干燥器中 0.5 h 称量，至 2 次所称质量之差不超过 0.001 g。

(3) 计算

$$x_2=\frac{m_4-m_5}{m_6}\times 100$$

式中，x_2 为样品中水不溶物的含量，g/100g；m_4 为称量瓶和带有水不溶物的滤纸质量，g；m_5 为称量瓶加滤纸质量，g；m_6 为样品质量，g。

结果的表述：报告算术平均值的两位有效数字。

(4) 允许差

相对相差≤5%。

3. 食盐(以氯化钠计)

(1) 原理

用硝酸银标准溶液滴定试样中的氯化钠，生成氯化银沉淀，待沉淀完全后，多滴加的硝酸银与铬酸钾生成铬酸银使溶液呈桔红色即为终点。由硝酸银标准滴定液的消耗量计算氯化钠的含量。

(2) 试剂

硝酸银标准滴定液[$c(AgNO_3)=0.100\,0\ mol\cdot L^{-1}$]。

铬酸钾溶液($50\ g\cdot L^{-1}$)：称取 5 克铬酸钾用少量水溶解后稀释定容至 100 mL。

(3) 仪器

10 mL 微量滴定管。

(4) 分析步骤

吸取 25.0 mL“水不溶物”测定步骤中的滤液于 250 mL 容量瓶中，加水至刻度，混匀。再吸取 25.0 mL，置于 250 mL 锥形瓶中，加水至 50 mL。加入 1 mL 铬酸钾溶液($50\ g\cdot L^{-1}$)，混匀，用硝酸银标准滴定液($0.100\,0\ mol\cdot L^{-1}$)滴定至初显桔红色。

量取 100 mL 水，同时做试剂空白试验。

(5) 计算

$$x_3=\frac{(V_1-V_2)\times c_1\times 0.0585}{m_7\times\frac{25}{500}\times\frac{25}{250}}\times\frac{100}{1-A}$$

式中，x_3 为样品中食盐(以氯化钠计)含量(以干基计)，g/100 g；A 为样品中水分，g/g；m_7 为样品质量，g；V_1 为测定用试样稀释液消耗硝酸银标准滴定液的体积，mL；V_2 为试剂空白消耗硝酸银标准滴定液的体积，mL；c_1 为硝酸银标准滴定液的浓度，mol·L^{-1}；0.058 5 为与 1.00 mL 硝酸银标准滴定液[$c(AgNO_3)=0.1000\ mol\cdot L^{-1}$]相当的氯化钠的质量，g。

结果的表述：报告算术平均值的三位有效数字。

(6) 允许差

平行滴定标准滴定液允许差≤0.1 mL。

4. 硫酸盐(铬酸钡法)

(1) 原理

铬酸钡溶解于稀盐酸中，可与样品中硫酸盐生成硫酸钡沉淀，溶液中和后，多余的铬酸钡及生成的硫酸钡呈沉淀状态，过滤除去，而滤液则含有为硫酸根所取代出的铬酸离子。与标准系列比较定量。

(2) 试剂

铬酸钡混悬液：称取 19.44 g 铬酸钾与 24.44 g 氯化钡($BaCl_2\cdot 2H_2O$)，分别溶于 1 000 mL 水中，加热至沸腾。将两液共同倾入 3 000 mL 烧杯内，生成黄色铬酸钡沉淀。待沉淀沉降后，倾出上层液体，然后每次用 1 000 mL 水冲洗沉淀 5 次左右。最后加水至 1 000 mL 成混悬液，每次使用前混匀。

盐酸(1+4)。

氨水(1+2)。

硫酸盐标准溶液：准确称取 1.478 7 g 干燥过的无水硫酸钠或 1.814 1 g 干燥过的无水硫酸钾，溶于少量水中，移入 1 000 mL 容量瓶，加水稀释至刻度，此溶液每毫升相当于 1.0 mg 硫酸根。

(3) 仪器

分光光度计。

(4) 分析步骤

吸取 10.00～20.00 mL“水溶不溶物”测定步骤中的滤液，置于 150 mL 锥形瓶中，加水至 50 mL。

吸取 0,0.50,1.0,3.0,5.0,7.0 mL 硫酸盐标准溶液（相当 0,0.50,1.0,3.0,5.0,7.0 mg 硫酸根），分别置于 150 mL 锥形瓶中，各加水至 50 mL。于每瓶中（含样品）加入 3～5 粒玻璃珠（以防爆沸）及 1 mL 盐酸（1+4），加热煮沸5 min。再分别加入 2.5 mL 铬酸钡混悬液，再煮沸 5 min 左右，使铬酸钡和硫酸盐生成硫酸钡沉淀。取下锥形瓶放冷，于每瓶内逐滴加入氨水（1+2），中和至呈柠檬黄色为止。再分别过滤于 50 mL 具塞比色管中（滤液应透明），用水洗涤 3 次，洗液收集于比色管中，最后用水稀释至刻度，用1 cm比色皿以零管调节零点，于波长 420 nm 处，测吸光度，绘制标准曲线比较。

(5) 计算

$$x_4=\frac{m_8}{m_9\times\frac{V_3}{500}\times1\,000}\times100$$

式中，x_4 为样品中硫酸盐的含量（以硫酸根计），g/100 g；V_3 为测定时样品稀释液体积，mL；m_8 为测定用样品相当标准硫酸盐的质量，mg；m_9 为样品质量，g。

结果的表述：报告算术平均值的两位有效数。

(6) 允许差

相对相差≤10％。

5. 镁（滴定法）

(1) 原理

钙、镁离子可与乙二胺四乙酸二钠生成可溶性络合物，铬黑 T 指示剂与钙、镁离子生成酒红色，当滴定至终点时，乙二胺四乙酸二钠和钙、镁络合成无色络合物而使铬黑 T 游离，溶液即由红色变为亮蓝色，根据溶液 pH 不同及用不同指示剂分别测出钙、镁总量及钙量，两者之差即为镁含量。

(2) 试剂

乙二胺四乙酸二钠标准滴定溶液[$c(C_{10}H_{14}N_2O_8Na_2 \cdot 2H_2O)=0.010\ 00\ mol \cdot L^{-1}$]。

紫尿酸铵混合指示剂(2%):取 10 g 干燥氯化钠及 0.2 g 紫尿酸铵于玻璃乳钵中混合,研细,贮于棕色小广口瓶中备用。

氢氧化钠溶液(80 g·L^{-1}):取 8 g 氢氧化钠溶于水并稀释至 100 mL。

氨缓冲溶液:取 20 g 氯化铵溶于 300 mL 水中,加 100 mL 氨水,再加水稀释至 1 000 mL,贮于棕色瓶中。

铬黑 T 混合指示剂(1%):取 10 g 干燥氯化钠研细,加 0.1 g 铬黑 T 于玻璃乳钵中,混合研细,贮于棕色小广口瓶中备用。

(3) 仪器

10 mL 微量滴定管。

(4) 分析步骤

吸取 50 mL"水不溶物"测定步骤中的滤液,置于 250 mL 锥形瓶中,加入 2 mL 氢氧化钠溶液(80 g·L^{-1})及约 5 mg 紫尿酸铵混合指示剂(2%),搅拌溶解后,立即用乙二胺四乙酸二钠标准溶液滴定,至溶液由红色变成蓝紫色为止,记录消耗溶液毫升数。

再吸取 50 mL"水不溶物"测定步骤中的滤液,置于 250 mL 锥形瓶中,加 5 mL 氨缓冲溶液及约 5 mg 铬黑 T 混合指示剂,搅拌溶解后立即以乙二胺四乙酸二钠标准溶液滴定,至溶液由酒红色变为亮蓝色为止。记录消耗溶液毫升数。

(5) 计算

$$x_5=\frac{(V_4-V_5)\times c_2\times 0.024\ 3}{m_{10}\times \frac{50}{500}}\times 100$$

式中,x_5 为样品中镁的含量,g/100 g;V_4 为滴定钙镁离子总量消耗乙二胺四乙酸二钠标准滴定溶液的体积,mL;V_5 为滴定钙离子消耗乙二胺四乙酸二钠标准滴定溶液的体积,mL;c_2 为乙二胺四乙酸二钠标准滴定溶液的实际浓度,mol·L^{-1};m_{10} 为样品质量,g;0.024 3 为与 1 mL 乙二胺四乙酸二钠标准溶液[$c(C_{10}H_{14}N_2O_8Na_2 \cdot 2H_2O)=0.010\ 00\ mol \cdot L^{-1}$]相当的镁的质量，g。

结果的表述：报告算术平均值的两位有效数字。

(6) 允许差

平行滴定标准滴定液允许差≤0.1 mL。

6. 钡

(1) 原理

钡离子与硫酸根生成硫酸钡，混浊，利用比浊做限度测定。

(2) 试剂

稀硫酸：量取5.7 mL硫酸，倒入50 mL水中，再加水稀释至100 mL。

钡标准溶液：准确称取1.788 7 g氯化钡($BaCl_2 \cdot 2H_2O$)，溶于水，移入100 mL容量瓶中，加水至刻度，混匀，此溶液每毫升相当于10.0 mg钡。

钡标准使用液：吸取1.0 mL钡标准溶液，置于100 mL容量瓶中，加水稀释至刻度。此溶液每毫升相当于钡0.10 mg。

(3) 分析步骤

称取50.00 g样品，加水溶解至500 mL，过滤，弃去初滤液，量取50 mL滤液于50 mL比色管中，另取1 mL钡标准溶液（相当0.10 mg钡）置于50 mL比色管中，加水至刻度，混匀。于两管中各加2 mL稀硫酸，摇匀，放置2 h，样品管不得比标准管混浊，即≤20 mg/kg的钡。

7. 亚铁氰化钾（硫酸亚铁法）

(1) 原理

亚铁氰化钾在酸性条件下与硫酸亚铁生成蓝色复盐，与标准比较定量。最低检出浓度为1 mg/kg。

(2) 试剂

硫酸亚铁溶液($80\ g \cdot L^{-1}$)。

稀硫酸：量取5.7 mL硫酸，倒入50 mL水中，冷后再加水至100 mL。

亚铁氰化钾标准溶液：准确称取0.100 0 g亚铁氰化钾，溶于少量水，移入100 mL容量瓶中，加水稀释至刻度。此溶液每毫升相当1 mg亚铁氰化钾。

亚铁氰化钾标准使用液：吸取10.0 mL亚铁氰化钾标准溶液，置于100 mL容量瓶中，加水稀释至刻度，此溶液每毫升相当0.1 mg亚铁氰化钾。

(3) 仪器

分光光度计。

(4) 分析步骤

称取 10.00 g 样品溶于水，移入 50 mL 容量瓶中，加水至刻度，混匀，过滤，弃去初滤液，然后吸取 25.0 mL 滤液于比色管中。

吸取 0，0.1，0.2，0.3，0.4 mL 亚铁氰化钾使用液(相当 0，10.0，20.0，30.0，40.0 μg 亚铁氰化钾)，分别置于 25 mL 比色管中，各加水至 25 mL。

样品管与标准管各加 2 mL 硫酸亚铁溶液($80\ g\cdot L^{-1}$)及 1 mL 稀硫酸，混匀。20 min 后，用 3 cm 比色皿，以零管调节零点，于波长 670 nm 处测吸光度，绘制标准曲线，样品从曲线上查出含量，或与标准色列目测比较。

(5) 计算

$$x_6=\frac{m_{11}\times 1\,000}{m_{12}\times\frac{25}{50}\times 1\,000\times 1\,000}$$

式中，x_6 为样品中亚铁氰化钾的含量，$g\cdot kg^{-1}$；m_{11} 为测定用样液中亚铁氰化钾的含量，μg；m_{12} 为样品质量，g。

结果的表述：报告算术平均值的两位有效数字。

(6) 允许差

相对相差≤10%。

8. 碘(加碘食盐)

(1) 定性

① 试剂

混合试剂：硫酸(1+3)4 滴；亚硝酸钠溶液($5\ g\cdot L^{-1}$)8 滴，淀粉溶液($5\ g\cdot L^{-1}$)20 mL。临用时混合。

② 分析步骤

取约 2 g 样品，置于白瓷板上，滴 2～3 滴混合试剂于样品上，如显蓝紫色，表示有碘化物存在。

（2）碘酸钾定性

① 原理

碘酸钾为氧化剂，在酸性条件下易被硫代硫酸钠还原生成碘，遇淀粉显蓝色，如硫代硫酸钠浓度较高时，生成的碘又可和剩余的硫代硫酸钠反应，生成碘离子，使蓝色消失，硫代硫酸钠控制一定浓度可以建立此定性反应。

② 试剂

显色液配制：淀粉溶液（$5g \cdot L^{-1}$），10 mL；硫代硫酸钠（$Na_2S_2O_3 \cdot 5H_2O$）（$10\ g \cdot L^{-1}$），12 滴；硫酸（5＋13），5～10 滴。临用时现配。

③ 分析步骤

称取数克样品，滴 1 滴显色液，显浅蓝色至蓝色为阳性反应，阴性者不反应（此反应特异）。

测定范围：每克盐含 30 μg 碘酸钾（即含 18 μg 碘），立即显浅蓝色，含 50 μg 呈蓝色，含碘越多蓝色越深。

（3）定量

① 原理

样品中的碘化物在酸性条件下用饱和溴水氧化成碘酸钾，再于酸性条件中氧化碘化钾而游离出碘，以淀粉作指示剂，用硫代硫酸钠标准溶液滴定，计算含量。

② 试剂

磷酸。

碘化钾溶液（$50\ g \cdot L^{-1}$）：临用时配制。

饱和溴水。

淀粉指示液：称取 0.5 g 可溶性淀粉，加少量水搅匀后，倒入 50 mL 沸水中，煮沸，临用现配。

硫代硫酸钠标准溶液〔$c(Na_2S_2O_3)=0.1\ mol \cdot L^{-1}$〕，临用时准确稀释至 50 倍，浓度为 $0.002\ mol \cdot L^{-1}$。

③ 分析步骤

称取 10.00 g 样品，置于 250 mL 锥形瓶中，加水溶解，加 1 mL 磷酸摇匀。滴加饱和溴水至溶液呈浅黄色，边滴边振摇至黄色不褪为止（约 6 滴），溴水不宜过多，在室温放置 15 min，在放置期内，如发现黄色褪去，应再滴加溴水至淡黄色。

放入玻璃珠4～5粒，加热煮沸至黄色褪去，再继续煮沸5 min，立即冷却。加2 mL碘化钾溶液(50 g·L^{-1})，摇匀，立即用硫代硫酸钠标准溶液(0.002 mol·L^{-1})滴定至浅黄色，加入1 mL淀粉指示剂(5 g·L^{-1})，继续滴定至蓝色刚消失即为终点。

如盐样含杂质过多，应先取盐样加水150 mL溶解，过滤，取100 mL滤液至250 mL锥形瓶中，然后进行操作。

④ 计算

$$x_7=\frac{V_6\times c_3\times 21.15\times 1\,000}{m_{13}}$$

式中，x_7为样品中碘的含量，mg·kg^{-1}；V_6为测定样品时消耗硫代硫酸钠标准滴定溶液的体积，mL；c_3为硫代硫酸钠标准滴定溶液的浓度，mol·L^{-1}；m_{13}为样品质量，g；21.15为与1.00 mL硫代硫酸钠标准溶液[$c(Na_2S_2O_3)=1.000$ mol·L^{-1}]相当碘酸钾的碘的质量，mg。

结果的表述：报告算术平均值的两位有效数字。

⑤ 允许差

平行滴定标准滴定液允许差≤0.1 mL。

【思考与讨论】

1. 何为恒重？在该实验中应如何操作？
2. 本实验测定氯化钠和镁含量的方法原理是什么？
3. 测定碘含量时淀粉指示剂应何时加入？为什么？
4. 使用分光光度计时应注意哪些问题？
5. 制备食盐试液时如何判断氯离子已无损失转移？

实训5-3 水泥熟料中SiO_2、Fe_2O_3、Al_2O_3、CaO和MgO含量的测定

【目标】

1. 知识目标

(1) 了解重量法测定SiO_2含量的原理和用重量法测定水泥熟料中

SiO_2 含量的方法。

(2) 进一步掌握配位滴定法的原理，及控制实验条件的方法。

(3) 能熟练运用配位滴定的几种测定方法。

2. 能力目标

(1) 学会样品的溶解、过滤分离及沉淀洗涤、灰化、灼烧等操作技能。

(2) 学会配位滴定的几种滴定方式的计算。

(3) 能查阅和参照相关标准正确表达结果。

(4) 能与组员团结协作。

【实验原理】

水泥熟料是水泥生料经 1 400 ℃以上的高温燃烧而成的，通过熟料分析，可以检验熟料质量和烧成情况的好坏，根据分析结果，可及时调整原料的配比以控制生产。

水泥熟料中碱性氧化物占 60%以上，因此易为酸分解，水泥熟料主要为硅酸三钙($3CaO \cdot SiO_2$)、硅酸二钙($2CaO \cdot SiO_2$)、铝酸三钙($3CaO \cdot Al_2O_3$)和铁铝酸四钙($4CaO \cdot Al_2O_3 \cdot Fe_2O_3$)等化合物的混合物，这些化合物与盐酸作用时，生成硅酸和可溶性的氯化物，反应式如下：

$$CaO \cdot SiO_2 + HCl \longrightarrow CaCl_2 + H_2SiO_3 + H_2O$$

$$Ca \cdot SiO_2 + HCl \longrightarrow CaCl_2 + H_2SiO_3 + H_2O$$

$$CaO \cdot Al_2O_3 + HCl \longrightarrow CaCl_2 + AlCl_3 + H_2O$$

$$CaO \cdot Al_2O_3 \cdot Fe_2O_3 + HCl \longrightarrow CaCl_2 + AlCl_3 + FeCl_3 + H_2O$$

硅酸是一种很弱的无机酸，在水溶液中绝大部分以溶液状态存在，其化学式应以 $SiO_2 \cdot nH_2O$ 表示，在用浓酸及加热蒸干等方法处理后，能使绝大部分硅酸水溶液脱水成水凝胶析出，因此可以利用沉淀分离的方法把硅酸与水泥中的铁、铝、钙、镁等其他组分分开。

本实验以重量法测定 SiO_2 的含量。

在水泥经酸分解后的溶液中，采用加热蒸发近干和加固体氯化铵两种措施，使水溶性胶状硅酸尽可能全部脱水析出，蒸干脱水可将溶液控制在 100～110 ℃温度下蒸发至近干。由于 HCl 的蒸发，硅酸中所含的水分大部分被带走，硅酸水溶胶即成为水凝胶析出。溶液中的 Fe^{3+}、Al^{3+} 等离子在温度超过 110 ℃时易水解生成难溶性的碱式盐，混在硅酸凝胶中，使 SiO_2

的结果偏高，而使 Fe_2O_3、Al_2O_3 等的结果偏低，故加热蒸干宜采用水浴以控制温度。

加入固体 NH_4Cl 后，由于 NH_4Cl 易水解生成 $NH_3 \cdot H_2O$ 和 HCl，在加热的情况下，它们易挥发逸去，从而消耗了水，因此能促进硅酸水溶胶的脱水作用，反应式如下：

$$NH_4Cl + H_2O \longrightarrow NH_3 \cdot H_2O + HCl$$

含水硅酸的组成不固定，故沉淀经过滤、洗涤、烘干后，还需经 950～1 000 ℃高温灼烧成固体 SiO_2，然后称重，根据沉淀的质量计算 SiO_2 的百分含量。

灼烧时，硅酸凝胶不仅失去吸附水，并进一步失去结合水，脱水过程的变化如下：

$$H_2SiO_3 \cdot nH_2O \xrightarrow{110\ ℃} H_2SiO_3 \xrightarrow{950\sim1\ 000\ ℃} SiO_2$$

灼烧所得 SiO_2 沉淀是雪白、疏松的粉末。如所得沉淀呈灰色、黄色或红棕色，说明沉淀不纯，在要求比较高的测定时，应将沉淀置于铂坩埚中灼烧、称重，然后以氢氟酸-硫酸处理，使 SiO_2 转化成 SiF_4 挥发逸去。

$$SiO_2 + 4HF \longrightarrow SiF_4 + 2H_2O$$

然后再称剩余残液加坩埚的质量。处理前后两次质量之差即为纯 SiO_2 质量。

水泥中的铁、铝、钙、镁等组分以 Fe^{3+}、Al^{3+}、Ca^{2+}、Mg^{2+} 等离子形式存在于过滤 SiO_2 沉淀后的滤液中，它们都与 EDTA 形成稳定的络离子，但这些络离子的稳定性有较显著差别，因此只要控制适当的酸度就可用 EDTA 分别滴定它们。

Fe^{3+} 的测定：测定 Fe^{3+} 时控制酸度范围为 pH 为 2～2.5，以磺基水杨酸为指示剂，以 EDTA 标准溶液滴定之。

Al^{3+} 的测定：在滴定 Fe^{3+} 后的溶液中，以 PAN 为指示剂，以 EDTA 为标准溶液进行 Al^{3+} 的滴定。由于 Al^{3+} 容易形成一系列的多核氢氧基络合物，如 $[Al_2(H_2O)_6(OH)_3]^{3+}$、$[Al_3(H_2O)_6(OH)_6]^{3+}$ 等，因此 Al^{3+} 与 EDTA 的络合速度缓慢，需要加入过量 EDTA 并加热煮沸，络合反应才比较完全，所以不宜采用直接滴定法，而宜采用返滴定法或置换滴定法。返滴定法是通过加入定量且过量的 EDTA 标准溶液，调节 pH≈3.5，煮沸数分钟，使 Al^{3+} 与 EDTA 完全络合，然后调节溶液 pH 为 5～6，用铜盐标准溶液返滴定过量的 EDTA，得到铝的含量。

Ca^{2+}、Mg^{2+} 的测定：在 pH 约为 10 的氨性缓冲溶液中，用铬黑 T 作指示剂进行滴定，由于 $K_{CaY}>K_{MgY}>K_{Mg\cdot EBT}>K_{Ca\cdot EBT}$，铬黑 T 先与部分 Mg 络合为 Mg-EBT(酒红色)。当 EDTA 滴入时，EDTA 与 Ca^{2+}、Mg^{2+} 络合，终点时 EDTA 夺取 Mg-EBT 中的 Mg^{2+}，将 EBT 置换出来，溶液由酒红色转为纯蓝色即为终点。

【主要仪器和试剂】

仪器：马弗炉，分析天平，容量分析常用仪器。

试剂：浓盐酸，1∶1 HCl 溶液，3% HCl 溶液，浓硝酸，1∶1 氨水，10% NaOH 溶液，固体 NH_4Cl，10% NH_4SCN 溶液，1∶1 三乙醇胺，0.01 mol·L^{-1} EDTA 标准溶液，0.01 mol·L^{-1} $CuSO_4$ 标准溶液，HAc-NaAc 缓冲溶液(pH＝4.3)，NH_3-NH_4Cl 缓冲溶液(pH＝10)，0.05%溴甲酚绿指示剂，10%磺基水杨酸指示剂，0.2%PAN 指示剂，酸性铬蓝 K-萘酚绿 B，钙指示剂等。

【实验内容】

1. SiO_2 的测定

准确称取两份 0.5 g 左右的试样，置于干燥的 50 mL 烧杯中，加 2 g 固体氯化铵，用平头玻璃棒混合均匀。盖上表面皿，沿杯口滴加 3 mL 浓盐酸和 1 滴浓硝酸①，仔细搅匀，使试样充分分解，将烧杯置于沸水浴上，杯上放一玻璃三角架，再盖上表面皿，蒸发至干(需 10～15min)(为什么要蒸发至近干?)。取下，加 10 mL 热的稀盐酸(3%)，搅拌，使可溶性盐类溶解，以中速定量滤纸过滤，用胶头滴管以热的稀盐酸(3%)擦洗玻璃及烧杯，并洗涤沉淀至洗涤液中不含 Fe^{3+} 离子为止，Fe^{3+} 离子可用 10%NH_4SCN 溶液检验②，一般来说，洗涤 10 次即可达不含 Fe^{3+} 离子的要求，滤液及洗涤液保存在 250 mL 容量瓶中，并用纯水稀释至刻度，摇匀，供测定 Fe^{3+}、Al^{3+}、Ca^{2+}、Mg^{2+} 等离子之用。

将沉淀和滤纸移至已称至恒重的瓷坩埚中，先在煤气灯火中烘干，再升高温度使滤纸充分灰化，然后在 950～1 000 ℃的高温炉内灼烧 30 min，取出，稍冷，再移置于干燥器中冷却至室温（约需 20 min)，称量。如此反复灼烧，直至恒重。

2. Fe^{3+}离子的测定

准确吸取分离 SiO_2 后之滤液 50 mL③置于 250 mL 锥形瓶中，加 50 mL 水，2 滴 0.05%溴甲酚绿指剂④。(溴甲酚绿指示剂在小于 3.8 时呈黄色，大于 5.4 时呈蓝色)，此时溶液呈黄色，逐滴滴加(1∶1)氨水，使之成蓝色。然后再用(1∶1)HCl 溶液调至黄色后再过量 3 滴，此时溶液的 pH≈2，加热至约 90 ℃，取下，加 6～8 滴 10%磺基水杨酸，用 0.01 mol·L^{-1} EDTA 标准溶液滴定。

在滴定开始时溶液呈红紫色，此时滴定速度宜稍快些。当溶液开始呈淡红紫色时，则把滴定速度放慢，一定要每加 1 滴，摇摇，看看，然后再加 1 滴，最好同时加热，直至滴到溶液变到淡黄色，即为终点，滴得太快，EDTA 易多加，这样不仅会使 Fe^{3+} 的测定结果偏高，还会使 Al^{3+} 的测定结果偏低。

3. Al^{3+}离子的测定

在滴定铁含量后的溶液中，准确加入 25 mL 0.01 mol·L^{-1}EDTA 标准溶液(用移液管加)，摇匀。然后再加入 15 mL pH≈4.3 的 HAc-NaAc 缓冲液，煮沸 1～2 min，取下稍冷至 90 ℃左右，加入 4 滴 0.2% PAN 指示剂，以 0.01 mol·L^{-1} $CuSO_4$ 标准溶液滴定之，开始时溶液呈黄色，随着 $CuSO_4$ 标准溶液的加入，颜色逐渐变绿并加深，直至再加入一滴突然变蓝紫，即为终点，在变紫色之前，曾有由蓝绿色变灰绿色的过程，在灰绿色溶液中再加 1 滴 $CuSO_4$ 溶液，即变紫色。

4. Ca^{2+}离子的测定

准确吸取分离 SiO_2 后的滤液 10 mL 于 250 mL 锥形瓶中，加水稀释至约 100 mL，加 4mL 1∶1 三乙醇胺溶液，摇匀后再加 5 mL 10% NaOH 溶液，再摇匀，加入约 0.01 g 固体钙指示剂(用药勺小头取约 1 勺)，此时溶液呈酒红色。然后以 0.01 mol·L^{-1}EDTA 标准溶液滴定至溶液呈蓝色，即为终点，记下消耗的 EDTA 毫升数。

5. Mg^{2+}离子的测定

准确吸取分离 SiO_2 后的滤液 10 mL 于 250 mL 锥形瓶中，加水稀释至约 100 mL，加 4 mL 1∶1 三乙醇胺溶液，摇匀后，加入 10 mL pH≈10 的

NH_3-NH_4Cl 缓冲溶液，再摇匀，然后加入适量酸性铬蓝 K-萘酚绿 B 指示剂（此时溶液呈淡紫红），以 1∶1 三乙醇胺溶液滴定至溶液呈蓝色，即为终点。记下消耗的 EDTA 毫升数，根据此结果计算所得的为钙、镁总量，由此减去钙量即为镁量。

注：

① 加入浓硝酸的目的是使铁全部以正三价状态存在。

② Fe^{3+} 与 NH_4SCN 反应生成血红色的 $[FeSCN]^{2+}$。

③ 分离以后的滤液要节约使用，尽可能多保留一些溶液，以便必要时用以进行重复滴定。

④ 溴甲酚绿指示剂不宜多加，如加多了，黄色的底色深。在铁的滴定中对终点的颜色变化观察有影响。

【思考与讨论】

1. 如何分解水泥熟料试样？分解时的化学反应是什么？

2. 本实验测定 SiO_2 含量的方法原理是什么？

3. 试样分解后加热蒸发的目的是什么？操作中应注意些什么？

4. 在 Fe^{3+}、Al^{3+}、Ca^{2+}、Mg^{2+} 共存的溶液中，以 EDTA 标准溶液滴定 Ca^{2+}、Mg^{2+} 离子的含量时，是怎样消除其他共存离子的干扰的？

5. 在滴定上述各种离子时，应分别控制什么样的酸度范围？怎样控制？

6. 如 Fe^{3+} 离子的测定结果不准确，对 Al^{3+} 离子的测定结果有什么影响？

7. 试写出本测定中所涉及的主要化学反应式。

第6章 拓展训练

CHAPTER 6

6.1 温度的测量及控制技术

6.1.1 温度计及其使用

最早的温度计是在1593年由意大利科学家伽利略(1564—1642)发明的。后来其他科学家在这个基础上反复改进,荷兰人华伦海特在1709年利用乙醇,在1714年又利用水银作为测量物质,制造了更精确的温度计。他观察了水的沸腾温度、水和冰混合时的温度、盐水和冰混合时的温度;经过反复实验与核准,最后把一定浓度的盐水凝固时的温度定为0 ℉,把纯水凝固时的温度定为32 ℉,把标准大气压下水沸腾的温度定为212 ℉,用℉代表华氏温度,这就是华氏温度计。瑞典人摄尔修斯于1742年改进了华伦海特温度计的刻度,他把水的沸点定为0度,把水的冰点定为100度。后来他的同事施勒默尔把两个温度点的数值又倒过来(即沸点100度,冰点0度),就成了百分温度,即摄氏温度,用℃表示。华氏温度与摄氏温度的关系为℉ = 9/5 ℃ + 32,或℃ = 5/9(℉ − 32)。

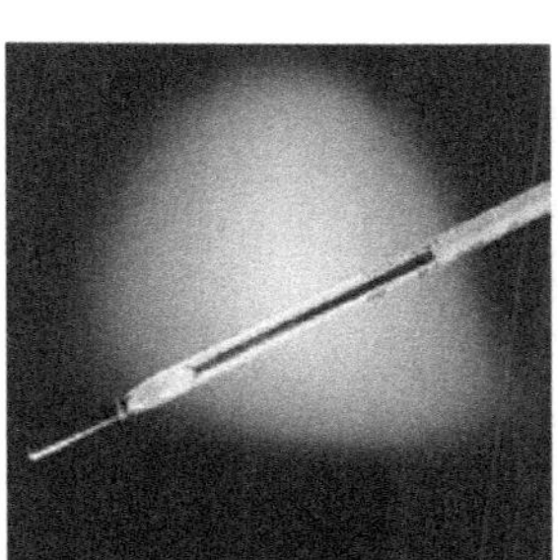

图 6-1 水银温度计

温度的测量方式可分为两大类:接触式和非接触式。

接触式是利用两物体接触后,在足够长的时间内达到热平衡,两个互不平衡的物体温度相等,这样测量仪器就可以对物体进行温度的测量。常用的水银温度计(见图6-1)就是接触式温度计。

非接触式是利用热辐射原理，测量仪表的敏感元件不需要与被测物质接触，它常用于测量运动体和热容量小或特高温度的场合。表 6-1 列出了各种温度计及工作原理。

表 6-1　温度计的分类及工作原理

温度计的分类			工作原理	常用测温范围(℃)	主要特点
接触式测温仪表	膨胀式		利用液体(水银)或固体(双金属片)受热时产生膨胀的特性	$-200\sim700$	结构简单、价格低廉，一般只用作就地测量
	压力表式		利用封闭在一定容积中的气体、液体或某些液体的饱和蒸气，受热时其体积或压力变化的性质	$0\sim300$	结构简单，具有防爆性，不怕震动，可作近距离传示；准确度低，滞后性大
	热电阻式	金属热电阻	利用导体或半导体受热其电阻值变化的性质	$-200\sim850$	准确度高，能远距离传送，适于低、中温测量；体积较大，测点温较困难
		半导体热敏电阻		$-100\sim300$	
	热电偶式		利用物体的热电性质	0～1 600	测温范围广，能远距离传送，适于中、高温测量；需进行冷端温度补偿，在低温区测量准确度较低
非接触式测温仪表	光学式		利用物体辐射能随温度变化的性质	600～2 000	适用于不能直接测温的场合，测温范围广，多用于高温测量；测量准确度受环境条件的影响，需对测量值修正后才能减小误差
	比色式				
	红外式				

实验室常用的是水银温度计，使用时应注意：

① 使用前应进行校验(可以采用标准液温、多支比较法进行校验或采用精度更高级的温度计校验)。

② 不允许超过该种温度计的最大刻度值的测量。

③ 温度计有热惯性，应在温度计达到稳定状态后读数。读数时应在水银凸形弯月面的最高切线方向读取，目光平视。

④ 切不可用作搅拌棒。

⑤ 水银温度计应与被测工质流动方向相垂直或呈倾斜状。

⑥ 水银温度计常常发生水银柱断裂的情况，消除方法有 a. 冷修法：将温度计的测温包插入干冰和酒精混合液中（温度不得超过－38℃）进行冷缩，使毛细管中的水银全部收缩到测温包中为止。b. 热修法：将温度计缓慢插入温度略高于测量上限的恒温槽中，使水银断裂部分与整个水银柱连接起来，再缓慢取出温度计，在空气中逐渐冷至室温。

6.1.2　温度的控制

温度控制系统常用来保持温度恒定或者使温度按照某种规定的程序变化。在化工、石油、冶金等生产过程的物理过程和化学反应中，温度往往是一个很重要的量，需要准确地加以控制。除了这些部门之外，温度控制系统还广泛应用于其他领域。

温度控制系统由被控对象、测量装置、调节器和执行机构等部分构成（见图6-2）。被控对象是一个装置或一个过程，它的温度是被控制量。测量装置对被控温度进行测量，并将测量值与给定值比较，若存在偏差便由调节器对偏差信号进行处理，再输送给执行机构来增加或减少供给被控对象的热量，使被控温度调节到设定值。

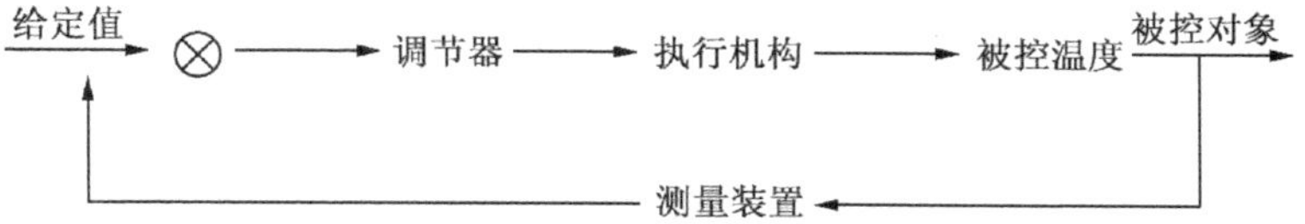

图6-2　温度控制系统框图

恒温槽是能提供恒定温度的槽体，根据介质不同可分为恒温空气槽（通常称作恒温箱）、恒温液体槽（通常称作恒温槽）。由于恒温的液体温度范围不同，又分为低温恒温槽（一般是－40～100 ℃）、超级恒温槽（一般是室温～300 ℃）。100 ℃以上的液体介质不能用水而用油，通常称为油槽。

6.2 压力的测量技术

6.2.1 压力测量的意义

在工业自动化控制、农业基础建设、建筑、国防及科学研究的广大领域内，都需要进行压力测量和控制。例如：在水利建设中，从筑坝拦水到抽水灌溉，都需用压力仪表来进行测量和控制。在气象工作中，为进行气象条件的分析和天气预报，更是把大气压力的测量数据作为主要的依据之一。在现代工业生产过程中，压力是一个非常重要的参数，它决定了生产过程能否正常进行，压力与温度、流量、液位一起并称为工业自动化控制的四大要素。因此，需要选用正确的压力仪器、仪表来观测和控制压力的大小、变化，以便保证生产、生活和科研工作能够安全顺利地进行。

6.2.2 压力的表示方法

压力有两种表示方法：一种是以绝对真空作为基准所表示的压力，称为绝对压力；另一种是以大气压力作为基准所表示的压力，称为相对压力。由于大多数测压仪表所测得的压力都是相对压力，故相对压力也称表压力。绝对压力小于大气压力时，可用容器内的绝对压力不足一个大气压的数值来表示，称为负压，又称为“真空度”。绝对压力与相对压力的关系如图 6-3 所示。

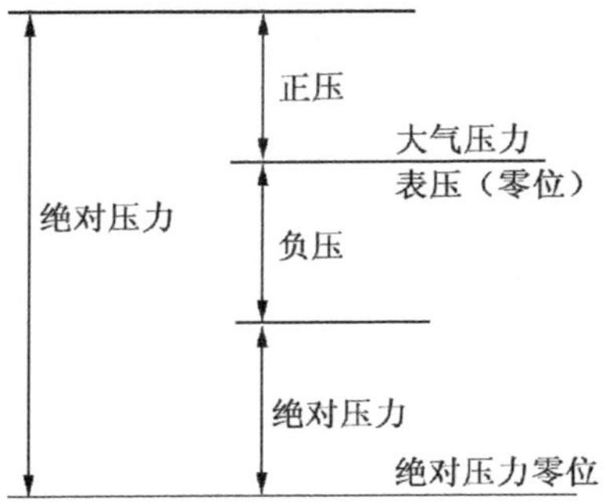

绝对压力＝大气压力＋相对压力

真空度＝大气压力-绝对压力

图 6-3 正压、负压、绝对压力、相对压力关系图

我国法定的压力单位为 Pa(N/m^2)，称为帕斯卡，简称帕。由于此单位太小，因此常采用它的 10^6 倍单位 MPa(兆帕)。

6.2.3 常用压力计

常用的压力计有 U 形管压力计、波纹管压力计。

(1) U 形管压力计

U 形管压力计实物如图 6-4 所示。它是一根 U 形的玻璃管，在 U 形管中间装有刻度标尺，读数的零点在标尺的中央，管内充液体到零点处。管一端通过接头与被测介质相接通，管另一端则通大气。当被测介质的压力 Px 大于大气压时，管中的工作液体液面下降，而管另一端中的工作液体液面上升，一直到两液面差的高度 h 产生的压力与被测压力相平衡时为止。

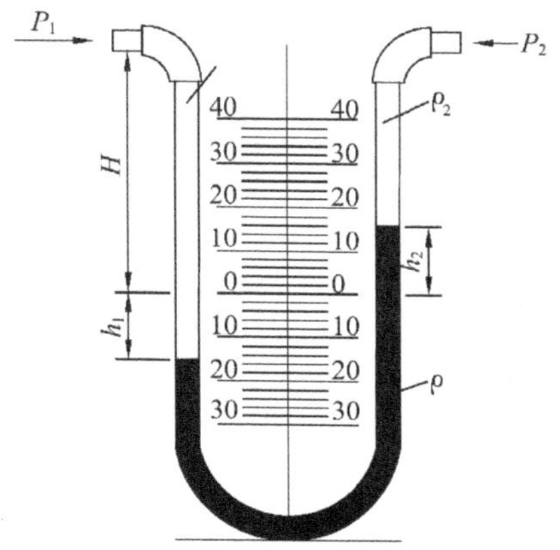

图 6-4　U 形管压力计

在 U 形管压力计中很难保证两管的直径完全一致，因而在确定液柱高度 h 时，必须同时读出两管的液面高度，否则就可能造成较大的测量误差。

U 形管压力计的测量范围一般为 0～±800 毫米水柱或毫米汞柱，精度为 1 级，可测表压、真空度、差压，也可作校验流量计的标准差压计。其特点是零位刻度在刻度板中间，使用前无须调零，液柱高度须两次读数。

(2) 波纹管压力计

用波纹管作为感受压力的敏感元件的压力计叫作波纹管压力计。

波纹管又称皱纹箱，它是一种表面上有许多同心环状波形皱纹的薄壁圆管，常见波纹管的实物图和构造图如图 6-5 所示。

波纹管可以分成单层的和多层的。在总的厚度相同的条件下，多层波纹管的内部应力小，能承受更高的压力，耐久性也有所增加。由于各层间的摩擦，使多层波纹管的滞后误差加大。

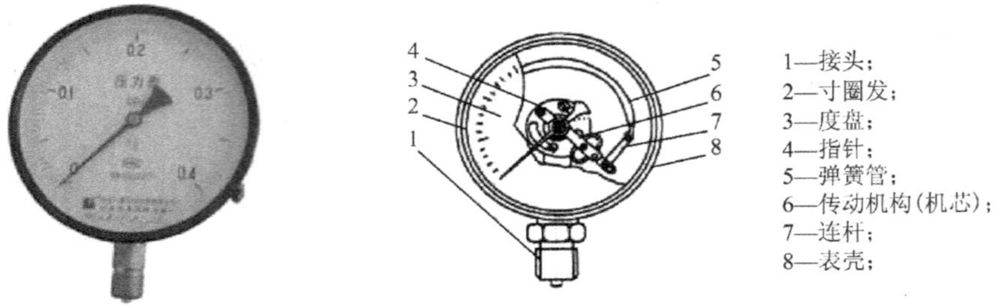

(a) 实物图　　(b) 构造图

图 6-5　波纹管压力计

在压力或轴向力的作用下，波纹管将伸长或缩短，由于它在轴向容易变形，所以灵敏度较高。当波纹管作为压力敏感元件时，将波纹管开口的一个端面焊接于固定的基座上，压力由此传至管内，在压力差的作用下，波纹管伸长或压缩一直到压力与弹性力平衡时为止，这时管的自由端就产生一定位移，通过传动放大机构后，使指针转动。管的自由端的位移与所测压力成正比。

波纹管对于低压力比弹簧管和膜片灵敏得多，而且产生的用以转动指针或记录笔的力也有增大，其缺点是迟滞值太大(5%～6%)，因而在用作压力敏感元件时，常和刚度比它大 5～6 倍的弹簧一起使用，这样可使迟滞值减少至 1%。

实验室常用福丁式气压计，福丁气压表的原理是一根一端封闭的玻璃管，管内装满水银，开口的一端垂直插入水银槽中，玻璃管中的水银在受重力作用下平衡时，水银柱的高度则表示大气的压力。它可用于气象站、工矿企业、科研单位、计量部门及各大专院校测量大气压力，其精度和稳定性都优于其他压力仪表。

福丁气压表主要由感应部分、刻度部分和附属温度表等组成，感应部分包括水银、玻璃球内管和水银槽。刻度部分由标尺、游标尺和象牙针等组成。利用游标尺，可以使气压的读数分辨到标尺刻度的 1/10，即 0.1 毫米汞柱或是 0.1 百帕。附属温度表主要用于测定气压表的表温，以便对气压表的测量结果进行温度订正。

福丁气压表的主要特点是标尺上有一个固定的零点，即象牙针尖所处的位置。每次读数时，均须将水银槽中的水银面调整到这个零点处，然后读出水银槽顶的刻度。

福丁气压表的操作如下：

① 调整使气压计垂直悬挂；

② 调节底部螺旋，使汞面恰与象牙针接触；

③ 调节游标螺旋，使游标前后边缘与汞凸面的最高点三者处于同一水平面上；

④ 读数；

⑤ 读出压力计的温度值；

⑥ 调节底部螺旋，使汞槽中汞面与象牙针尖脱离。

6.3 物质物理常数的测定

6.3.1 密度的测定

在某一温度下，某种物质单位体积的质量，即称为该物质的密度。

$$\rho=\frac{m}{V}$$

上式中，m 为该物的质量，V 为该物的体积。

对于规则物体，很容易就能测得它的体积 V 和质量 m，但是对于不规则物体，其体积较难测得，一般常采用阿基米德原理法测量。

一般来说，不论什么物质，也不管它处于什么状态，随着温度、压力的变化，其体积或密度也会发生相应的变化。联系温度 T、压力 P 和密度 ρ（或体积）三个物理量的关系式称为状态方程。气体的体积随它受到的压力和所处的温度而有显著的变化。

固态或液态物质的密度，在温度和压力变化时，只发生很小的变化。例如在 0 ℃附近，各种金属的温度系数（温度升高 1 ℃时，物体体积的变化率）大多在 9～10。

液体和固体的密度受压力的影响极小，因此在测定其密度时通常不考虑压力的影响。密度的测定，包括气体、液体和固体密度的测定。本节主要介绍液体密度的测定方法，其常用的测定方法有密度瓶法、韦氏天平法和密度计法。

6.3.1.1 密度瓶法

密度瓶法可用于测定非挥发性液体的密度。

(1) 测定原理

在 20 ℃时，分别测定充满同一密度瓶的水及试样的质量，由水的质量及密度可以确定密度瓶的容积即试样的体积，由此可计算试样的密度。

即

$$V=\frac{m_{水}}{\rho_0} \quad \rho=\frac{m_{样}}{m_{水}}\rho_0$$

式中 ρ_0 为 20 ℃时水的密度，$\rho_0=0.998\ 20\ g/cm^3$。

由于是在空气中称取水和试样的质量的，必然受到空气浮力的影响。因此，必须按下式计算密度，以校正空气的浮力。

$$\rho=\frac{m_{样}+A}{m_{水}+A}\rho_0 \quad A=\frac{m_{样}}{0.997\ 0}\rho_0$$

式中，A 为空气浮力校正值，即在空气中称量试样和蒸馏水比在真空中称量减轻的质量，单位为 g；0.997 0 为 ρ_0 与干燥空气在 0 ℃、101 325 Pa 时的密度（$0.001\ 2\ g/cm^3$）之差。

通常，A 值的影响很小，可以忽略。

(2) 测定仪器——密度瓶

密度瓶有各种形状和规格，常用的有球形的普通型密度瓶和标准型密度瓶，如图 6-6 所示。标准型密度瓶是附有特制温度计、带有磨口帽的小支管的密度瓶。容积一般为 5 mL、10 mL、25 mL 等。

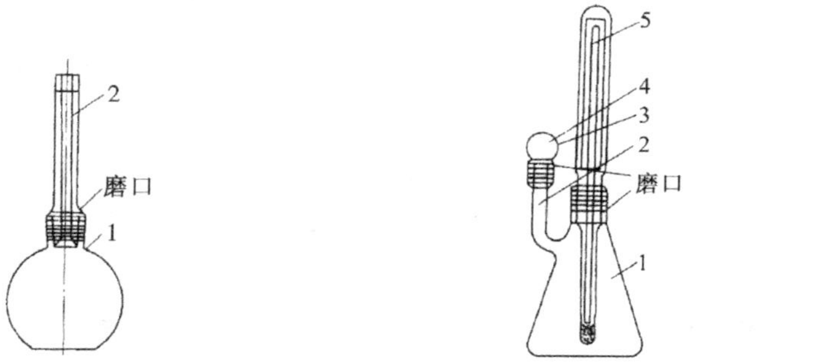

(a) 普通型密度瓶

1—密度瓶主体；2—毛细管

(b) 标准型密度瓶

1—密度瓶主体；2—侧管；3—侧孔；4—罩；5—温度计

图 6-6　常见的密度瓶

（3）测定方法

① 将密度瓶洗净并干燥，连同温度计及侧孔罩一起在分析天平上精确称量。

② 取下温度计及侧孔罩，用新煮沸并冷却至约 20 ℃的蒸馏水充满密度瓶，插入温度计，置于恒温水浴中达（20±0.1）℃，盖上侧孔罩，取出密度瓶，用滤纸擦干其外壁的水，立即称量。

③ 将密度瓶中的水倒出，洗净并使之干燥. 以试样代替蒸馏水重复②的操作。

④ 按前式计算试样的密度。

6.3.1.2　韦氏天平法

韦氏天平法适用于测定易挥发性液体的密度。

（1）测定原理

韦氏天平法测定密度的基本依据是阿基米德定律，即当物体完全浸入液体时，它所受到的浮力或所减轻的质量等于该物体排开液体的质量。因此，在一定温度下（20 ℃），分别测出同一物体（玻璃浮锤）在水及试样中的浮力。由于浮锤排开水和试样的体积相同，浮锤排开水的体积为

$$V=\frac{m_{水}}{\rho_0}$$

试样的密度为

$$\rho=\frac{m_{样}}{m_{水}}\rho_0$$

式中，ρ 为 20 ℃时试样的密度，g/cm^3；$m_{样}$ 为浮锤浸于试样中时的浮力（骑码读数），g；$m_{水}$ 为浮锤浸于水中时的浮力（骑码读数），g。

（2）测定仪器——韦氏天平

韦氏天平的构造如图 6-7 所示。它主要由支架、横梁、玻璃浮锤及骑码组成。天平横梁 4 用支架支持在刀座 5 上，梁的两臂形状不同且不等长。长臂上刻有分度，末端有悬挂玻璃浮锤的钩环 7，短臂末端有指针，当两臂平衡时，指针应和固定指针 3 水平对齐。旋松支柱紧定螺丝 2，可使支柱上下移动。支柱的下部有一个水平调整螺钉 11，横梁的左侧有水平调节器，它们可用于调节天平在空气中的平衡。

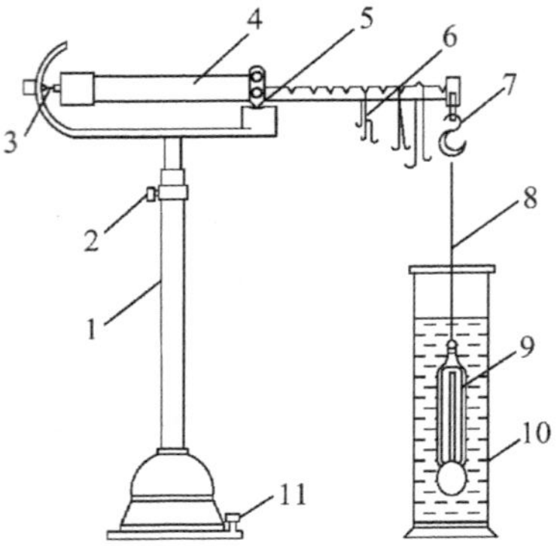

1—支架；2—支柱紧定螺丝；3—指针；4—横梁；5—刀座；6—骑码；7—钩环；8—细白金丝；9—浮锤；10—玻璃筒；11—水平调整螺钉

图 6-7　韦氏天平

每台天平有两组骑码，每组有大小不同的四个骑码。最大骑码的质量等于浮锤在 20 ℃的水中所排开水的质量，其他骑码为最大骑码的 1/10，1/100，1/1 000。四个骑码在各个位置上的读数见表 6-2。

表 6-2　不同骑码在各个位置的读数

骑码位置	一号骑码	二号骑码	三号骑码	四号骑码
放在第 10 位时	1	0.1	0.01	0.001
放在第 9 位时	0.9	0.09	0.009	0.000 9
…	…	…	…	…
放在第 1 位时	0.1	0.01	0.001	0.000 1

如图 6-8 所示，一号骑码在第 8 位上，二号骑码在第 7 位上，三号骑码在第 6 位上，四号骑码在第 3 位上，则读数为 0.876 3。

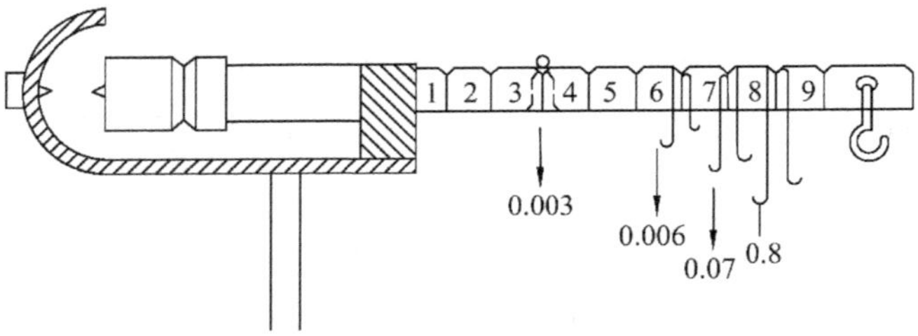

图 6-8　骑码位置与读数

(3) 测定方法

① 安装韦氏天平。将等重砝码挂于横梁右端小钩上,调整底座上的螺丝,使横梁与支架的指针尖相互对正,以示平衡。

② 取下等重砝码,换上玻璃浮锤,此时天平仍应保持平衡,允许误差应为±0.000 5 g,否则需作调节。

③ 在一玻璃圆筒中加入经煮沸并冷却至20 ℃左右的蒸馏水,将浮锤全部浸入其中。把玻璃圆筒置于恒温水浴中,恒温至(20.0±0.1)℃,然后由大到小把骑码加在横梁V形槽上,使指针重新水平对正,记录骑码读数。

④ 将浮锤取出,清洗后干燥,用试样代替水重复③操作,记录骑码读数。

⑤ 按前式计算出试样的密度。

6.3.1.3 密度计法

密度计法测定密度快速、简便、直接读数,但准确度较差,且所需试样量较多。该方法常用于测定精度要求不太高的工业生产中的液体密度。

(1) 测定原理

密度计法测定密度的依据是阿基米德定律。密度计上的刻度标尺越向上则表示密度越小。在测定密度较大的液体时,由于密度计排开液体的质量越大,所受到的浮力也就越大,故密度计就越向上浮。反之,液体的密度越小,密度计就越往下沉。由此根据密度计浮于液体的位置,可直接读出所测液体试样的密度。

(2) 测定仪器——密度计

密度计是一支封口的玻璃管,中间部分较粗,内有空气,所以放在液体中可以浮起,下部装有小铅粒形成重锤,能使密度计直立于液体中,上部较细,管内有刻度标尺,可以直接读出密度值,如图6-9所示。

密度计都是成套的,一般每套有7～14支,每支只能测定一定范围的密度,使用时按试样的密度选择合适的密度计。

(3) 测定方法

① 将待测试样注入清洁、干燥的玻璃量筒中,用手拿住洁净密度计的上端,轻轻地插入试样中,试样中不得有气泡,密度计不得接触量筒壁及量筒底,用手扶住使其缓缓上升。

② 密度计平稳后，水平观察（见图 6-10），读取待测液弯月面上缘的读数即为该试样的密度，同时测量试样的温度。

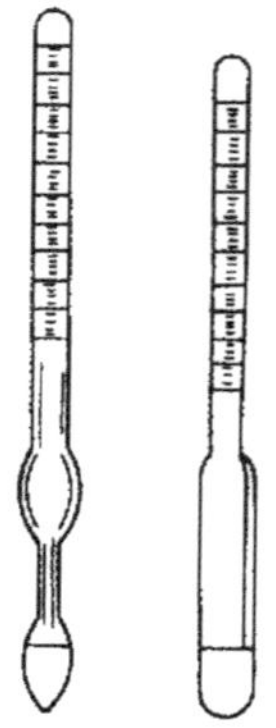

图 6-9　密度计

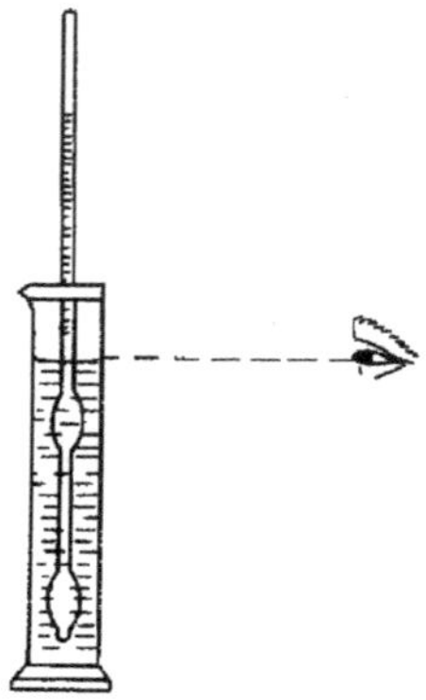

图 6-10　密度计的读数方法

6.3.2　熔点的测定

熔点是晶体物质受热由固态转变为液态时的温度。严格的定义应当是晶体物质在一定大气压下固-液平衡时的温度，此时，固液共存，蒸气压相等。晶体有熔点，而非晶体则没有熔点。

熔点是一种物质的一个物理性质。物质的熔点并不是固定不变的，有两个因素对熔点影响很大。一是压强，平时所说的物质的熔点，通常是指一个大气压时的情况；如果压强变化，熔点也会发生变化。熔点随压强的变化有两种不同的情况。对于大多数物质，熔化过程是体积变大的过程，当压强增大时，这些物质的熔点要升高；对于像水这样的物质，与大多数物质不同，冰熔化成水的过程体积会缩小（金属铋、锑等也是如此），当压强增大时，冰的熔点降低。另一个影响因素是物质中的杂质，通常所说的物质的熔点，指的是纯净的物质。但在现实生活中，大部分的物质都含有杂质，若在纯净的液态物质中溶有少量其他物质，即使数量很少，物质的熔点也会有很大的变化。例如水中溶有盐，熔点就会明显下降，海水就是溶有盐的水，海水冬天结冰的温度比河水低，就是这个原因。饱和食盐水的熔点可下降到约 −22 ℃，北方的城市在冬天下大雪时，常常往公路的积雪上撒盐，熔点降低，积雪更容易融化。

熔点的测定方法有毛细管法和显微熔点法等。毛细管法是最常用的熔点测定方法，它具有操作方便、装置简单的特点。

(1) 毛细管法测定原理

将试样研细装入毛细管，置于热浴中逐渐升温，观察毛细管中试样的熔化情况。当试样出现明显局部液化现象时的温度为初熔点，试样全部熔化时的温度为终熔点。记录初熔点的温度和终熔点的温度即为熔点范围（熔距）。

(2) 毛细管法测定仪器

毛细管法测定熔点的常用装置有双浴式和提勒管式两种（见图 6-11）。

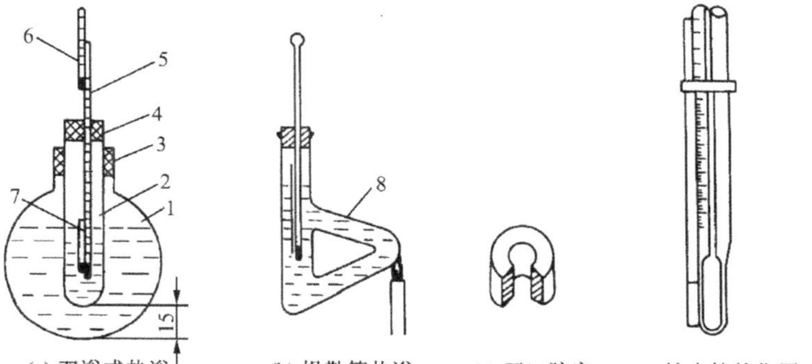

1—圆底烧瓶；2—试管；3，4—开口胶塞；5—温度计；6—辅助温度计；7—毛细管；8—提勒管

图 6-11　熔点测定装置

① 毛细管（熔点管）是用中性硬质玻璃制成的毛细管，一端熔封，内径 0.9～1.1 mm，壁厚 0.1～0.15 mm，长度 80～100 mm。

② 温度计为单球内标式，分度值为 0.1 ℃，并具有适当量程。辅助温度计为一般温度计，分度值为 1 ℃，且具有适当量程。

③ 圆底烧瓶容积为 250 mL，球部直径 80 mm，颈长 20～30 mm，口径约 30 mm。

④ 试管长度 100～110 mm，口径约为 20 mm。

⑤ 提勒管热浴：提勒管的支管有利于载热体受热时在支管内产生对流循环，使得整个管内的载热体能保持相当均匀的温度分布。

⑥ 双浴式热浴：双载热体加热具有加热均匀、容易控制加热速度的优点，是目前一般实验室最常用的熔点测定装置。

⑦ 载热体的选择：应选用沸点高于被测物质全熔温度，而且性能稳定、清澈透明、黏度小的液体作为载热体。常用载热体见表 6-3。

表 6-3　常用载热体

载热体	最高使用温度(℃)	载热体	最高使用温度(℃)
液体石蜡	230	浓硫酸	220
甘油	230	有机硅油	350
石蜡	250～350	磷酸	300

有机硅油是无色透明、热稳定性较好的液体，具有稳定性好、无腐蚀性、闪点高、不易着火及黏度变化不大等优点，故被广泛使用。

(3) 校正温度计

实验室常以纯的有机化合物的熔点为标准来校正温度计刻度。其步骤：选用数种已知熔点的纯有机物，用该温度计测定它们的熔点，以实测熔点温度作纵坐标，实测熔点与已知熔点的差值为横坐标，画出校正曲线，这样凡是用这只温度计测得的温度均可在曲线找到校正数值。

6.3.3 沸点的测定

(1) 测定原理

沸腾是在一定温度下液体内部和表面同时发生的剧烈汽化现象。液体沸腾时候的温度被称为沸点。浓度越高，沸点越高。沸点随外界压力变化而改变，压力低，沸点也低。

液体的分子由于分子运动有从表面逸出的倾向，这种倾向随着温度的升高而增大，进而在液面上部形成蒸气。当分子由液体逸出的速度与分子由蒸气中回到液体中的速度相等，液面上的蒸气达到饱和，称为饱和蒸气。它对液面所施加的压力称为饱和蒸气压。实验证明，液体的蒸气压只与温度有关。即液体在一定温度下具有一定的蒸气压。

当液态物质受热时蒸气压增大，待蒸气压大到与大气压或所给压力相等时液体沸腾，这时的温度称为液体的沸点。

（2）沸点的测定方法

测定沸点常用的方法有常量法（蒸馏法）和微量法（沸点管法）两种。常量法的具体装置和操作与蒸馏操作基本相同。

微量法测定沸点可采用图 6-12 所示装置。沸点管由外管和内管两管组成，外管由长 7～8 cm、内径 4～5 mm 的玻璃管，将一端烧熔封口制得；内管由内径为 1 mm、长约为 5 cm 的毛细管，封其一端而成。测量时将内管开口向下插入外管中。

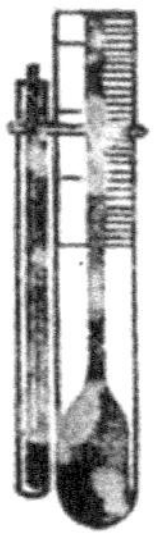

(a) 沸点管附着在温度计上的位置

(b) b形管测沸点装置

图 6-12　微量法测定沸点

取 3～4 滴待测样品滴入沸点管的外管中，将内管插入外管中，然后用小橡皮圈把沸点管附于温度计旁，使该温度计的水银球位于 b 形管两支管中间，然后加热。加热时由于气体膨胀，内管中会有小气泡缓缓逸出，当温度升到比沸点稍高时，管内会有一连串的小气泡快速逸出，这时停止加热，使溶液自行冷却，气泡逸出的速度随即渐渐减慢。在最后一个气泡不再冒出并要缩回内管的瞬间，立刻记录温度，此时的温度即为该液体的沸点。

微量法测定沸点时应注意：① 加热不能过快，被测液体不宜太少，以防液体全部气化；② 正式测定前，让毛细管里有大量气泡冒出，以此带出空气；③ 观察要仔细及时，并重复几次，其误差不得超过 1 ℃。

6.3.4　凝固点的测定

凝固点是晶体物质凝固时的温度，不同晶体具有不同的凝固点。在一定压强下，任何晶体的凝固点，与其熔点相同。同一种晶体，凝固点与压强有关。凝固时体积膨胀的晶体,凝固点随压强的增大而降低;凝固时体积缩小的晶体,凝固点随压强的增大而升高。在凝固过程中,液体转变为固体,同时放出热量。所以物质的温度高于熔点时将处于液态;低于熔点时,就处于固态。非晶体物质则无凝固点。

通常测凝固点的方法是将溶液逐渐冷却,但冷却到凝固点,并不析出晶体,往往成为过冷溶液。然后搅拌或加入晶种促使溶剂结晶,由结晶放出的凝固热,使体系温度回升,当放热与散热达到平衡时,温度不再改变。此固液两相共存的平衡温度即为溶液的凝固点。但过冷太厉害或寒剂温度过低,则凝固热抵偿不了散热,此时温度不能回升到凝固点,在温度低于凝固点时完全凝固,就得不到正确的凝固点。

溶剂与溶液的冷却曲线形状不同。纯溶剂两相共存时,冷却曲线出现水平线段,其形状如图 6-13 中曲线 1 所示。溶液两相共存时,温度仍可下降,但由于溶剂凝固时放出凝固热,使温度回升,但回升到最高点又开始下降,所以冷却曲线不出现水平线段,而斜率发生变化,如图 6-13 曲线 2 所示。由于溶剂析出后,剩余溶液浓度变大,显然回升的最高温度不是原浓度溶液的凝固点,严格的做法应作冷却曲线,并加以校正。但如果溶液过冷程度不大,析出固体溶剂的量很少,对原始溶液浓度影响不大,则以过冷回升的最高温度作为溶液的凝固点。

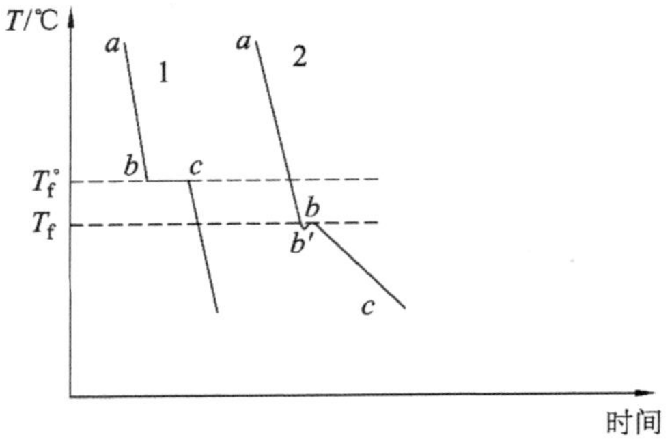

图 6-13　纯溶剂饱和溶液的冷却曲线

6.3.5　黏度的测定

黏度是指液体对流动所表现的阻力,这种反抗液体中相邻部分的相对移动的阻力，可看作由液体内部分子间的内摩擦而产生。

6.3.6 饱和蒸气压的测定

在密闭条件中，在一定温度下，与固体或液体处于相平衡的蒸气所具有的压强称为蒸气压。同一物质在不同温度下有不同的蒸气压，并随着温度的升高而增大。不同液体饱和蒸气压不同，溶质难溶时，纯溶剂的饱和蒸气压大于溶液的饱和蒸气压；对于同一物质，固态的饱和蒸气压小于液态的饱和蒸气压。

在 30 ℃时，水的饱和蒸气压为 4 132.982 Pa，乙醇为 10 532.438 Pa。而在 100 ℃时，水的饱和蒸气压增大到 101 324.72 Pa，乙醇为 222 647.74 Pa。饱和蒸气压是液体的一项重要物理性质，液体的沸点、液体混合物的相对挥发度等都与之有关。

技能训练 6-1 恒温槽的安装和使用

【训练目标】

1. 了解恒温槽的构造及恒温原理，初步掌握其装配和调试的基本技术。
2. 绘制恒温槽灵敏度曲线。
3. 掌握贝克曼温度计的基本测量原理和使用方法。

【实验原理】

恒温槽是实验工作中常用的一种以液体为介质的恒温装置。用液体作介质的优点是热容量大和导热性好，从而使温度控制的稳定性和灵敏度大为提高。根据温度控制的范围，可采用不同的液体介质（见表 6-4）。

表 6-4 恒温槽液体介质的选择

温度范围	液体介质
−60～30 ℃	乙醇或乙醇水溶液
0～90 ℃	水

续表

温度范围	液体介质
80～160 ℃	甘油或甘油水溶液
70～200 ℃	液体石蜡、汽缸润滑油、硅油

恒温槽的构造如图 6-14 所示。

槽体：如果控制的温度同室温相差不是太大，用敞口大玻璃缸作为槽体是比较好的。对于较高和较低温度，则应考虑保温问题。具有循环泵的超级恒温槽，有时仅作供给恒温液体之用，而实验则在另一工作槽中进行。

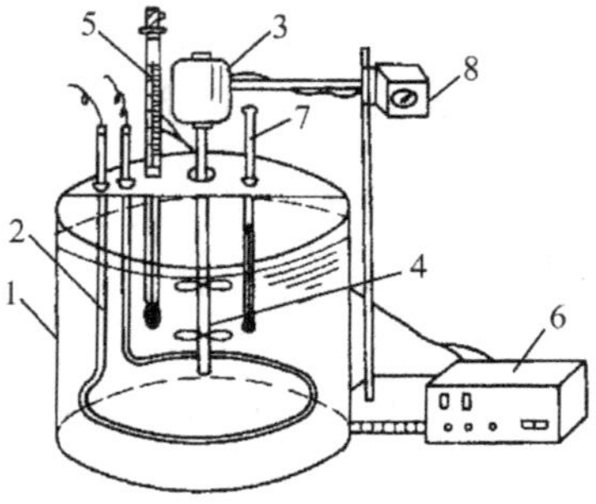

1—浴槽；2—加热器；3—马达；4—搅拌器；5—电接点水银温度计；6—晶体管或电子管继电器；7—1/10 ℃水银定温度；8—调速变压器

图 6-14　实验室常见恒温槽示意图

加热器及冷却器：如果要求恒温的温度高于室温，则须不断向槽中供给热量以补偿其向四周散失的热量；如恒温的温度低于室温，则须不断从恒温槽取走热量，以抵偿环境向槽中的传热。在前一种情况下，通常采用电加热器间歇加热来实现恒温控制。对电加热器的要求是热容量小、导热性好，功率适当。加热器的功率最好能使加热和停止的时间约各占一半。

温度调节器：温度调节器的作用是当恒温槽的温度被加热或冷却到指定值时发出信号，命令执行机构停止加热或冷却；离开指定温度时则发出信号，命令执行机构继续工作。

目前普遍使用的温度调节器是汞定温计(接点温度计)。它与汞温度计不同之处在于毛细管中悬有一根可上下移动的金属丝，金属丝再与温度控制系统连接。

温度控制器：温度控制器常由继电器和控制电路组成，故又称电子继电器。从汞定温计传来的信号，经控制电路放大后，推动继电器去开关电热器。

搅拌器：加强液体介质的搅拌，对保证恒温槽温度均匀起着非常重要的作用。

一个优良的恒温槽应满足的基本条件：① 定温计灵敏度高；② 搅拌强烈而均匀；③ 加热器导热良好而且功率适当；④ 搅拌器、汞定温计和加热器相互接近，使被加热的液体能立即搅拌均匀并流经定温计及时进行温度控制。

【主要仪器和试剂】

玻璃缸 1 个、搅拌器 1 台、加热器 1 支、接触温度计（或感温元件）1 支、控温器 1 台、1/10 ℃温度计 1 支（以上已组合），贝克曼温度计 1 支。

【操作步骤】

1. 将洁净水注入浴槽至容积的 2/3 处，开始搅拌。

2. 设置恒温温度和回差，开加热开关，视情况放置在强或弱档。

3. 调贝克曼温度计，恒温温度时水银柱在刻度 2.5 左右，并安放在恒温槽中。

4. 恒温槽灵敏度的测定；每 30 s 记录 1 次温度。

5. 改变恒温温度重复上述操作。

6. 记录温度随时间的变化值，以时间作为横坐标，实际温度与设定温度的温差作为纵坐标，绘制恒温槽灵敏度曲线。

7. 实验完毕后，关闭电源，整理实验台。

【注意事项】

1. 设置恒温温度时，首先应略低于所需温度，然后慢慢升至所需温度。

2. 恒温时不能以接触温度计的刻度为依据，也不能以控温器的温度显示器为依据，必须以恒温槽中 1/10 ℃温度计为准。

3. 注意调节搅拌速度和转换加热器功率（加热时大功率，恒温时小功率）。

4. 贝克曼温度计属于较贵重的玻璃仪器，并且毛细管较长易于损坏。所以在使用时必须十分小心，不能随便放置，一般应安装在仪器上或调节时握在手中，用毕应放置在盒中。调节时，注意不可骤冷骤热，以防止温度计破裂。另外操作时动作不可过大，并与实验台要有一定距离，以免触到实验台上损坏温度计。如温度计下部水银球之水银与上部贮槽中的水银始终不能相接时，应停下来，检查一下原因。不可一味对贝克曼温度计升温，致使下部水银过多的导入上部贮槽中。

【数据记录与处理】

1. 记录反应温度、大气压等常规物理量。
2. 恒温槽实验数据记录在表 6-5 中。
3. 以时间为横坐标，温度为纵坐标作图，分析实验结果。

表 6-5 恒温槽的温度变化

时间/min	0.5	1	1.5	2	2.5	3	3.5	4	4.5	5	5.5	6	6.5	7
温度/℃														
时间/min	7.5	8	8.5	9	9.5	10	10.5	11	11.5	12	12.5	13	13.5	14
温度/℃														

【思考与讨论】

1. 为提高恒温槽的灵敏度，可以从哪些方面进行改进？
2. 如果所需恒定的温度低于室温，应如何装备恒温槽？

技能训练 6-2 密度测定练习

【训练目标】

1. 掌握各种密度测定方法的原理和操作方法。
2. 能正确使用密度瓶、韦氏天平和密度计。
3. 进一步熟悉分析天平、恒温水浴的使用方法。

【密度瓶法测密度】

1. 仪器

密度瓶(25 mL)、恒温水浴、分析天平。

2. 试剂

乙醚、乙醇(洗涤用)、苯甲醇(AR)或丙三醇(AR)。

3. 操作步骤

(1) 将恒温水浴接通电源，开启恒温水浴开关，将温度恒定在(20±0.1)℃。

(2) 将 25 mL 密度瓶洗净并干燥，连同温度计及侧孔罩一起在分析天平上称取其质量，m_0。

(3) 用新煮沸并冷却至约 20 ℃的蒸馏水洗密度瓶 2～3 次，然后注满密度瓶，不得带入气泡。立即将密度瓶浸入恒温水浴中约 20 min，至密度瓶温度达到 20 ℃，水不要没过磨口塞。取出密度瓶，用滤纸擦干其外壁上的水，立即称其质量 m_1。

(4) 将密度瓶中的水倒出，烘干，冷却。用少量试样苯甲醇洗 2～3 次，并注满密度瓶。同(3)恒温，称量密度瓶及试样的质量 m_2。

4. 数据处理

用下式计算苯甲醇的密度。

$$\rho=\frac{m_2-m_0}{m_1-m_0}\times 0.998\,20$$

5. 注意事项

(1) 密度瓶中不得有气泡。

(2) 干燥时不能烘烤密度瓶。

(3) 称量尽可能迅速，防止水和试样挥发而影响测定结果。

(4) 严格控制温度，使其恒定在(20±0.1)℃。

【韦氏天平法测定密度】

1. 仪器

韦氏天平(PZ-A-5 型)、恒温水浴、量筒(100 mL)。

2. 试剂

乙醇(AR)、三氯甲烷(AR)或乙醇(AR)。

3. 操作步骤

(1) 将恒温水浴接通电源，开启恒温水浴开关，将温度恒定在(20±0.1)℃。

(2) 安装韦氏天平。先用等重砝码使天平平衡，再用玻璃浮锤使天平平衡，两者允许误差±0.005，否则需作调节。

(3) 取 100 mL 量筒一个，加入经煮沸并冷却至约 20 ℃的蒸馏水 100 mL，用乙醇擦净浮锤，用蒸馏水洗 2～3 次，并全部浸入水中，不得带入气泡，浮锤不得与量筒壁或量筒底接触。把量筒置于恒温水浴中，恒温 20 min以上，然后由大到小把骑码加在横梁的 V 形槽上，使指针重新水平对齐，记录骑码读数 $m_{水}$。

(4) 将玻璃浮锤取出，倒出量筒内的水，用乙醇洗涤后，用少量三氯甲烷洗 2～3 次。向量筒内注入试样三氯甲烷 100 mL，立即将浮锤全部浸入三氯甲烷中。同(3)恒温，记录骑码读数 $m_{样}$。

4. 数据处理

用下式计算三氯甲烷的密度。

$$\rho=\frac{m_{样}}{m_{水}}\times 0.998\ 20$$

5. 注意事项

(1) 测定过程中，严格控制温度。

(2) 韦氏天平使用完毕后，应将骑码全部取下，当需移动天平时，应将横梁等零件取下，以免损坏刀口。

(3) 取用玻璃浮锤时，必须十分小心，轻取轻放，一般右手用镊子夹住吊钩，左手垫绸布或清洁滤纸托住玻璃浮锤，以防损坏。

(4) 定期进行清洁工作和计量性能检定。

【密度计法测定密度】

1. 仪器

密度计(一套)、量筒(100 mL)、温度计。

2. 试剂

乙醇(AR)或丙酮(AR)。

3. 操作步骤

(1) 选择适当的密度计。

(2) 取 100 mL 量筒，注入 80～100 mL 试样乙醇，不得含有气泡。用手拿住密度计的上端，轻轻地插入乙醇中，密度计不得接触量筒壁及量筒底，用手扶住使其缓缓上升。

(3) 待密度计停止摆动后，水平观察，读取密度计的读数，同时测量乙醇的温度。

4. 数据处理

密度计读数 ρ 即是试样乙醇的密度。

5. 注意事项

(1) 所用量筒应高于密度计，不要将液体装得太满，能将密度计浮起即可。

(2) 密度计要缓慢放入液体中，以防密度计与量筒底相碰而受损。

技能训练6-3 熔点测定练习

【训练目标】

1. 了解熔点测定的意义。

2. 掌握测定熔点的操作。

【实验原理】

在大气压下，化合物受热由固态转变为液态，此时固液两相蒸气压一致，固液两相平衡共存，这时的温度称为化合物的熔点。纯净的晶体有机物具有一定的熔点，熔程不超过 0.5 ℃，当有杂质时熔点下降，熔程加宽。利用测定熔点可以判断出固体有机化合物的纯度，鉴别不同的有机化合物。

【主要仪器和试剂】

齐列熔点测定仪、酒精灯、温度计、石蜡、苯甲酸、萘。

【操作步骤】

1. 熔点管拉制(选做)

用内径为 1 mm，长 60～70 mm 一端封闭的毛细管作为熔点管。

2. 样品的填装

取 0.1～0.2 g 样品，放在干净的表面皿上，用玻璃棒研成粉末，装入熔点管中，在一定高度自由落下几次，至样品高度为 2～3 mm。

注意：① 样品要研得很细；② 装样品要迅速；③ 样品结实均匀无空隙。

3. 熔点测定

① 先快速加热，测化合物大概熔点。

② 细测 测定前，先待热浴温度降至熔点下约 30 ℃，换一根样品管，慢慢加热，一开始 5 ℃/min，当达到熔点下约 15 ℃时，以 1～2 ℃/min 升温，接近熔点时，以 0.2～0.3 ℃/min 升温，当毛细管中样品开始塌落和有

湿润现象，出现下滴液体时，表明样品已开始熔化，为始熔，记下温度，继续微热，至成透明液体，为全熔，记下温度。

③ 平行实验　熔点测定，至少有两次重复的数据，每一次测定都必须更换新的熔点管(为什么?)。

4. 实验结束处理

把温度计放好，让其自然冷却至室温，用废纸擦去硫酸(石蜡)，才可用水冲洗，浓硫酸冷却后，方可倒回瓶中。

【注意事项】

1. 熔点管必须洁净。如含有灰尘等，能产生 4～10 ℃的误差。

2. 熔点管底未封好会产生漏管。

3. 样品研磨精细，填装要实，否则产生空隙，不易传热，造成熔程变大。

4. 样品不干燥或含有杂质，会使熔点偏低，熔程变大。

5. 样品量太少不便观察，而且熔点偏低；太多会造成熔程变大，熔点偏高。

6. 升温速度应慢，让热传导有充分的时间。升温速度过快，熔点偏高。

7. 熔点管壁太厚，热传导时间长，会产生熔点偏高。

【思考与讨论】

1. 若样品研磨的不细，对装样品有什么影响？对测定有机物的熔点数据是否可靠？

2. 加热的快慢为什么会影响熔点？在什么情况下加热可以快一些，而在什么情况下加热则要慢一些？

3. 是否可以使用第一次测定熔点时已经熔化了的有机化合物再做第二次测定呢？为什么？

技能训练 6-4　沸点测定练习

【训练目标】

1. 了解测定沸点的意义。

2. 掌握微量法测定沸点的原理和方法。

【实验原理】

纯液体的饱和蒸气压随温度的上升而变高，当液体的饱和蒸气压等于外界压力时液体沸腾，此时的温度就是液体的沸点。液体的沸点跟外部压力有关。当液体所受的压力增大时，它的沸点升高；压力减小时，沸点降低。外压为一大气压时的沸点称为正常沸点，简称沸点。

【主要仪器和仪器】

b形管、温度计、液体石蜡、铁架台、沸点管、乙醇。

【操作步骤】

取一根内径2～4 mm，长8～9 cm的玻璃管，用小火封闭其一端，作为沸点管的外管，放入欲测定沸点的样品4～5滴，在此管中放入一根长7～8 cm，内径约1 mm的上端封闭的毛细管，即开口处浸入样品中。加热，由于气体膨胀，内管中有断断续续的小气泡冒出；到达样品沸点时，将出现一连串小气泡，此时应停止加热，使热浴温度下降，气泡逸出的速度即渐渐减慢；仔细观察，最后一个气泡出现而刚欲缩回到管内的瞬间温度即表示毛细管内液体蒸气压与大气压平衡时的温度，亦就是该液体的沸点。

【思考与讨论】

用微量法测定沸点，为什么把最后一个气泡刚欲缩回至管内的瞬间的温度作为该化合物的沸点？

技能训练6-5　凝固点的测定及物质摩尔质量的测定

【训练目标】

1. 用凝固点降低法测定萘的摩尔质量。
2. 掌握溶液凝固点的测定技术。
3. 通过实验加深对稀溶液依数性的理解。

【实验原理】

当稀溶液凝固析出纯固体溶剂时，此时的温度称为溶液的凝固点。溶液的凝固点低于纯溶剂的凝固点，其降低值与溶液的质量摩尔浓度成正比。即

$$\Delta T = T_f^* - T_f = K_f \times b_B \qquad (1)$$

式中，T_f^* 为纯溶剂的凝固点，T_f 为溶液的凝固点，b_B 为溶液中溶质 B 质量摩尔浓度，K_f 为凝固点降低常数。

若称取一定量的溶质 m_B(g)和溶剂 m_A(g)，配成稀溶液，则此溶液的质量摩尔浓度为

$$b_B = 1\,000 m_B / M_B \cdot m_A$$

式中，M_B 为溶质摩尔质量。将该式代入(1)式，整理得：

$$M_B = 1\,000 K_f m_B / \Delta T \cdot m_A \tag{2}$$

若已知某溶剂的凝固点降低常数 K_f 值，通过实验测定此溶液的凝固点降低值 ΔT，即可计算溶质的摩尔质量 M_B。

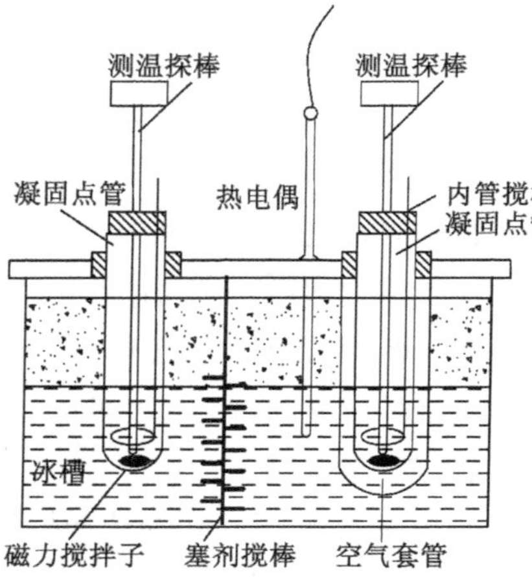

图 6-15　凝固点测定装置图

【实验装置】

凝固点测定装置如图 6-15 所示。

【主要仪器和试剂】

仪器：凝固点测定仪、电子温差仪、电子分析天平、25 mL 移液管、洗耳球、滤纸、毛巾。

试剂：环己烷、萘、冰块。

【操作步骤】

1. 按说明书安装凝固点测定仪。

2. 调节寒剂的温度

取适量冰与水混合，使寒剂温度控制在 3～3.5 ℃，在实验过程中不断搅拌并不断补充碎冰，使寒剂保持此温度。

3. 溶剂凝固点的测定

用移液管向清洁、干燥的凝固点管内加入 25 mL 环己烷，并记下环己烷的温度。

先将盛环己烷的凝固点管直接插入寒剂中，平稳搅拌使之冷却，当开始有晶体析出时放在空气套管中冷却，观察样品管的降温过程，当温度达到最低点后，又开始回升，回升到最高点后又开始下降。记录最高及最低点温

度，此最高点温度即为环己烷的近似凝固点。

取出凝固点管，用手捂住管壁片刻，同时不断搅拌，使管中固体全部熔化，将凝固点管直接插入寒剂中使之冷却至比近似凝固点略高 0.5 ℃时，将凝固点管放在空气套管中，缓慢搅拌，使温度逐渐降低，当温度降至比近似凝固点低 0.2 ℃时，快速搅拌，待温度回升后，再改为缓慢搅拌。直到温度回升到稳定为止，记录最高及最低点温度。

重复测定 3 次，取 3 次的平均值作为纯环己烷的凝固点。

4. 溶液凝固点的测定

取出凝固点管，如前将管中环己烷熔化，用分析天平精确称取萘(约 0.15 g)加入凝固点管中，待全部溶解后，测定溶液的凝固点。测定方法与环己烷的相同，先测近似的凝固点，再精确测定，重复 3 次，取平均值。

5. 实验完成后，洗净样品管，关闭电源，倒掉冷却水，擦干搅拌器，整理实验台。

【数据记录与处理】

1. 将实验数据列入表 6-6 和表 6-7 中。

表 6-6 寒剂的温度

第一次	第二次	第三次	第四次	第五次

表 6-7 溶剂和溶液凝固点的测定

室温：________ 大气压力：________ Pa

物质	体积/质量	凝固点 T_f		凝固点降低值 $\Delta T = T_f^* - T_f$	萘的摩尔质量 $M_B = 1\,000 K_f m_B / \Delta T \cdot m_A$
		测量值	平均值		
环己烷					
溶液					

2. 由所得数据计算萘的分子量，并计算与理论值的相对误差。

【注意事项】

1. 搅拌速度的控制是做好本实验的关键，每次测定应按要求的速度搅拌，并且测溶剂与溶液凝固点时的搅拌条件要完全一致。准确读取温度也是实验的关键所在，应读准至小数点后第三位。

2. 寒剂温度对实验结果也有很大影响，过高会导致冷却太慢，过低则测不出正确的凝固点。

3. 在测量过程中，析出的固体越少越好，以减少溶液浓度的变化，这样才能准确测定溶液的凝固点。若过冷太甚，溶剂凝固越多，溶液的浓度变化太大，使测量值偏低。在过程中可通过加速搅拌、控制过冷温度、加入晶种等控制过冷。

技能训练 6-6 毛细管黏度计法测定黏度

【训练目标】

1. 掌握用乌氏黏度计测定液体黏度的原理和方法。

2. 测定聚乙二醇-6 000 的黏度。

【实验原理】

相距为 ds 的两液层以不同速率（v 和 $v+dv$）移动时，产生的流速梯度为 dv/ds。建立平稳流动时，维持一定流速所需要的力 f' 与液层接触面积 A 及流速梯度 dv/ds 成正比：

$$f'=\eta\times A\times dv/ds$$

单位面积液体的黏滞阻力用 f 表示，$f=f'/A$，则：

$$f=\eta\times dv/ds$$

此式称为牛顿黏度定律表示式，比例常数 η 称为黏度系数，简称黏度，单位为 Pa·s。

如果液体是高聚物的稀溶液，则溶液的黏度反映了溶剂分子之间的内摩擦力、高聚物分子之间的内摩擦力，以及高聚物分子和溶剂分子之间的内摩擦力三部分。三者之和表现为溶液总的黏度 η。其中溶剂分子之间的内摩擦力所表现的黏度用 η_0 表示，由于溶液的黏度一般说来要比纯溶剂的黏度高，我们把两者之差的相对值称为增比黏度，记作 η_{sp}。

$$\eta_{sp}=(\eta-\eta_0)/\eta_0$$

溶液黏度与纯溶剂黏度之比称为相对黏度 η_r。

$$\eta_r=\eta/\eta_0$$

增比黏度表示了扣除溶剂内摩擦效应后的黏度，而相对黏度则表示整个溶液的行为。它们之间的关系为

$$\eta_{sp}=\eta/\eta_0-1=\eta_r-1$$

高分子溶液的增比黏度一般随浓度的增加而增加。为了便于比较，将单位浓度下所显示出的增比黏度称为比浓黏度 η_{sp}/c。而将 $\ln(\eta_r/c)$称为比浓对数黏度。增比浓度与相对黏度均为无因次量。

为消除高聚物分子之间的内摩擦效应，将溶液无限稀释，这时溶液所呈现的黏度行为基本上反映了高聚物分子与溶剂分子之间的内摩擦，这时的黏度称为特性黏度[η]：

$$\lim_{c\to 0}\frac{\eta_{sp}}{c}=[\eta]$$

特性黏度与浓度无关，实验证明，在聚合物、溶剂、温度三者确定后，特性黏度的数值只与高聚物平均相对分子质量有关，它们之间的半经验关系式为

$$[\eta]=K\overline{M}^{\alpha}$$

式中的 K 为比例系数，α 是与分子形状有关的经验常数。这两个参数都与温度、聚合物和溶剂性质有关，在一定范围内与相对分子质量无关。

增比黏度与特性黏度之间的经验关系为

$$\eta_{sp}/c=[\eta]+K_1\cdot[\eta]^2\cdot c$$

而比浓对数黏度与特性黏度之间的关系也有类似的表述：

$$\ln(\eta_r/c)=[\eta]+\beta\cdot[\eta]^2\cdot c$$

因此将增比黏度与溶液浓度之间的关系及比浓对数黏度与浓度之间的关系描绘于坐标系中时，两个关系均为直线，而且截距均为特性黏度。

高分子溶液在毛细管黏度计中因重力作用而流出时，遵守泊肃叶定律：

$$\frac{\eta}{\rho}=\frac{\pi hgr^4t}{8lV}-\frac{mV}{8\pi lt}$$

式中，ρ 为液体密度；l 为毛细管长度；r 为毛细管半径；t 为流出时间；h 为流经毛细管液体的平均液柱高度；g 为重力加速度；V 为流经毛细管液体的体积；m 为与仪器几何形状有关的参数，当 $r/l \ll 1$ 时，取 $m=1$。

此式可改写为

$$\eta/\rho=\alpha t-\beta/t$$

当 $\beta<1$，$t>100$ s 时，第二项可忽略。对稀溶液，密度与溶剂密度近似相等，可以分别测定溶液和溶剂的流出时间，求算相对黏度 η_r。

$$\eta_r=\eta/\eta_0=t/t_0$$

根据测定值可以进一步计算增比黏度（η_r-1），比浓黏度（η_{sp}/c），比浓对数黏度（$\ln\eta_r/c$）。对一系列不同浓度的溶液进行测定，在坐标系里绘出比浓黏度和比浓对数黏度与浓度之间的关系，外推到 $c=0$ 的点，此处的截距即为特性黏度。

【主要仪器和试剂】

乌氏黏度计，超级恒温槽，恒温瓶，天平，容量瓶，移液管，洗耳球，砂芯漏斗，秒表，聚乙二醇等。

【操作步骤】

1. 配制溶液

称取 1.2 g 聚乙二醇于 50 mL 烧杯中，加 30 mL 蒸馏水，溶解后定容至 50 mL 容量瓶中。用三号砂芯漏斗过滤至干燥的恒温瓶中。另取蒸馏水 50 mL，过滤到另一恒温瓶中。将两恒温瓶接通恒温水浴，开启恒温水浴恒温于 25 ℃。

2. 测定溶液的流出时间

将预先干燥好的黏度计置于恒温水浴中，用移液管移取 10 mL 溶液至黏度计中，尽量不要让溶液粘在管壁上，在恒温过程中，用溶液润洗毛细管，再测定小球中溶液在毛细管中流出的时间。平行测定 3 次，求平均值。

分别小心加入 2.0，3.0，5.0，10.0 mL 蒸馏水，用吹气的方法混均，并用该溶液润洗毛细管后，同样测定流出时间。每个浓度平行测定 3 次，取平均值。

将实验数据记录在表 6-8 中。

表 6-8　不同液体流出时间

样品＼时间	第一次	第二次	第三次	平均值
原始溶液				
加 2 mL 水				
加 3 mL 水				
加 5 mL 水				
加 10 mL 水				
蒸馏水				

3. 测定溶剂的流出时间

将黏度计取出，倒去溶液，用已经恒温的蒸馏水洗涤黏度计，每次 2～3 mL，洗 5～6 次。注意要将黏度计的各个支管都洗干净。置于恒温槽后加 10 mL 蒸馏水，测定流出时间。

4. 结束整理

将用过的黏度计洗净后用无水乙醇淋洗后倒置于裴氏夹上，使其自然晾干，或置于烘箱中烘干，备下组同学实验用。拆除恒温装置，清洗其他玻璃仪器。

【数据记录与处理】

根据称量值求原始液浓度，根据稀释方法求各溶液浓度，求时间平均值，由 t/t_0 求相对黏度，再求比浓黏度和比浓对数黏度。数据结果填在表 6-9 中。

表 6-9　不同液体的黏度

样品＼项目	时间 1	时间 2	时间 3	平均时间	浓度	相对黏度	比浓黏度	比浓对数黏度
原始溶液								
加 2 mL 水								
加 3 mL 水								
加 5 mL 水								
加 10 mL 水								
蒸馏水								

注意：溶液浓度单位为 $kg \cdot dm^{-3}$，即 $g \cdot mL^{-1}$。

技能训练 6-7 液体饱和蒸气压的测定

【训练目标】

1. 掌握用静态法测定液体在不同温度下的蒸气压的方法。

2. 掌握真空泵和恒温槽的使用方法。

【实验原理】

液体的蒸气压和温度之间的关系可用 Clausius-Clapeyron 方程表示：

$$\log P = -\Delta V_{vap} H_m / 2.303RT + c$$

式中，P 为液体的蒸气压；$\Delta V_{vap} H_m$ 为温度为 T 时液体的摩尔蒸发热；T 为绝对温度；$R=8.314\ J \cdot mol^{-1} \cdot K^{-1}$，$c$ 为常数。

因此，只要测得一系列不同温度下的蒸气压，然后作 $\log P - T^{-1}$ 图，就可得到一条斜率为 $-\Delta V_{vap} H_m / 2.303R$ 的直线，从而求出在实验温度范围内的平均摩尔蒸发热。

本实验采用静态法用等压计测定乙醇在不同温度下的饱和蒸气压。在一定温度下，若等压计小球液面上方仅有被测物质的蒸气，那么 U 形管右支管液面上所受压力就是其蒸气压。当这个压力与 U 形管左支液面上的空气压力相平衡时(U 形管两臂液面齐平)，就可从等压计相接的压差测量仪中测出此温度下的饱和蒸气压，饱和蒸汽压测定原理图见图 6-16。

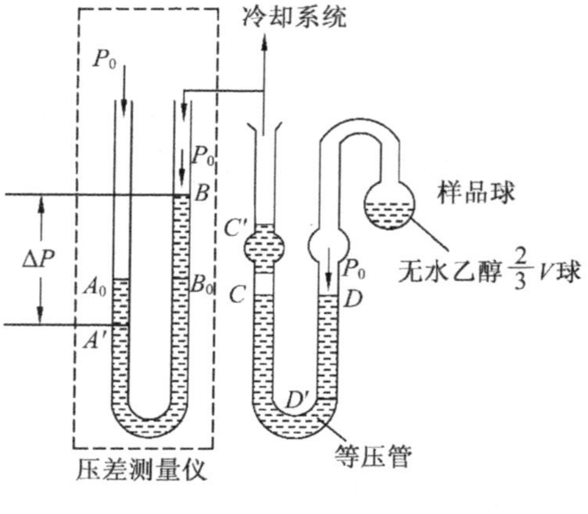

图 6-16 饱和蒸气压测定原理图

【主要仪器和试剂】

等位计、恒温槽、冷阱、真空泵、不锈钢缓冲罐、精密数字压力表、乙醇(分析纯)。

【仪器的安装与调试】

1. 实验装置

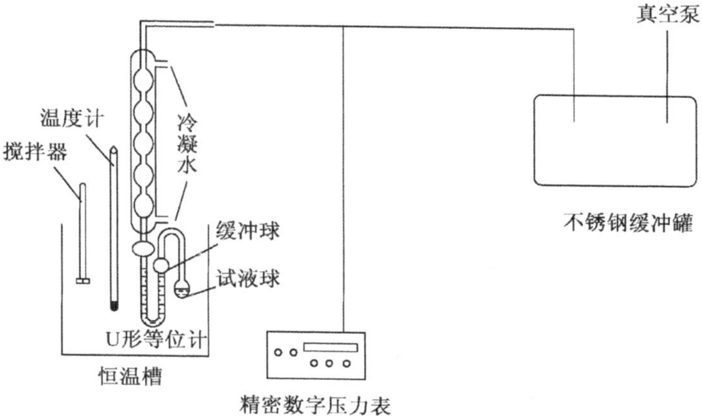

图 6-17　饱和蒸气压装置图

2. 精密数字压力表的使用

(1) 预热　将开关置于标有 ON 位置,通电预热半小时后,方可进行实验,否则将影响实验精度。

(2) 调零　调节零点读数为 0.00,重复 2～3 次。

(3) 压力选择　将正负压力选择开关置于“负压”位置,测定时显示板显示值即为所测压力值(压力表读数单位为 kPa)。

(4) 关机　关机前应使测量系统与大气相通(开启进气活塞)后方可关机。

【操作步骤】

1. 装样

从加样口注入乙醇,使乙醇充满试样球体积的 2/3 和 U 形管双臂的大部分。按要求安装好装置。

2. 测定

调节恒温槽温度为 293.2 K，开动真空缓缓抽气，使试样球与 U 形压力表之间空间内的空气呈气泡状通过 U 形管中的液体而逐出。可发现气泡由慢到快再慢，后又变快，可关闭抽气活塞，缓缓打开进气活塞漏入空气使沸腾缓和。如此慢沸 3～4 min，试样球中的空气排除后，关闭抽气活塞，小心开启进气活塞缓缓漏入空气，直至 U 形管两臂的液面等高为止，在压力表上读出压力值。重复操作一次，压力表上的读数与前一次相比，两者差值应不大于±67 Pa，此时即可认为试样球与 U 形管液面上的空间已全部为乙醇的蒸气所充满。用同样的方法测定 298.2 K，303.2 K，308.2 K，313.2 K，318.2 K 及 323.2 K 时乙醇的蒸气压。

测定过程中如不慎使空气倒灌入试样球，则需重新抽真空后方可继续测定。如升温过程中，U 形管中的液体发生暴沸，可漏入少量空气，以防止管内液体大量挥发而影响实验进行。

实验结束后，慢慢打开进气活塞，使压力表恢复零位。用虹吸法放掉恒温槽内的热水，关闭冷却水，将抽气活塞旋至与大气相通，拔去所有电源插头。

【数据记录与处理】

按表 6-10 记录实验数据。

表 6-10　无水乙醇饱和蒸气压的测定

$P_{大气压}=$

T/℃	20	25	30	35	40	45	50
T/K							
$P_{表}$/hPa							
P/hPa=($P_0-P_{表}$)/hPa							
Log$P$							

绘制 log P-T^{-1} 图，由其斜率求出实验温度区间内乙醇的平均摩尔蒸发热 $\Delta V_{vap}H_m$。

【注意事项】

1. 先开启冷却水，然后才能抽气。实验系统必须密闭，一定要仔细检漏。

2. 必须让等位仪U形管中的样液缓缓沸腾3～4 min方可进行测定。

3. 升温时可预先漏入少许空气，以防止U形管中液体暴沸。

4. 液体的蒸气压与温度有关，所以测定过程中须严格控制温度。

5. 漏气必须缓慢，否则U形管中的液体将充入试样球中。

6. 开、停真空泵时必须严格按操作规程进行，但要缓慢，以防止因压力骤变而损坏压力表。

【文献值】

乙醇在不同温度下的蒸气压见表6-11。

表6-11 乙醇在不同温度下的蒸气压

温度 T/K	293.2	298.2	303.2	308.2	313.2	318.2	323.2
蒸气压 P/kpa	5.946	7.973	10.559	13.852	17.985	23.158	29.544

文献值摘自Jhon A Dean的《Lange's Handbook of Chemistry》，并按1 mmHg=1 mmHg×(101.325 kPa/760 mmHg)=0.133 32 kpa加以换算。

293.2～323.2 K温度区间的平均摩尔气化热 $\Delta V_{vap} H_m$ = 42.064 kJ·mol^{-1}。